超简单的Excel VBA

人气讲师为你讲解实战操作

[日]伊藤洁人／著
未蓝文化／译

中国青年出版社

主　　编　张　鹏
策划编辑　张　鹏
执行编辑　张　沣
营销编辑　时宇飞
责任编辑　邱叶芃
封面设计　刘　颖

版权登记号　01-2021-1920

图书在版编目（CIP）数据

超简单的Excel VBA：人气讲师为你讲解实战操作 /（日）伊藤洁人著；未蓝文化译. — 北京：中国青年出版社，2022.1
ISBN 978-7-5153-6489-6

I. ①超…　II. ①伊…　②未…　III. ①表处理软件
IV. ①TP391.13

中国版本图书馆CIP数据核字（2021）第151715号

超简单的Excel VBA——人气讲师为你讲解实战操作

[日] 伊藤洁人/著　未蓝文化/译

出版发行：中国青年出版社
地　　址：北京市东四十二条21号
邮政编码：100708
电　　话：（010）59231565
传　　真：（010）59231381
企　　划：北京中青雄狮数码传媒科技有限公司
印　　刷：北京永诚印刷有限公司
开　　本：889 x 1194　1/24
印　　张：12.66
版　　次：2022年1月北京第1版
印　　次：2022年1月第1次印刷
书　　号：ISBN 978-7-5153-6489-6
定　　价：89.80元

本书如有印装质量等问题，请与本社联系
电话：（010）59231565
读者来信：reader@cypmedia.com
投稿邮箱：author@cypmedia.com
如有其他问题请访问我们的网站：http://www.cypmedia.com

序 言

感谢您从众多的Excel VBA书籍中选择本书。尽管市面上已经存在很多同类书籍，但我们仍然编写了这本书，主要原因有以下两点。

第一，目前还没有能够灵活运用Excel VBA技能的入门书籍。相信大部分学习Excel VBA的用户都能熟练操作Excel。实际上，Excel中的很多功能都能通过VBA编程来实现，但我没有看到市面上有这方面的入门书籍。

第二，学习过Excel VAB的读者应该对“属性”“方法”这些词有一定的印象吧。为了理解这些与对象相关的代码，我们必须要像阅读英文文档那样，读懂这些代码的含义以及代码运行后的结果是什么。但是，目前几乎没有真正意义上详细解说Excel VBA中对象相关代码的书籍。

以上两点原因，是我决定编写本书的理由。针对第一个原因，主要体现在本书前7章内容中；针对第二个原因，主要体现在本书第8章之后的章节中。

在本书写作过程中，受到了各方关照。首先是众多听过我讲座的人，正是因为得到了你们的反馈，才使本书内容有特色且更符合大众需求。承蒙负责编辑工作的Impress的柳沼俊宏先生和Libro works的大津雄一郎先生尽心竭力地为本书编写作出贡献。在本书写作过程中，泽田竹洋先生为我指点迷津。在深刻理解VBA的基础上，还特地邀请熟知初学者困惑的Thom先生和Microsoft MVP for Office Development的Kinuasa先生对本书进行了审查。在收到宝贵意见的同时，也给了我出版本书的勇气。借此机会，再次向各位表示感谢。

对于想挑战Excel VBA 的人，以及虽然曾经受到过挫折，但还想再次尝试的人，通过阅读本书，哪怕只成长了一点点，也是我的荣幸。

最后，感谢每天陪伴我一边反复尝试一边学习的1岁儿子和乐观的妻子。

伊藤洁人

本书使用说明

本书为了让初学者在学习中不会感到困惑，通过易懂的说明文字和大量截图对Excel VBA的应用进行解说。

了解“为什么要这么做”

在浅色的页面上，讲解了编写VBA程序时必要的思考方式。在开始实际操作之前，要充分理解代码的含义，然后再开始编写。

标题

简洁易懂地归纳出本课程学习的目的。

学习要点

解说如何阅读要介绍的内容以及这些内容的作用是什么。

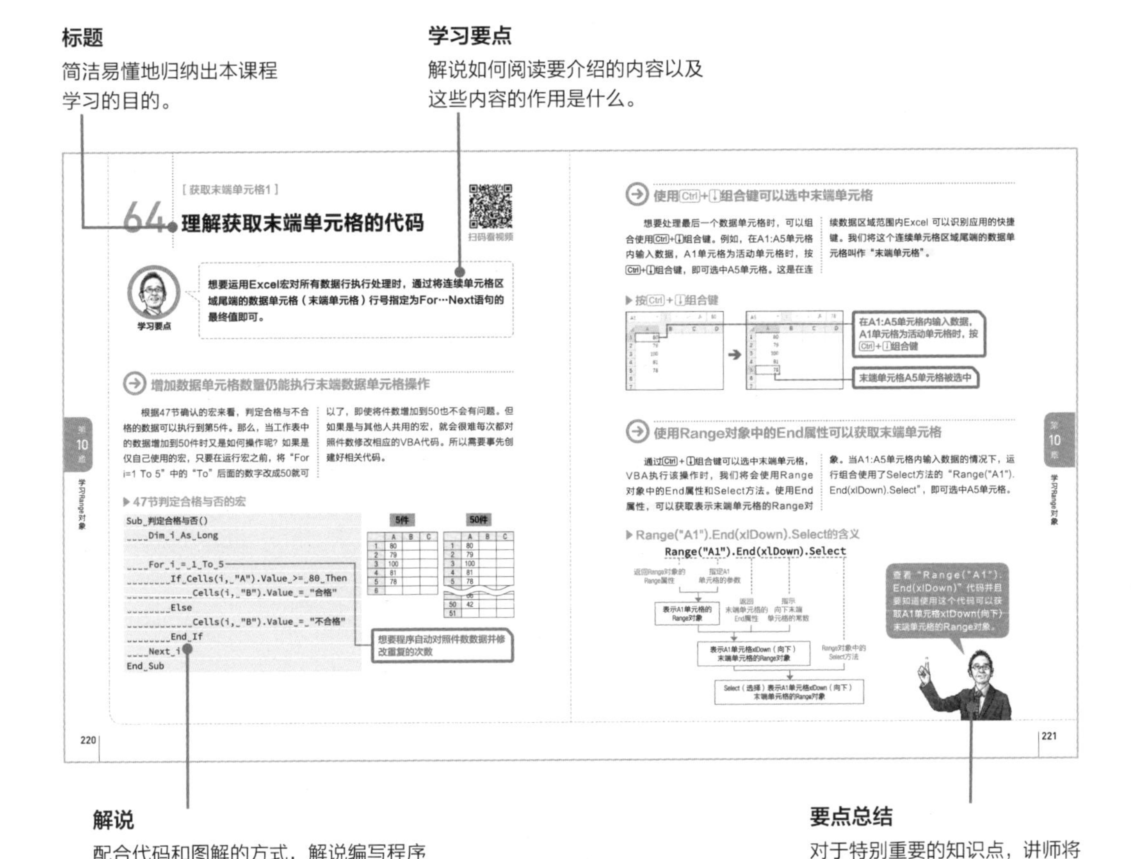

[获取末端单元格1]

64 理解获取末端单元格的代码

扫码看视频

学习要点

想要运用Excel宏对所有数据行执行处理时，通过将连续单元格区域尾端的数据单元格（末端单元格）行号指定为For…Next语句的最终值即可。

增加数据单元格数量仍能执行末端数据单元格操作

根据47节确认的宏来看，判定合格与不合格的数据可以执行到第5件。那么，当工作表中的数据增加到50件时又是如何操作呢？如果是仅自己使用的宏，只要在运行宏之前，将“For i=1 To 5”中的“To”后面的数字改成50就可以了，即使将件数增加到50也不会有问题。但如果是与其他人共用的宏，就会很难每次都对照件数修改相应的VBA代码。所以需要事先创建好相关代码。

▶ 47节判定合格与否的宏

```
Sub_判定合格与否()
____Dim_i_As_Long

____For_i_=_1_To_5
________If_Cells(i,_"A").Value_>=_80_Then
____________Cells(i,_"B").Value_=_"合格"
________Else
____________Cells(i,_"B").Value_=_"不合格"
________End_If
____Next_i
End_Sub
```

5件
50件
想要程序自动对照件数数据并修改重复的次数

使用Ctrl+↓组合键可以选中末端单元格

想要处理最后一个数据单元格时，可以组合使用Ctrl+↓组合键。例如，在A1:A5单元格内输入数据，A1单元格为活动单元格时，按Ctrl+↓组合键，即可选中A5单元格。这是在连续数据区域范围内Excel 可以识别应用的快捷键。我们将这个连续单元格区域尾端的数据单元格叫作“末端单元格”。

▶ 按Ctrl+↓组合键

在A1:A5单元格内输入数据，A1单元格为活动单元格时，按Ctrl+↓组合键
末端单元格A5单元格被选中

使用Range对象中的End属性可以获取末端单元格

通过Ctrl+↓组合键可以选中末端单元格，VBA执行该操作时，我们将会使用Range对象中的End属性和Select方法。使用End属性，可以获取表示末端单元格的Range对象。当A1:A5单元格内输入数据的情况下，运行组合使用了Select方法的“Range("A1").End(xlDown).Select”，即可选中A5单元格。

▶ Range("A1").End(xlDown).Select的含义

```
Range("A1").End(xlDown).Select
```

返回Range对象的Range属性
指定A1单元格的参数
表示A1单元格的Range对象
返回末端单元格的End属性
指示向下末端单元格的常数
表示A1单元格xlDown（向下）末端单元格的Range对象
Range对象中的Select方法
Select（选择）表示A1单元格xlDown（向下）末端单元格的Range对象
查看“Range("A1").End(xlDown)”代码并且要知道使用这个代码可以获取A1单元格xlDown(向下)末端单元格的Range对象。

220 221

解说

配合代码和图解的方式，解说编写程序时的重要想法。

要点总结

对于特别重要的知识点，讲师将进一步进行强调。

弄清楚“如何做”

代码部分，认真地解说每个操作步骤。学习过程中感到困惑的地方，“要点”中有补充说明，所以学习中不会有受挫感。

步骤

按步骤编号顺序输入代码。输入重点会用红线标记。此外，只输入部分内容时会用红色字体标记。

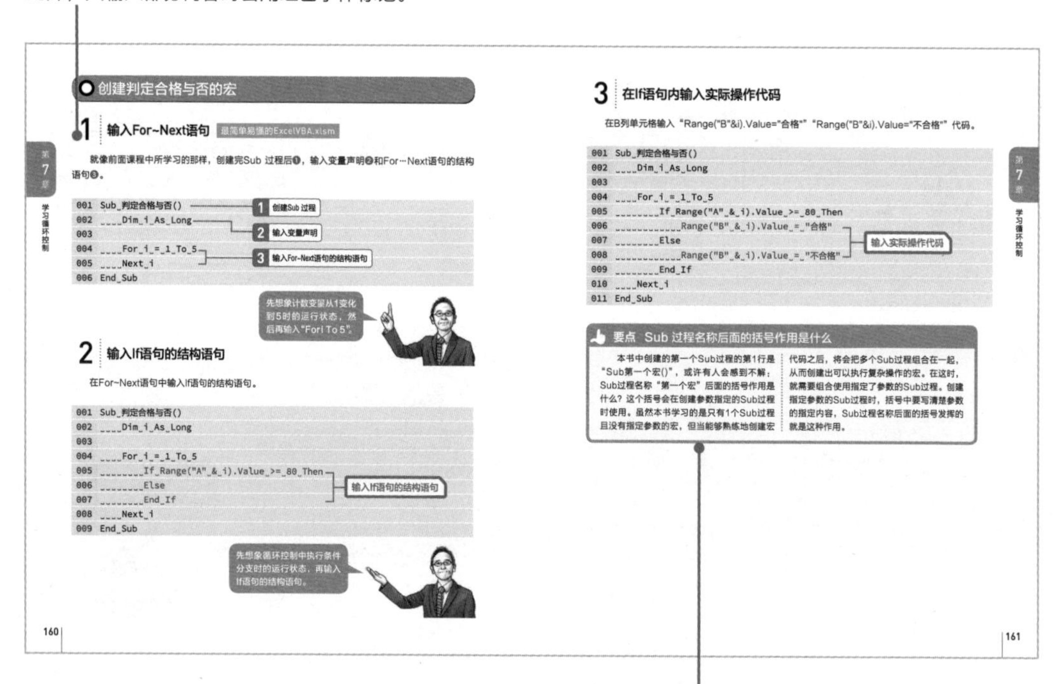

第7章 学习循环控制

创建判定合格与否的宏

1 输入For~Next语句 最简单易懂的ExcelVBA.xlsm

就像前面课程中所学习的那样，创建完Sub 过程后❶，输入变量声明❷和For…Next语句的结构语句❸。

```
001 Sub_判定合格与否()
002 ____Dim_i_As_Long
003
004 ____For_i_=_1_To_5
005 ____Next_i
006 End_Sub
```


2 输入If语句的结构语句

在For~Next语句中输入If语句的结构语句。

```
001 Sub_判定合格与否()
002 ____Dim_i_As_Long
003
004 ____For_i_=_1_To_5
005 ________If_Range("A"_&_i).Value_>=_80_Then
006 ________Else
007 ________End_If
008 ____Next_i
009 End_Sub
```


160

3 在If语句内输入实际操作代码

在B列单元格输入“Range("B"&i).Value="合格"”“Range("B"&i).Value="不合格"”代码。

```
001 Sub_判定合格与否()
002 ____Dim_i_As_Long
003
004 ____For_i_=_1_To_5
005 ________If_Range("A"_&_i).Value_>=_80_Then
006 ____________Range("B"_&_i).Value_=_"合格"
007 ________Else
008 ____________Range("B"_&_i).Value_=_"不合格"
009 ________End_If
010 ____Next_i
011 End_Sub
```


要点 Sub 过程名称后面的括号作用是什么

本书中创建的第一个Sub过程的第1行是“Sub第一个宏()”，或许有人会感到不解：Sub过程名称“第一个宏”后面的括号作用是什么？这个括号会在创建参数指定的Sub过程时使用。虽然本书学习的是只有1个Sub过程且没有指定参数的宏，但当能够熟练地创建宏代码之后，将会把多个Sub过程组合在一起，从而创建出可以执行复杂操作的宏。在这时，就需要组合使用指定了参数的Sub过程。创建指定参数的Sub过程时，括号中要写清楚参数的指定内容，Sub过程名称后面的括号发挥的就是这种作用。

第7章 学习循环控制

161

要点

短评栏中会对与课程有关的知识和需要先行了解的知识进行解说。

目　　录

第4章 学习VBA中的运算符与函数 055

第5章 学习变量 089

第6章 学习条件分支 117

第7章 学习循环控制 143

第10章 学习Range对象 203

第11章 学习Worksheet对象 233

第1章

在开始学习宏之前

在开始学习宏之前，我们先来了解要学习的内容是什么，从而做好学习准备。

[Excel宏]

01 在Excel中录制宏时，VBA会根据操作步骤书写代码

学习要点

宏是将一系列指令组合起来，实现执行任务自动化的命令集合。VBA是执行通用自动化（OLE）任务的编程语言，通过该语言用户可以创建功能强大的宏，轻松执行重复性的任务。

宏可以让Excel按照规定的操作步骤自动工作

我们在使用Excel的过程中，经常需要重复执行相同的操作。可能是每个月的月初或月末都要提交的报表操作，可能是每天都要进行的例行工作，也可能是为了制作一个报表文件而需要不停地执行复制粘贴的操作。

当我们遇到需要在Excel中反复执行的操作时，可以将这些操作录制为宏，Excel就会按照录制的宏的指示，自动进行工作。

▶让Excel自动工作

多次在工作表中执行以下操作

- 选择工作表
- 选择单元格
- 复制选定的单元格
- 切换工作表选择要粘贴的单元格
- 粘贴复制的内容

宏

办公用品采购表

日期： 2019/12/30

序号	品牌	名称	型号	数量		
1	得力	签字笔	0.5mm	1箱	[illegible]	[illegible]
2	得力	角原木HB铅	HB50	2箱	[illegible]	[illegible]
3	用友	费用报销单	208*127	2箱	[illegible]	[illegible]
4	用友	记账凭证	297*210	1箱	¥159.00	[illegible]
5	用友	总分类账	286*292	1箱	¥180.00	¥180.00
6	得力	皮纸档案	175g	2箱	¥89.00	¥178.00
7	得力	塑料档案盒	55mm	3箱	¥189.00	¥567.00
8	得力	缝线软抄本	FA54003	2箱	¥159.00	¥318.00

2021年1月 Sheet1

按照宏录制的步骤自动操作

Excel

手动操作需要几个小时的工作，使用宏几秒钟就可以完成。

VBA是Office中制作宏的编程语言

下面我们先了解一下“宏”和VBA这两个词的区别。

宏是自动执行一系列指令功能的命令的总称，不是Excel独有的功能。在Excel的兄弟组件Word和PowerPoint中也可以使用宏。并且微软公司的其他应用程序，也可以应用宏来执行操作。

VBA是Visual Basic for Applications的缩写，是在Excel等应用程序中录制宏时使用的编程语言。我们在Excel中使用的宏录制功能，就是使用VBA编程语言来编写的。

▶ VBA与宏的区别

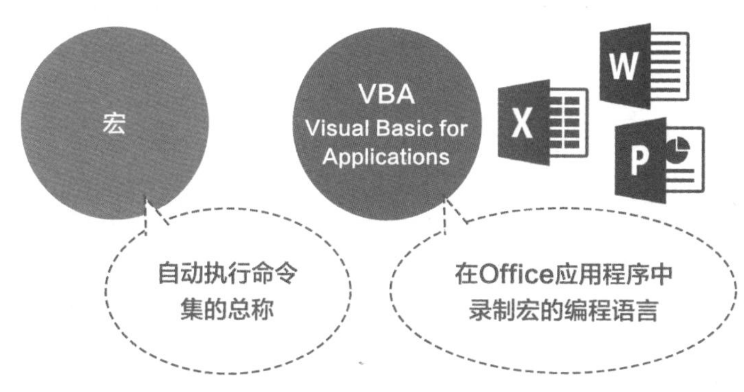

宏的录制方法因应用程序而异。同样是微软的Office，在Access中录制宏的方式则和在Excel、Word、PowerPoint中完全不同。

不能用文字描述的操作步骤，使用宏也不可以

关于使用VBA录制宏，其实很好理解。我们日常工作中是通过文字描述来展示工作流程，而在使用Excel宏时，可以理解为Excel使用名为VBA的编程语言来进行工作流程的编写。区别只是操作程序是用文字来描述还是用VBA语言来编写。

也就是说，在用Excel进行的工作中，如果存在着非常难以实现的操作难题，使用宏也难以实现。

为了录制宏，我们需要对工作内容进行合理的步骤分解。应用宏使操作步骤自动化，是提高工作效率的有效手段。

[宏的应用范围]

02 既然宏有自动录制功能，为什么还要学习VBA

学习要点

Excel的宏功能可以将用户的操作记录下来，之后需要执行相同操作时直接使用该宏功能来快速执行即可。尽管如此，我们还是需要对Excel VBA进行学习。

宏录制功能仅会再现执行过的操作任务

Excel的宏录制功能可以自动生成VBA代码。既然Excel本身含有宏录制功能，为什么我们还是要学习Excel VBA呢?

虽然有很多种原因，但是其中最重要的原因是Excel的宏录制功能不能编写通用代码。Excel宏录制功能只能录制使用在要执行操作的单元格范围、工作表以及工作簿等操作任务上的不通用代码。

当执行的工作任务与此前记录下来的操作完全相同时，可以直接使用宏录制功能快速执行任务。但是，我们工作中遇到的反复执行的操作大部分都是相似的，同时还存在着细微的差异。因此，我们就需要将宏录制功能编制的代码转化成通用代码。所以，只有学会了Excel VBA才会编程，从而创建Excel宏。以上就是必须要学习Excel VBA的原因。

▶宏录制功能编制的代码需要修改

宏录制功能可用作获取提示的工具

虽然宏录制功能应用范围有限，但是不能说宏录制功能完全没有用处。即使是习惯了使用VBA创建宏的人，在创建之前没有遇到的宏类型时，也会参考宏录制的代码。

所以，我们可以把宏录制当作获取提示的工具来使用。

▶ 从宏录制编制的代码中获取提示

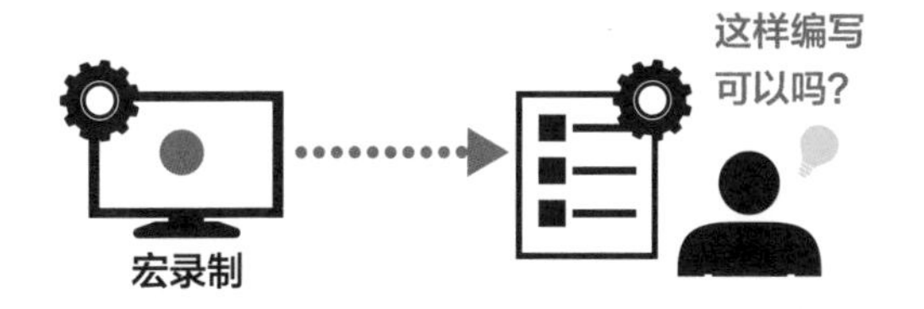

我们会在第9章中学习宏录制功能获取提示的使用方法。

精简必学项目

为了可以掌握自主创建Excel宏的技能，我们需要学习很多内容。很多人会抱着“学会了创建Excel宏的方法后工作会变得轻松起来”的态度去学习Excel宏，但后来都会因为必学项目太多而灰心丧气。为此，在本书当中，我们会尽可能精简必学项目，让大家通过学习更少的知识来学会创建工作中使用的简单的Excel宏。

创建让复杂工作简单化的宏，是让人开心的事。目前，我们的现实策略是先教会大家学会创建有利于日常工作的宏，在体会到Excel按照指示自动执行命令的喜悦之后，再逐渐学习其他必学项目。

我们会在04节中就如何精简必学项目做详细说明。

[学习的思想准备]

03 从现在开始学习Excel VBA

先来了解一下开始学习Excel VBA时要做的思想准备。当我们看到自己输入的代码能让宏自动执行一系列操作任务的时候，会非常有成就感。既然这样，就让我们先从创建只有自己使用的宏开始学习。

学习自己输入代码

学习Excel VBA的程序设计时，仅依赖阅读书籍是学不会的，需要我们自己动手输入代码。

本书中的每个学习项目都由解说和实战两部分组成。除此以外，还包含了一些仅通过阅读解说理解不了，需要自己手动输入代码实际操作才能理解的项目。

所以，在本书内容的学习中，当遇到通过阅读解说还是不理解时，请自己输入代码实际操作一下，然后再回去重读一次解说。

▶ 亲自动手输入代码有助于理解

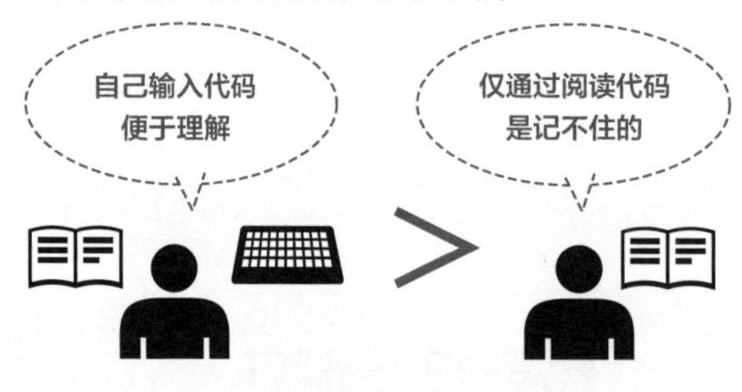

自己输入代码
便于理解
仅通过阅读代码
是记不住的

顺便说一下，这里我们提到的输入不是复制&粘贴，而是自己敲击键盘输入代码。

充分享受宏自动操作的喜悦

看到Excel按照自己编写的代码自动执行一系列操作时，自然会感到开心。同时，内心还会涌现出一些成就感。让我们珍惜这份成就感，并好好地感受这份喜悦吧。

就像学习英语时，学会小短语的喜悦体验会让我们有持续学习的动力。编程学习也是如此，让我们一边感受学习的乐趣，一边继续学习吧。

多次重新编写代码

一封非常重要的邮件，你会写完就立刻毫不犹豫地发送出去吗？邮件写完一段时间再看看，然后重写的情况时有发生吧？

编程也是一样的。一段程序，哪怕自己编写的时候觉得很完美，稍微过段时间再去读，还是会有想要重新编写的想法。

对于接下来要开始学习Excel宏代码编写的你们来说，每天都会学到更好的代码编写方法。比起几天前写的代码，后来知道更好的写法的情况频繁发生，这时候一定要重写代码。反复修改代码，可以深化我们的宏创建技能。

最初，也许会对重新编写好不容易创建的宏感到排斥，但也会因为重新编写后的代码更容易被读取而感到开心。

创建自己使用的宏

创建别人使用的宏时，要考虑的情况比较多，难度比较大。我们可以先从创建只有自己使用的宏开始。因为自己使用的宏，只要能正确地执行操作，在某些特殊条件下发生错误时，只要不是致命性的错误，可暂时搁置不管。

但是对于别人使用的宏，必须弄清楚错误的原因，并设想各种条件，尽可能保证不再发生错误。我们先大量创建只有自己使用的宏，在充分熟悉宏创建后再去创建别人使用的宏。

[3个必学内容]

04 让我们先了解创建Excel宏的必学内容

创建Excel宏必须要学习的内容，大概可以分为VBA编辑器的用法、编程通用指令、获取与操作对象的代码3大类。

3大必学内容

Excel宏的学习项目虽然有很多，但是在刚起步学习创建宏阶段，必学项目大概分成VBA的编辑器VBE（Visual Basic Editor）的用法、编程的通用指令、获取与操作对象代码3个方面。

在本书的前7章，我们会学习VBA用法和编程的通用指令，从第8章开始会学习获取与操作对象代码的相关知识。

▶Excel VBA必学内容

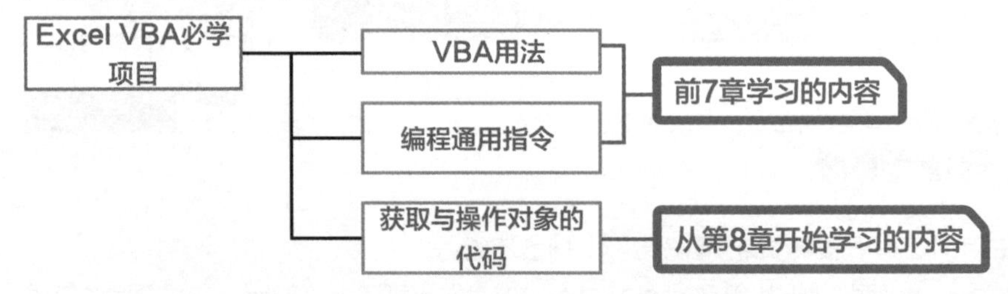

VBE是文本编辑器中具有编程功能的工具。3大必学内容中的“VBE的用法”必须要记住，实际上内容并没有那么多，所以请放心。

编程通用指令

自然语言形形色色、多种多样，有汉语、日语、英语、法语、西班牙语，编程语言与自然语言一样，也有很多种。但是包括最近常用的编程语言在内，任何编程语言都有“运算符与函数”“变量”“条件分支”和“循环控制”这4种指令。

VBA又可以进一步将变量、条件分支、循环控制分别分为3类，它们之间的关系如下图所示。宏录制功能无法编制含有这些指令的代码。因此，在学习创建实际工作中运用的宏时，必须要先学会编程通用指令的应用。

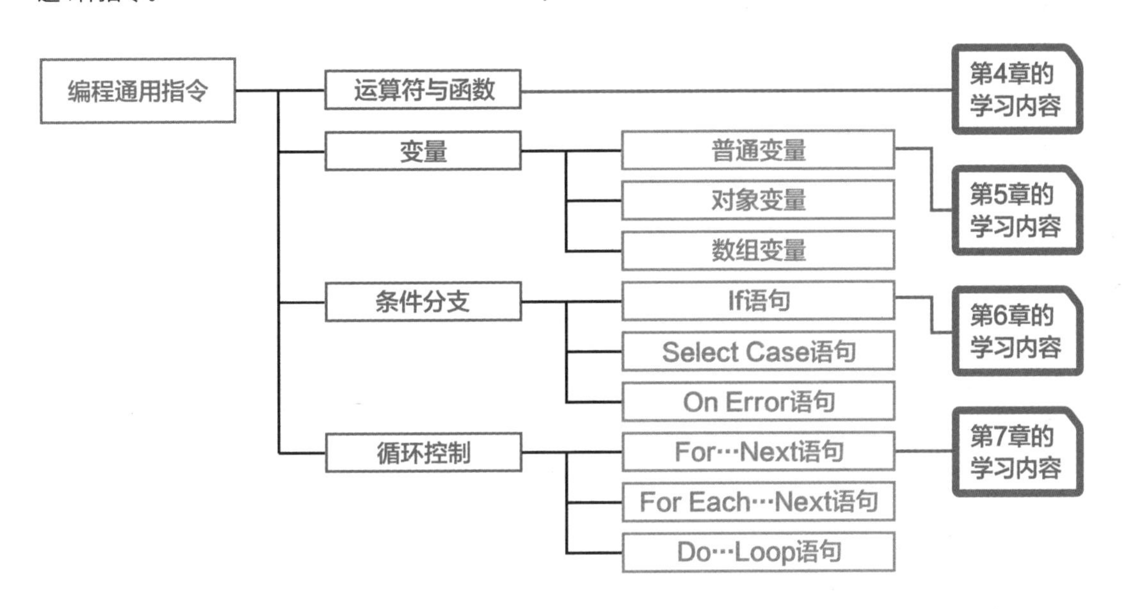

获取与操作对象的代码

操作说明是按照时间轴对“要做什么”作具体指示或命令的文件。Excel宏是指示Excel执行操作的作业说明书，对单元格或者工作表“要做的Excel要素（对象）”做出具体指示或命令。

要创建Excel宏，首先需要学会如何获取与操作对象的代码。

要点 本书未解释的内容

▶运算符与函数

Excel中有执行乘法运算的*、有连接字符串等的运算符&，以及SUM()、IF()、VLOOKUP()等函数。编程语言中也有执行某些计算或者数据处理的运算符与函数。

为了执行编程命令，我们必须要学习这些运算符与函数的编写方法与操作规则。

▶变量

变量被比喻成编程过程中暂时输入数据时"标有名字的箱子"，Excel的VBA变量可以分为以下3类。

- **普通变量**
- **对象变量**
- **数组变量**

在本书中，我们仅学习"普通变量"，如果能参照Excel单元格公式去理解，普通变量就没有那么难懂了。

▶条件分支

条件分支是根据某些条件执行切换处理的编程方法，在VBA中可以分为以下3类。

- **If语句**
- **Select Case语句**
- **On Error语句**

在本书中，我们仅学习"If 语句"的应用。如果能理解Excel中的IF()函数，那么VBA If语句理解就没有那么困难了。

▶循环控制

循环控制是反复多次执行相同操作时的编程方法，在VBA中可以分为以下3类。

- **For…Next语句**
- **For Each…Next语句**
- **Do…Loop语句**

在本书中，我们仅学习Excel宏中通用性较高的"If语句"。对于没有编程经验的读者来说，循环控制是前7章最应该掌握的内容。

对于其他创建Excel宏必学知识本书为什么没有介绍，78节说明了推迟学习的原因和应该学习的时机。

第2章 执行宏操作

本章我们会学习如何执行创建的宏，确认学习结果和能够做到的程度，并学习宏创建时必要的Excel设置和VBE界面组成。

[宏的运行准备]

05 做好运行Excel宏的准备

“开发工具”选项卡集合了一系列宏相关命令，我们在开始学习宏之前，应先学会如何显示“开发工具”选项卡。运行宏可能会对计算机造成有害影响，所以还要先学习如何进行安全性设置。

显示“开发工具”选项卡

应用程序初始状态下，Excel界面不显示“开发工具”选项卡。我们在开始学习宏之前，应先学会如何显示“开发工具”选项卡。对于2010版本之后的Excel设置，首先打开“Excel选项”对话框，切换至“自定义功能区”选项面板，勾选右侧显示列表中的“开发工具”复选框，这样Excel界面便会显示“开发工具”选项卡

▶勾选“Excel选项”对话框中的“开发工具”复选框

▶界面显示“开发工具”选项卡

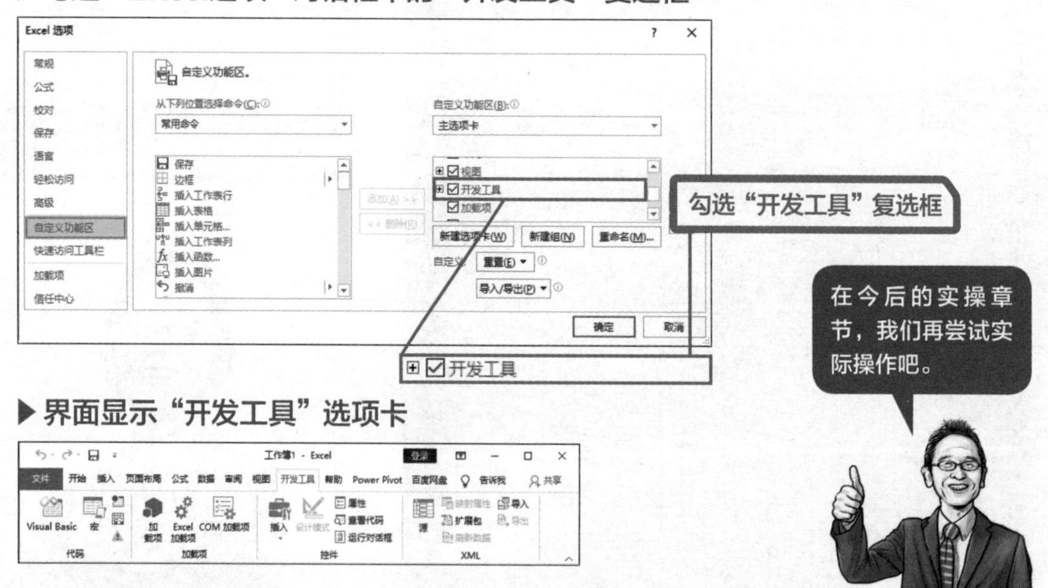

确认安全性设置

显示“开发工具”选项卡后，首先要确认Excel安全设置状态。VBA是编程语言的一种，所以会产生对计算机有害的病毒。因此，启动含有宏的Excel文档时，要设置程序允许宏运行的安全级别。单击“开发工具”选项卡中的“宏安全性”按钮，然后在显示的“信任中心”对话框中设置Excel安全性。即打开“信任中心”对话框，选择“宏设置”选项区域的“禁用所有宏，并发出通知”单选按钮。初始条件下Excel应用程序应该是这样设置的，但是如果默认选择了其他选项，请重新选择“禁用所有宏，并发出通知”单选按钮。下面的章节中我们将来了解选择“禁用所有宏，并发出通知”时的实际状况。

▶“信任中心”对话框

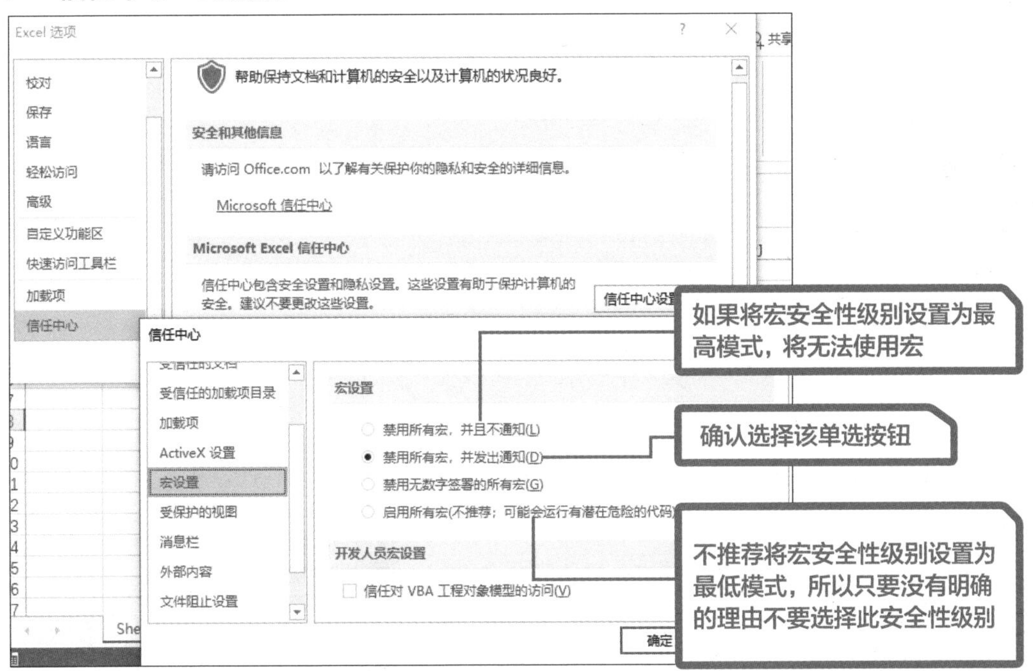

通常，由于安全性与便利性是无法两全的关系，所以Excel也准备了多个安全性设置选项，即优先选择安全性和便利性中的一个。

显示“开发工具”选项卡

1 打开“Excel选项”对话框

“开发工具”选项卡集合了一系列宏相关命令，要显示该选项卡，首先要打开“Excel选项”对话框。

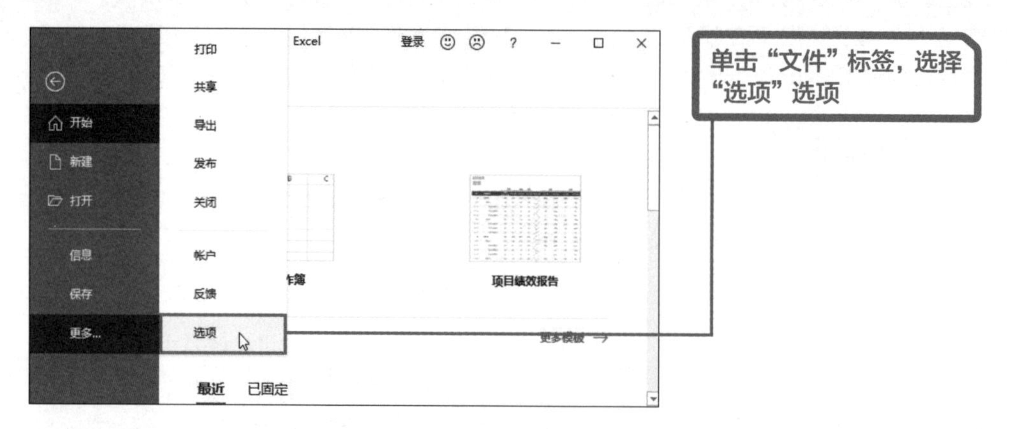

2 显示“开发工具”选项卡

打开“Excel选项”对话框，切换至“自定义功能区”面板❶，勾选“自定义功能区”主选项卡下的“开发工具”复选框❷，然后单击“确定”按钮❸来显示“开发工具工具”选项卡。

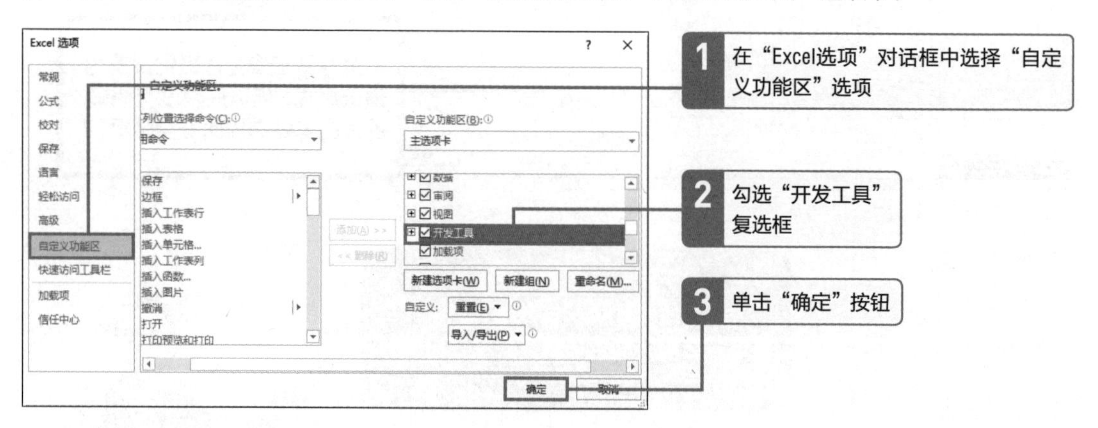

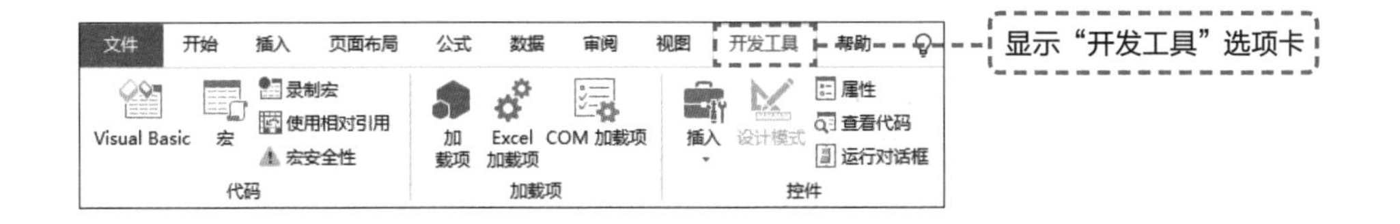

确认安全性

1 打开“信任中心”对话框

要进行安全性设置，首先要在“开发工具”选项卡下单击“宏安全性”按钮，打开“信任中心”对话框。

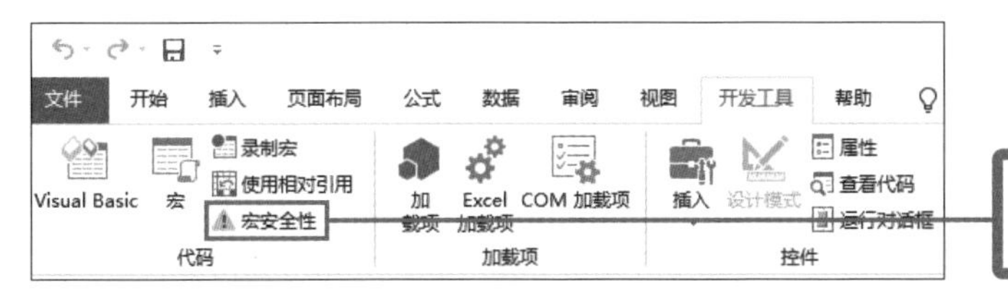

单击“开发工具”选项卡下的“宏安全性”按钮

2 确认安全性设置

打开“信任中心”对话框后，在“宏设置”面板中确认安全性为“禁用所有宏，并发出通知”后❶，单击“确定”按钮关闭“信任中心”对话框❷。

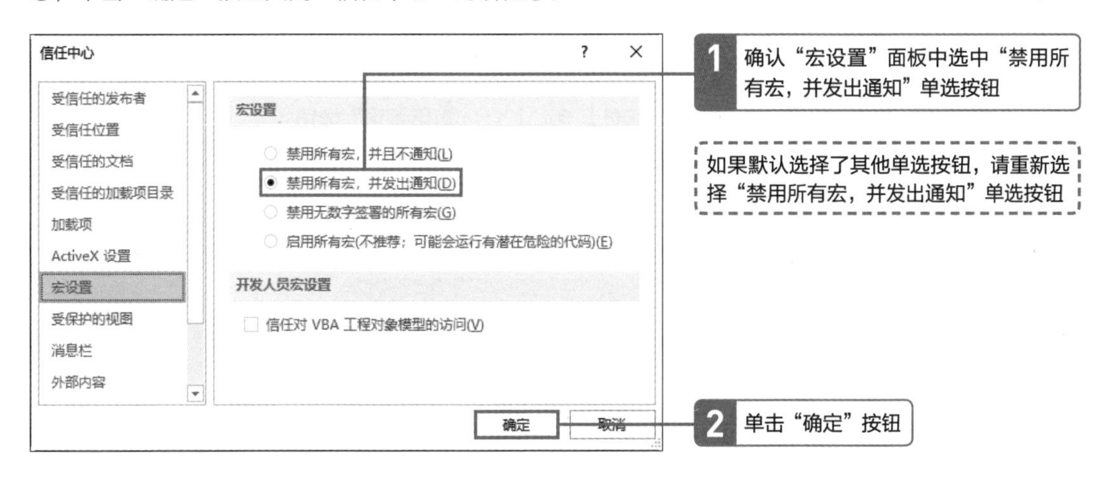

[打开包含宏的工作簿]

06 试着打开包含宏的Excel工作簿

学习要点

已经按照前面的操作方法，将宏安全性设置为“禁用所有宏，并发出通知”后，打开包含宏的工作簿会显示怎样的警告呢？如果打开从网上下载的工作表，又会显示怎样的警告呢？接下来我们来学习这些内容。

打开网络获取的文档

我们按照前面的操作方法，将宏安全性设置为“禁用所有宏，并发出通知”后，从网上下载工作簿并使用Excel 2010之后的版本打开时，即使该文件不包含宏功能，也会显示下图的警告。在确认要打开的工作簿是安全的情况下，便可单击“启用编辑”按钮。在不确定工作簿是否安全时，可先关闭文档并执行病毒检测等操作。

▶从网上下载的工作簿，打开时会显示受保护视图

	A	B	C	D	E	F	G	H
1	销售组别	销售人员	第一周	第二周	第三周	第四周	合计	
2		李时贸	60	88	80	67		
3		周芷若	98	96	95	91		
4	销售A组	梅超风	84	98	95	59		

从网上下载工作簿时，即使文件本身不含有宏功能，工作簿也会有感染病毒并对计算机造成有害影响的可能，所以界面会显示上述警告。

确认安全性并启用宏

单击“启用编辑”按钮，会显示“禁用所有宏，并发出通知”的相关警告，此操作适用于“信任中心”对话框中设置为“禁用所有宏，并发出通知”的情况。显示此警告时，宏功能处于被禁用状态。在已知晓打开文档安全的条件下，单击“启用内容”按钮，便可使用此文档的宏功能。文档获取方不可信赖时，请尽量不要单击“启用内容”按钮。

▶安全性警告

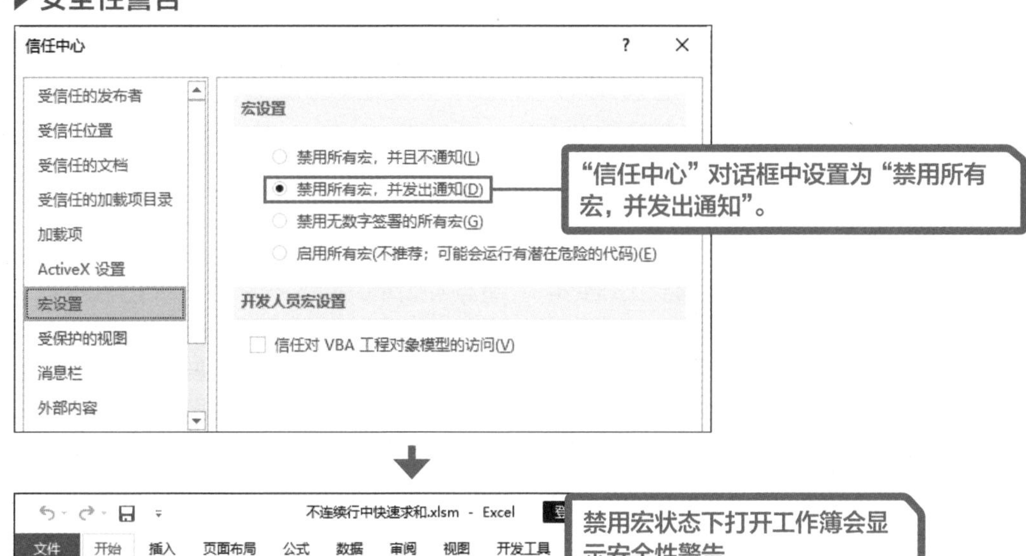

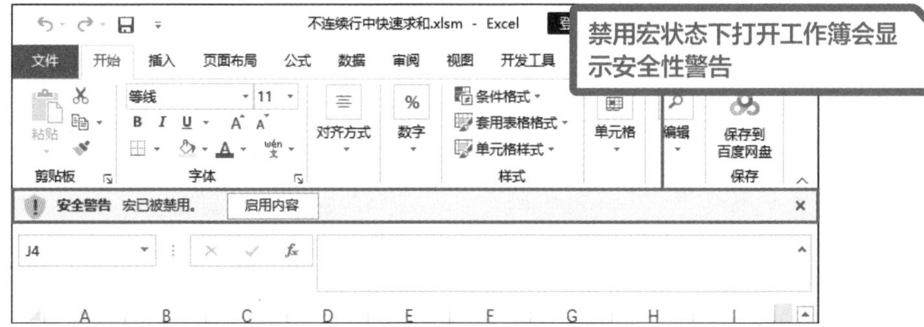

一旦单击了工作簿界面的“启用内容”按钮，打开此工作簿时便不再显示警告提示，但是重命名文件名或者文件夹后则会再次显示警告提示。

[执行工作表和单元格的宏汇总操作]

07 试着执行工作表和单元格的宏操作

扫码看视频

学习要点

本书中，我们的目标是学会运用宏处理应用范围广泛的工作表和单元格，以及如何将多张工作表数据汇总到一张工作表中，并学习Excel VBA。首先通过执行多表宏汇总宏操作，来进行宏的学习，我们能够创建怎样的宏呢？

执行“多表汇总”宏操作

很多场合，运用Excel宏能够让工作变得轻松。本书会以将多张工作表数据汇总到一张工作表中的宏操作为例进行说明。事先将相同种类的数据汇总到一张工作表中，可以更有效地灵活运用这些数据。但是，在实际工作中，经常发生将原本应该汇总到一张工作表中的数据分成了多张工作表的情况。比如将销售额数据根据每个月份制作成不同的工作表，或活动参与人员清单根据每个举办地区制作成不同工作表等。如上所述，如果原本应该制作成一张工作表的数据分成多张工作表，运用数据透视表分析时，系统会首先将数据汇总到一张工作表再分析。在本书的第12章，我们会学习将多张工作表数据汇总到一张工作表的宏操作，并学习Excel VBA的相关操作。

▶ 多表汇总示意图

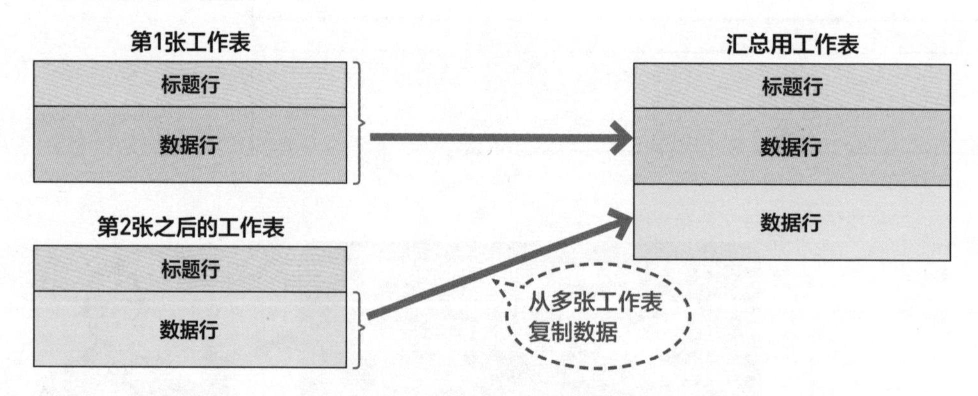

了解执行宏的基本操作

执行宏的基本方法是：选择“宏”对话框中想要执行的宏，单击“执行”按钮。首先请单击界面中“开发工具”选项卡，接下来单击“代码”组中的“宏”按钮，便会显示“宏”对话框。另外，使用快捷键Alt+F8也可以显示“宏”对话框。

▶通过“宏”对话框执行宏操作

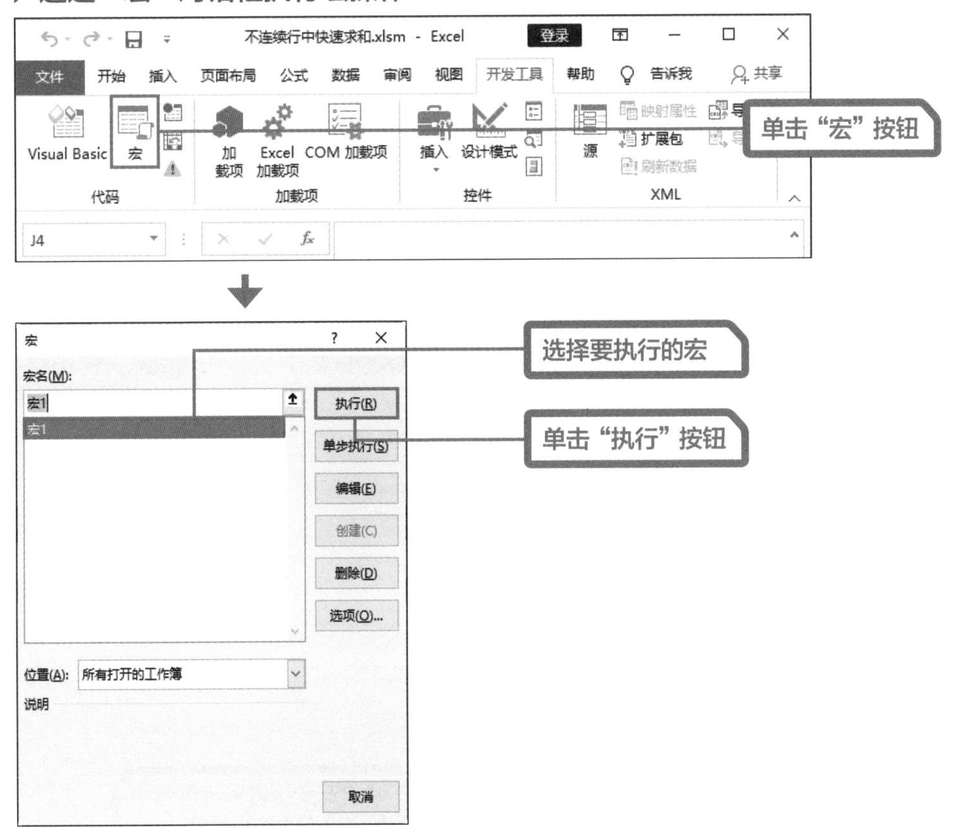

我们可以为录制的宏设置快捷键，在需要执行宏的时候直接按下设置的快捷键，即可快速执行录制的宏。

○执行多表汇总宏操作

1 打开示例文档，执行宏 汇总多个工作簿.xlsm

我们首先打开“汇总多个工作簿.xlsm”工作簿，此时工作簿的状态为受保护视图，单击“启用编辑”按钮。

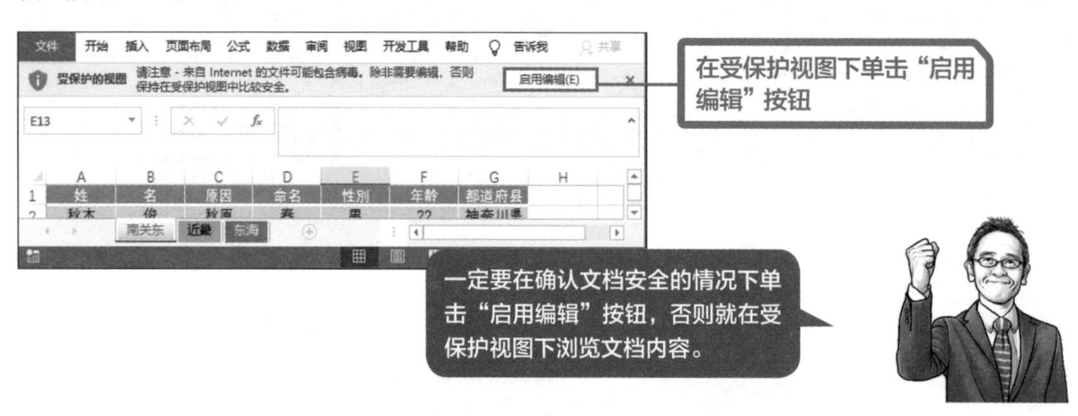

2 启用宏

如果需要启用工作簿中的宏，则单击“启用内容”按钮。

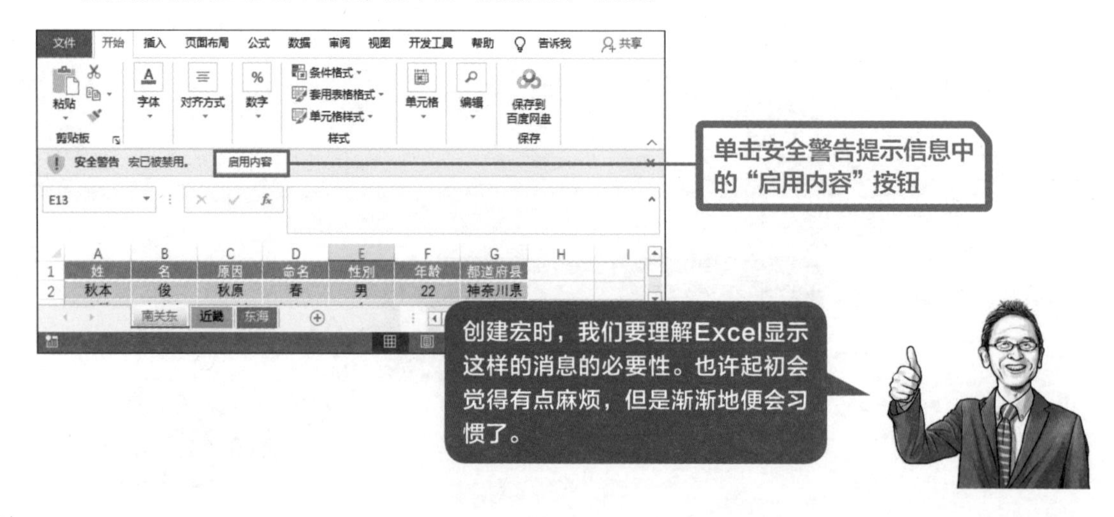

3 查看示例工作簿

首先打开工作簿，查看工作簿中的工作表是什么样的。

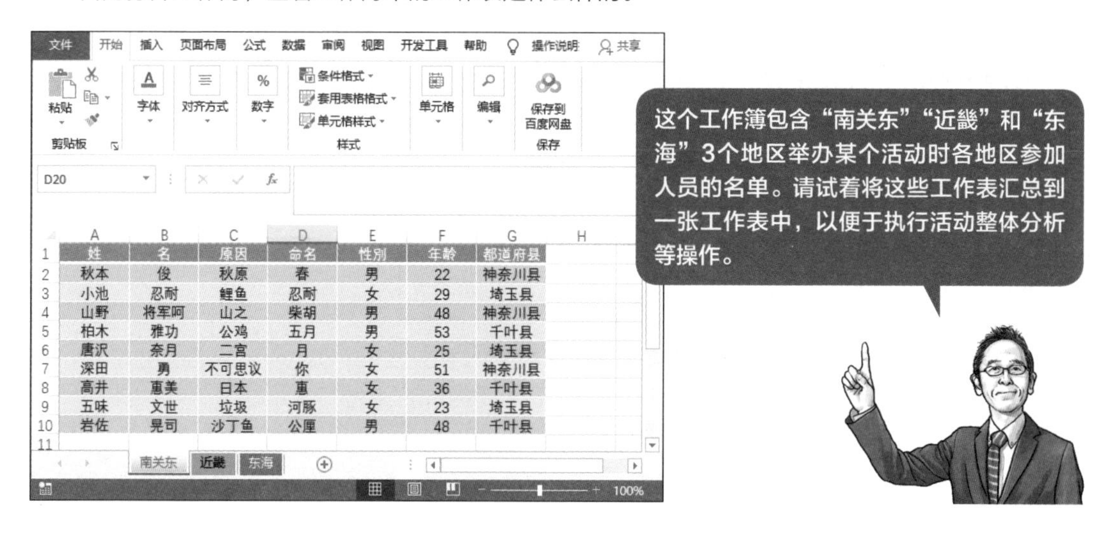

这个工作簿包含“南关东”“近畿”和“东海”3个地区举办某个活动时各地区参加人员的名单。请试着将这些工作表汇总到一张工作表中，以便于执行活动整体分析等操作。
南关东
近畿
东海

4 显示“宏”对话框并执行宏汇总

接下来单击“开发工具”选项卡下的“宏”按钮❶，打开“宏”对话框。在打开的对话中执行宏汇总操作❷。

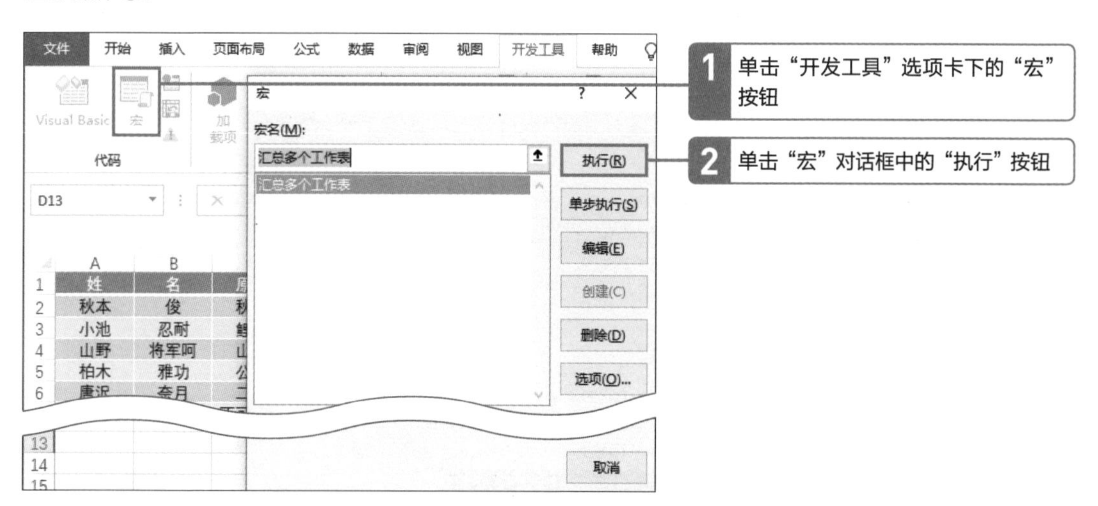

5 运行宏

运行“汇总多个工作表”宏操作后，会显示工作表汇总完成提示，单击“确定”按钮。

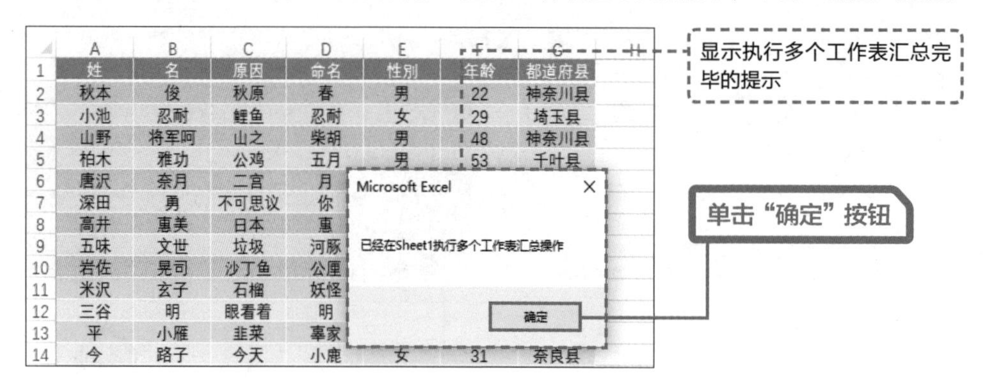

6 查看使用宏执行多工作表汇总的结果

执行“汇总多个工作表”宏后，Excel会自动将多个工作表的内容汇总到一个新的工作表中。

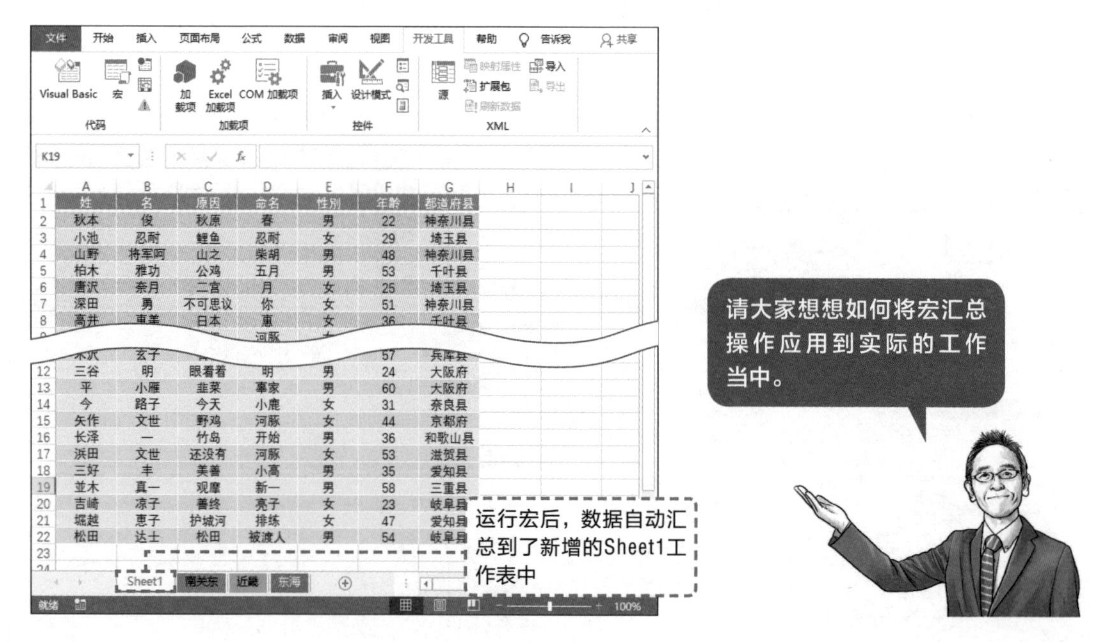

请大家想想如何将宏汇总操作应用到实际的工作当中。
运行宏后，数据自动汇总到了新增的Sheet1工作表中
Sheet1
南关东
近畿
东海

[在VBE中查看代码]

08 使用VBE查看宏的代码内容

扫码看视频

学习要点

在前面的07节中，通过宏执行多个工作表汇总的操作。下面我们可以通过“宏”对话框启动Visual Basic Editor（VBE），查看宏的汇总代码，来具体了解为了执行多工作汇总，Excel需要执行怎样的操作。

从“宏”对话框启动VBE

之前介绍了“宏”对话框的打开方法，在该对话框中我们可以启动用于宏制作和编辑的VBE（VisualBasicEidtor）工具，查看宏代码的内容。

在“宏”对话框中选择要查看代码的宏，然后单击“编辑”按钮启动VBE，即可看到宏的内容（程序代码）。

▶从“宏”对话框启动VBE

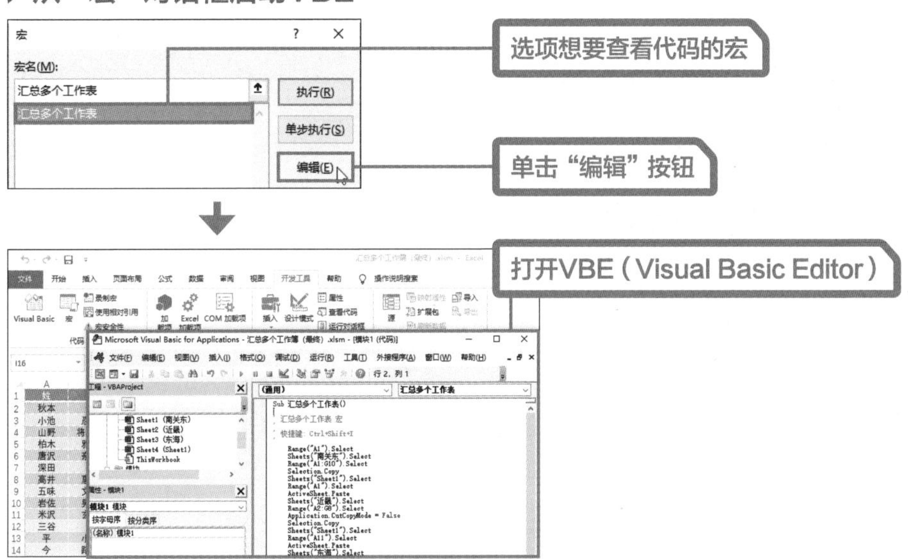

VBE界面主要由3个部分组成

VBE界面各区域分别是代码窗口、属性窗口和工程资源管理器。我们会在09节和17节重点学习工程资源管理器和代码窗口的用法。

▶VBE界面

要点 如果未显示所需的窗口

若工程资源管理器和属性窗口没有显示，我们可以在“视图”菜单栏下执行“工程资源管理器”或“属性窗口”命令来进行显示。

▶展开“视图”菜单后的状态

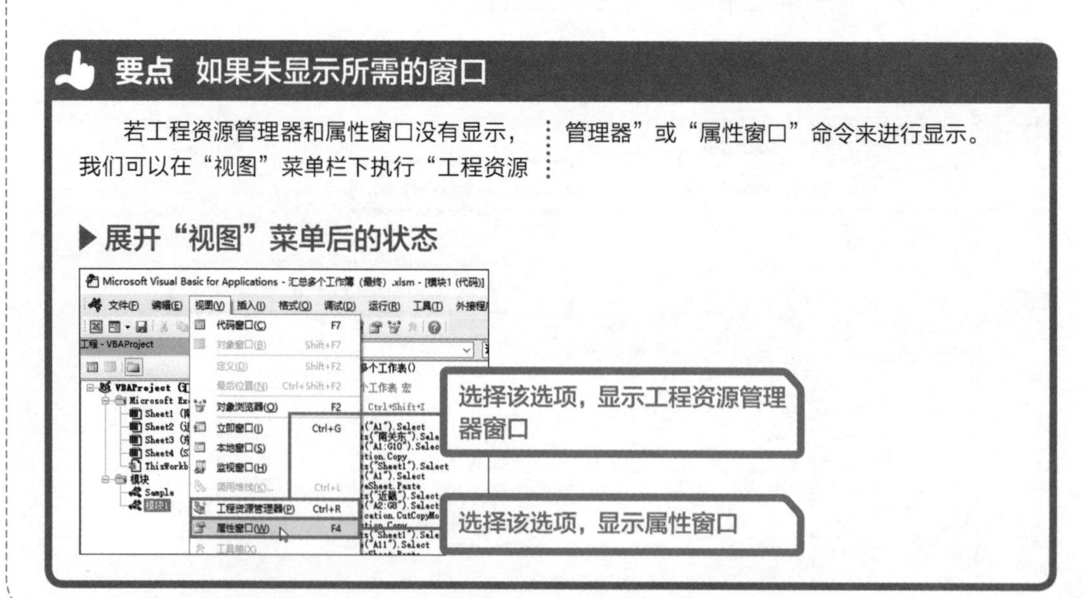

查看宏代码内容

代码窗口显示的英文记录(代码）就是宏代码（对Excel的操作指示）。宏起始代码为“Sub汇总多个工作表()”，结束代码为End Sub。

中间编写的英文代码基本是从上自下按照顺序逐行执行。

```
Sub 汇总多个工作表()
' 汇总多个工作表 宏
' 快捷键: Ctrl+Shift+I
    Range("A1").Select
    Sheets("南关东").Select
    Range("A1:G10").Select
    Selection.Copy
    Sheets("Sheet1").Select
    Range("A1").Select
    ActiveSheet.Paste
    Sheets("近畿").Select
    Range("A2:G8").Select
    Application.CutCopyMode = False
    Selection.Copy
    Sheets("Sheet1").Select
    Range("A11").Select
    ActiveSheet.Paste
    Sheets("东海").Select
    Range("A2:G6").Select
    Application.CutCopyMode = False
    Selection.Copy
    Sheets("Sheet1").Select
    Range("A18").Select
    ActiveSheet.Paste
    Range("I16").Select
    MsgBox "已经在" & Sheets(1).Name & "执行多个工作表汇总操作"
End Sub
```

接下来，我们会对上述英文代码的用法进行介绍。

启动VBE确认代码

从“宏”对话框启动VBE 汇总多个工作簿.xlsm

我们可以在“开发工具”选项卡下的“代码”选项组中单击“宏”按钮❶，打开“宏”对话框，通过单击“编辑”按钮❷来打开VBE窗口进行代码的查看。

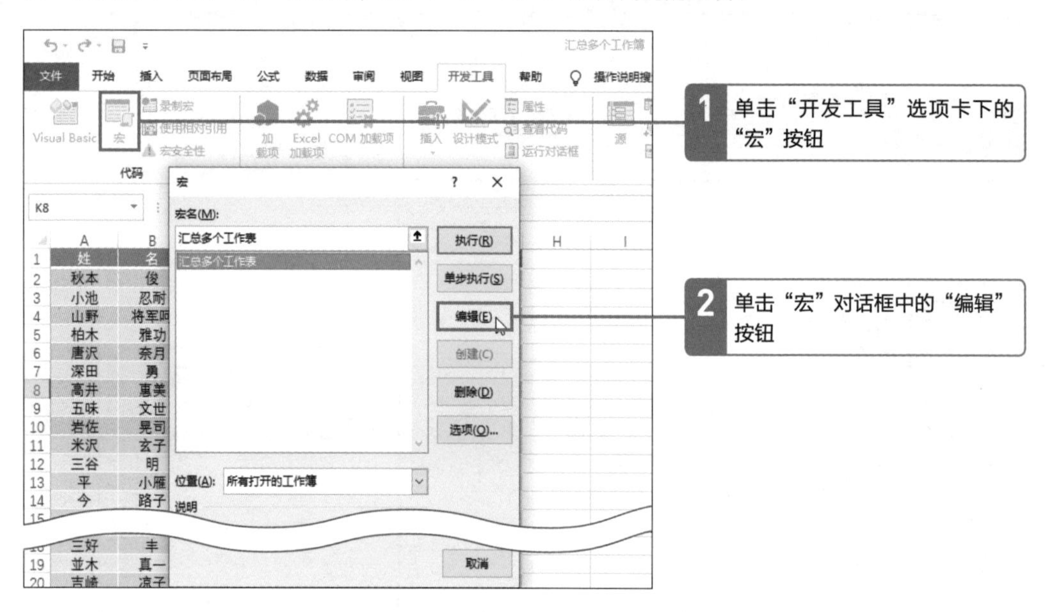

在VBE窗口中查看代码时，要先意识到我们会在今后学习上述代码的编写方法。

要点 让代码窗口的字体容易查看

许多宏初学者在进行代码输入的时候，会将“,”（逗号）和“.”（点、句号）输错。为了在输入的时候更容易发现输入错误，我们建议事先将代码窗口的字体大小稍微调大点。在VBE窗口的菜单栏中选择“工具>选项”选项，打开“选项”对话框，然后切换到“编辑器格式”选项卡，对代码窗口的字体样式和字号大小进行设置，使输入的代码更容易读取。

▶字体设置

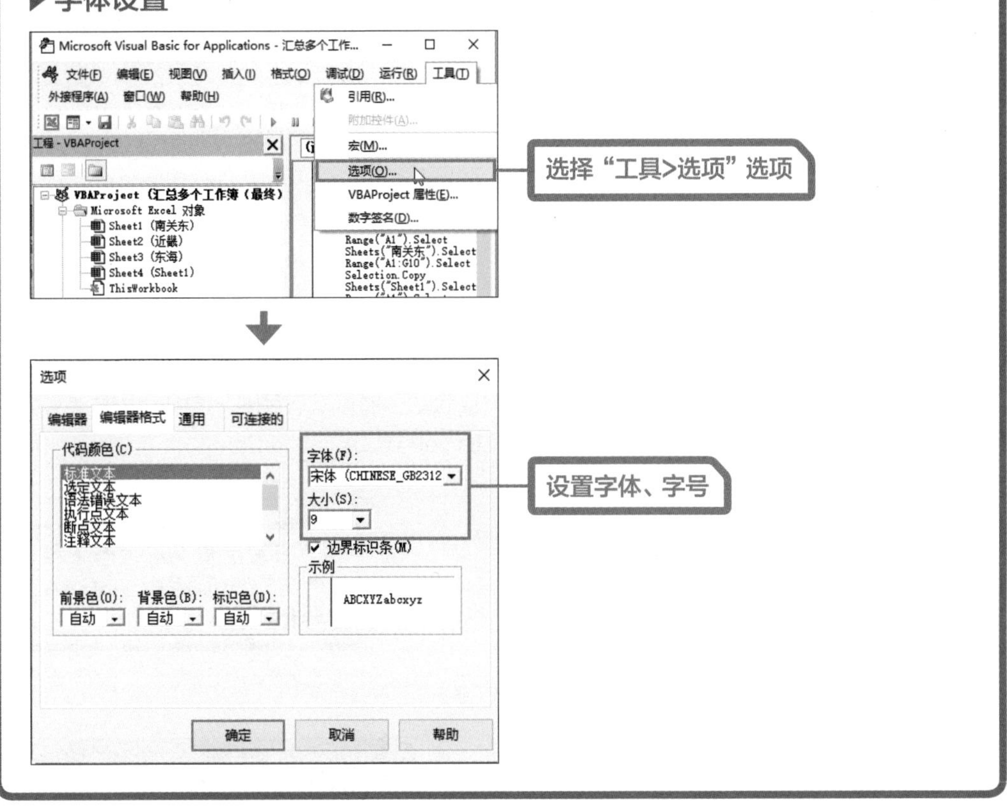

[VBE的启动方法和工程资源管理器应用]

09 学习如何启动VBE与应用工程资源管理器

学习要点

除了前面介绍的从“宏”对话框启动宏创建和宏编辑工具VBE外，还可以使用快捷键直接启动Excel 中的VBE。此外，本节我们还会学习VBE的工程资源管理器的具体应用。

VBE的启动方法

在前面的介绍中，我们知道在“宏”对话框中可以通过单击“编辑”按钮来启动VBE显示宏代码。首次创建宏时，要先启动VBE。从Excel界面启动VBE时，请直接按下Alt+F11组合键，然后在“开发工具”选项卡下的“代码”选项组中单击VisualBasic按钮。VBE一旦启动，便可以使用Alt+F11组合键来回切换Excel与VBA。

Alt+F11组合键

创建宏和编辑宏时，经常要反复切换VBE与Excel，所以建议尽快记住快捷键Alt+F11的使用。我们可以从Excel 界面启动VBE。

工程资源管理器的作用

工程资源管理器可以显示编辑状态下工作簿中包含的工作表，且模块是以树形结构显示（模块是宏创建区，详细内容会在12节~13节中学习）。

工程资源管理器是用于显示代码的窗口，也可以用于删除模块（模块删除方法会在第66页重点介绍）。代码窗口未显示的情况下，双击想要在工程资源管理器显示的模块名，便可以显示。通过代码窗口激活的模块会以浅灰色背景表示。

▶从工程资源管理器显示代码窗口

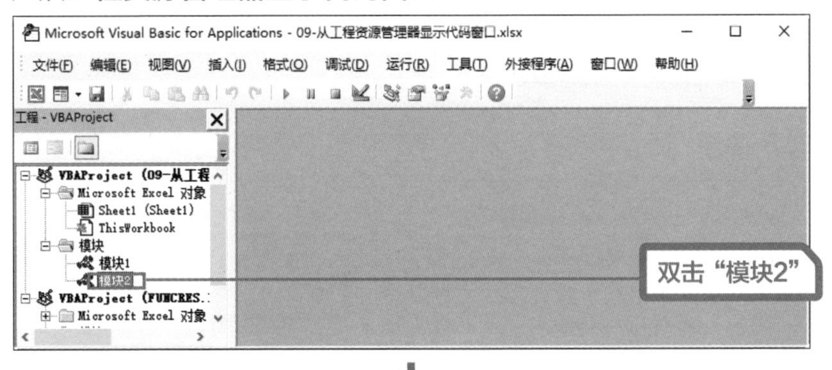

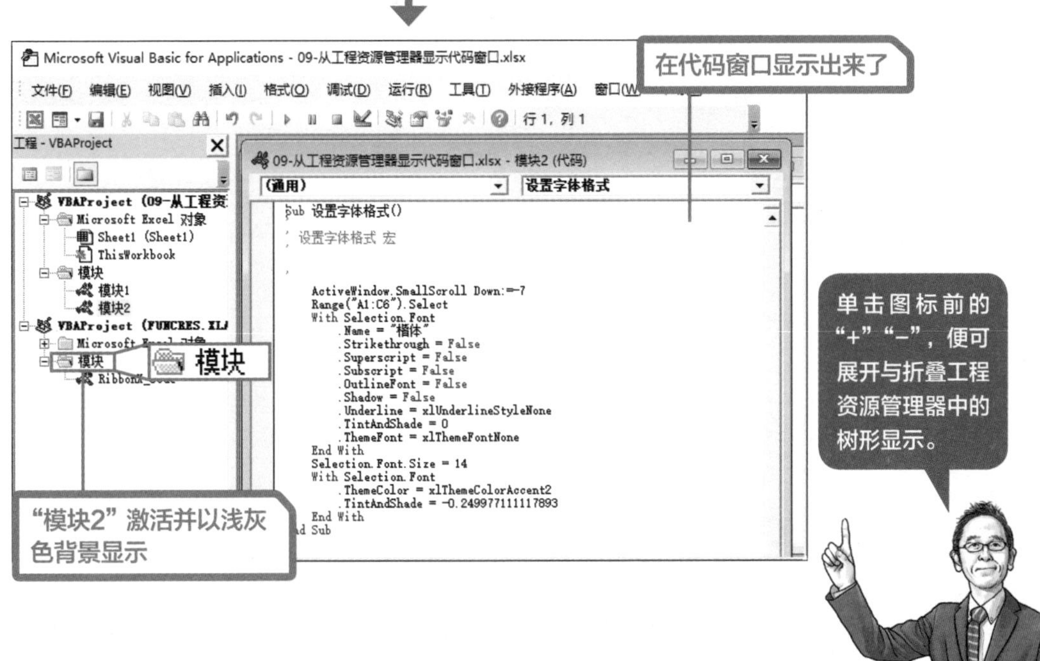


```
Sub 设置字体格式()
'
' 设置字体格式 宏
'
'
    ActiveWindow.SmallScroll Down:=-7
    Range("A1:C6").Select
    With Selection.Font
        .Name = "楷体"
        .Strikethrough = False
        .Superscript = False
        .Subscript = False
        .OutlineFont = False
        .Shadow = False
        .Underline = xlUnderlineStyleNone
        .TintAndShade = 0
        .ThemeFont = xlThemeFontNone
    End With
    Selection.Font.Size = 14
    With Selection.Font
        .ThemeColor = xlThemeColorAccent2
        .TintAndShade = -0.249977111117893
    End With
End Sub
```

单击图标前的“+”“-”，便可展开与折叠工程资源管理器中的树形显示。

要点 工程的含义

在编程的世界里，会将一个程序所需的多个文档汇总到“工程”中管理。遵循这个习惯，Excel VBA也被称为工程，按照工程管理的意思，便将其命名为“工程资源管理器”。我们可以认为Excel VBA工程等同于工作簿。

属性窗口的作用

属性窗口显示工程资源管理器选中的工作表和模块等信息。因为本书不使用属性窗口，所以单击“关闭”按钮，将其关闭不显示也没关系。

▶属性窗口的“关闭”按钮

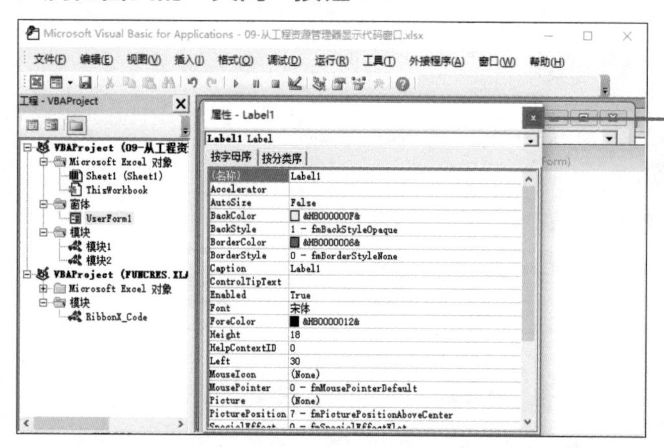

单击“关闭”按钮，关闭属性窗口

属性窗口主要是用于创建用户表格（本书中不涉及此内容）。本书第66页的重点是通过改变标准模块的名称，介绍属性窗口的用法。

[单元格的宏操作]

10 执行单元格宏操作并查看代码

扫码看视频

学习要点

对于初学者来说，运用07节中执行多表汇总的宏，对工作表和单元格进行操作绝对不是简单的事。因此，在前7章中，我们的目标是学会能创建仅自己操作单元格的宏。

突然挑战高难度课题是受挫的根源

看到多表汇总的宏代码和排列着很多像英语一样的语句，会让人感到压力。

对于完全没有编程知识的人来说，运用执行多表汇总的宏操作工作表和单元格绝对不是件简单的事。不仅限于宏的学习，突然挑战高难度课题是受挫的根源。本书的前7章，我们会学习创建操作更简单单元格的宏（执行合格与否判定的宏）。在这个过程当中，学习一部分编程通用指令。

执行合格与否判定的宏

利用宏执行合格与否的判定时，首先会显示是否执行合格判定的确认消息，如果单击"是"，A列大于80的数值会在B列显示为"合格"，而小于"80"的数值则在B列显示"不合格"。

▶ 宏执行合格和不合格判定的结果

利用宏执行合格与否判定

打开示例文档 执行合格与否判定.xlsm

像07节中执行多表汇总的宏操作那样，打开"执行合格与否判定.xlsm"工作簿，利用宏执行合格与否判定。B列会根据A列数值相应地显示合格和不合格的结果。

工作簿"多表汇总.xlsm"打开时，请先关闭，然后再执行此操作。

确认执行合格与否判定的宏代码

1 启动VBE

按照前面课程中学习的方法启动VBE并显示代码窗口，确认执行合格与否判定的宏代码。

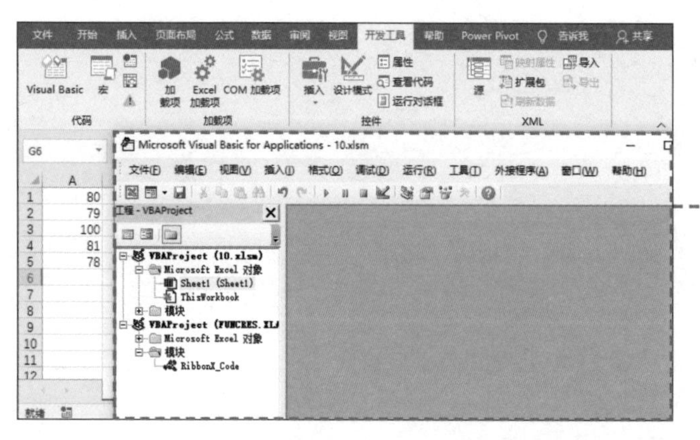

2 从工程资源管理器显示代码窗口

从工程资源管理器显示代码窗口，可以看到执行合格与否判定的宏代码，是什么样的感觉呢？与多表汇总的宏操作相比，由于这个宏的行数少，而且显示的单词种类也不多，阅读压力是不是也会少一点呢？

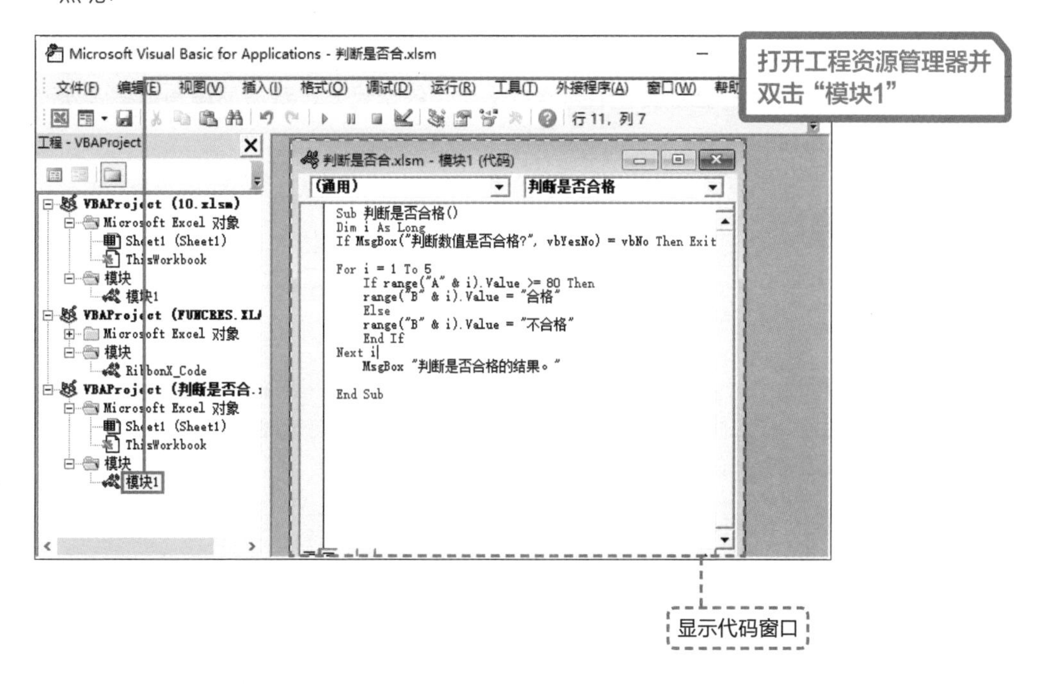

此宏中包含了前7章要学习的“编程通用指令”，11节我们会具体了解编程通用指令包含哪些内容。

[编程通用指令具体示例]

11 查看编程通用指令有哪些

前7章，在学习VBE 用法时，主要学习的是“编程通用指令”。我们会根据前面章节中判定合格与否的宏代码，查看编程通用指令所包含的内容。

编程通用指令和合格与否判定的宏

04节提及过“编程通用指令”，我们会在前7章学习“编程通用指令”当中的字符串、函数、变量、If语句、For…Next语句。首先根据前面章节中执行合格与否判定的宏代码，确认将在哪些章节学习这些指令的相关知识。

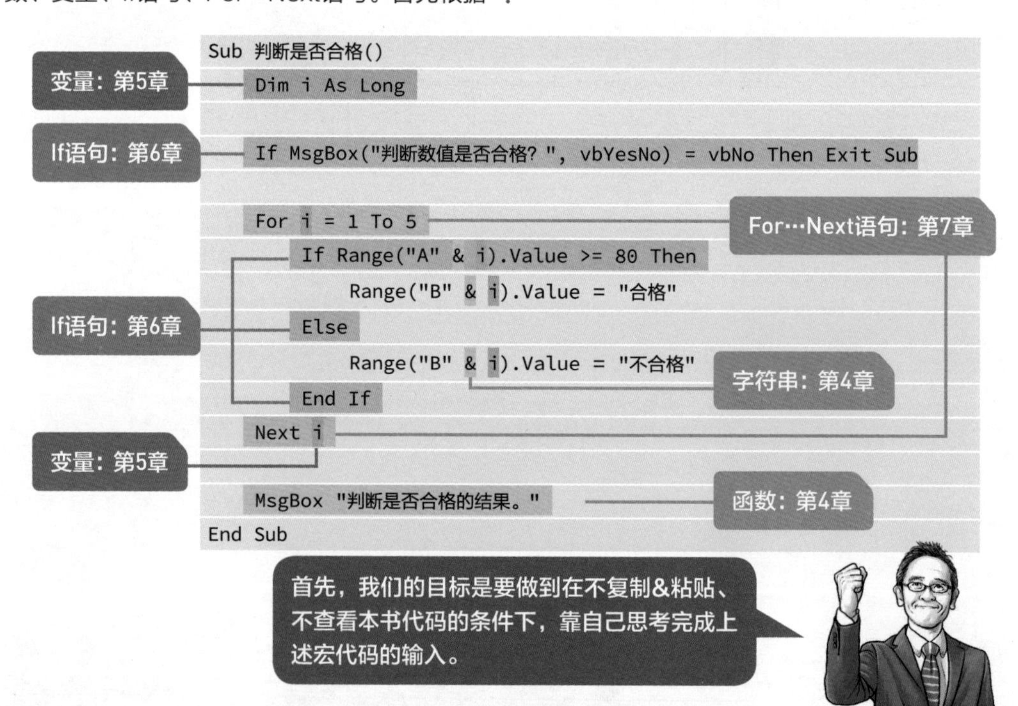


```
Sub 判断是否合格()
    Dim i As Long

    If MsgBox("判断数值是否合格? ", vbYesNo) = vbNo Then Exit Sub

    For i = 1 To 5
        If Range("A" & i).Value >= 80 Then
            Range("B" & i).Value = "合格"
        Else
            Range("B" & i).Value = "不合格"
        End If
    Next i

    MsgBox "判断是否合格的结果。"
End Sub
```

首先，我们的目标是要做到在不复制&粘贴、不查看本书代码的条件下，靠自己思考完成上述宏代码的输入。

第3章

创建第一个宏

我们的目标是通过前7章的学习，能做到自己创建执行合格与否判定的宏。在本章中，我们将试着自己输入VBA代码并创建一个简单的宏。

[插入模块]

12 插入“模块”作为创建宏的位置

从本章开始，会讲解如何创建宏。在默认状态下创建Excel宏时，首先要先学会在VBE中创建“模块”作为输入代码的位置。所以，我们要先学习并记住模块的创建方法。

插入模块

打开工作簿并按Alt+F11组合键，然后在VBE的“插入”菜单列表中选择“模块”命令，即可创建“模块”作为输入Excel宏代码的位置。

▶插入模块的方法

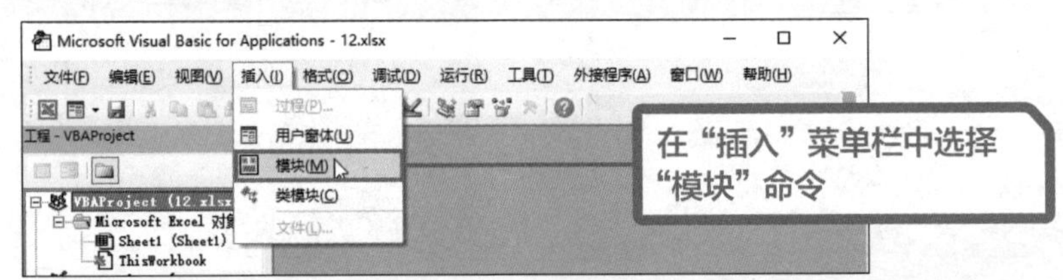

要点 学会使用访问键

习惯使用快捷键的人也要学会使用组合键访问。例如，使用Alt+F11组合键即可启动VBE，快捷键需要同时按键盘上的Alt键和F11功能键执行操作。然而访问键不需要同时按这两个键，而是在按Alt键后（或者按住Alt键保持不动），再按照顺序依次按Alt→I→M键，可以插入模块。菜单栏或者命令旁边的字母表示的就是访问键。插入（Insert）按I键，模块（Module）按M键，比起单纯机械性地记快捷键Alt+F11，访问键则更容易被记住。

启动VBE，插入模块

1 启动VBE 新工作簿

首先打开一个新Excel工作簿，然后启动VBE。

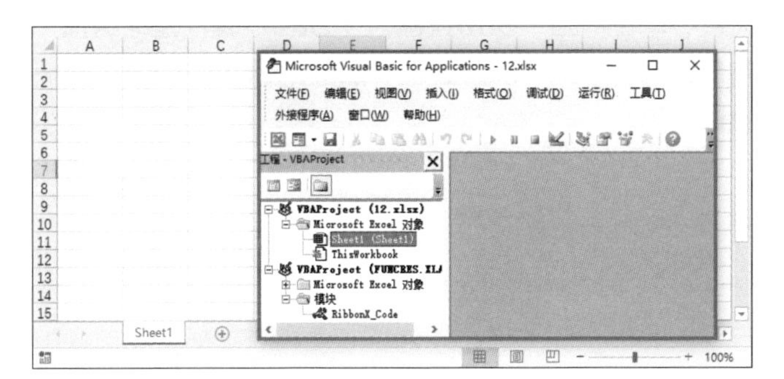

按 Alt + F11 组合键启动VBE

2 插入模块

在“插入”菜单下选择“模块”选项，插入模块。

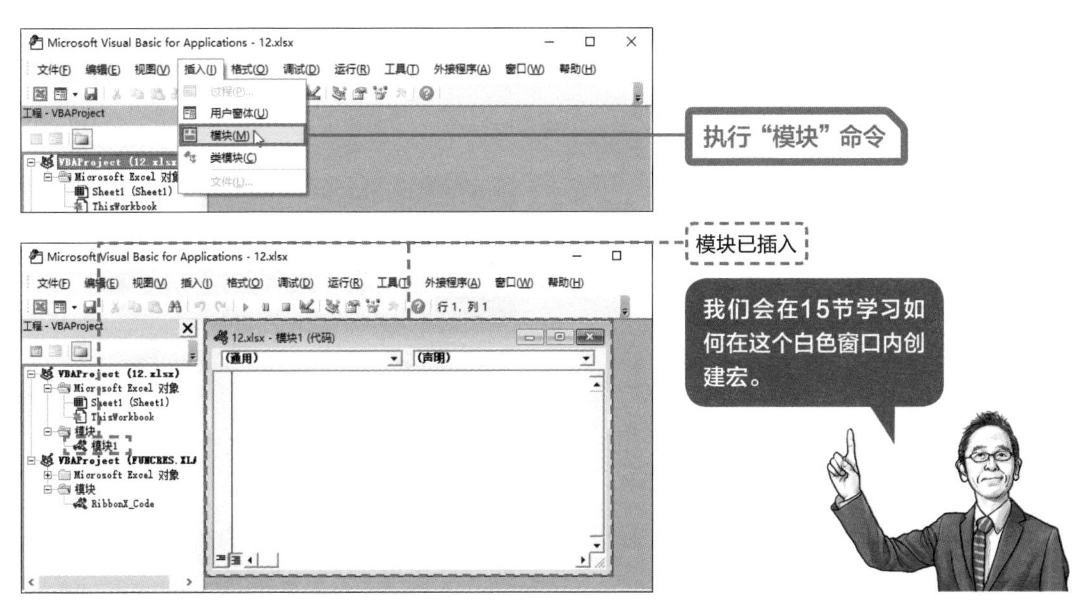

[Sub过程]

13 学习宏最小单位“Sub过程”

我们将Excel宏最小单位称为“Sub过程”，“Sub过程”是一组代码程序。接下来，我们会学习“Sub过程”的应用，并在12节制作的模块内创建Sub过程。

宏最小单位“Sub过程”

我们将宏最小单位称为“Sub过程”，Sub过程最少要编写1行代码。有时我们也会组合多个Sub过程去创建用于执行复杂处理的宏，但在本书中，只学习创建一个Sub过程构成 的宏。

Sub起始行在Sub过程开头，End Sub行在Sub过程结尾。一个Sub过程构成的宏中，Sub行在宏开头，End Sub行在宏结尾。

▶ Sub过程语句结构

Sub过程名　　括号

```
Sub␣第一个宏()
␣␣␣␣实际的操作指示
End␣Sub
```

“过程（procedure）”在英文单词中是“步骤”“顺序”的意思。Excel宏是让Excel按照规定的操作步骤自动工作的操作指导书，我们可以通过Sub过程去理解第一个宏。

"第一个宏"结构

在创建的"第一个宏"中，"Sub 第一个宏()"在开头行，End Sub在结尾行。紧接在Sub后的"第一个宏"是Sub过程名称，这个Sub过程名称会显示在"宏"对话框中。在下图的Sub过程宏中，包含"在A1单元输入100"和"在B1单元输入'合格'"这两个指令。运行宏时，Sub过程会从上往下按顺序执行这两个指令（我们会在下一节学习这两个指令的含义）。

▶本章创建的Sub过程

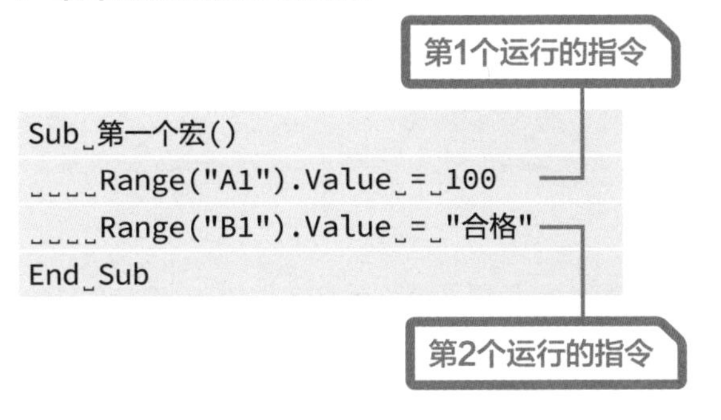

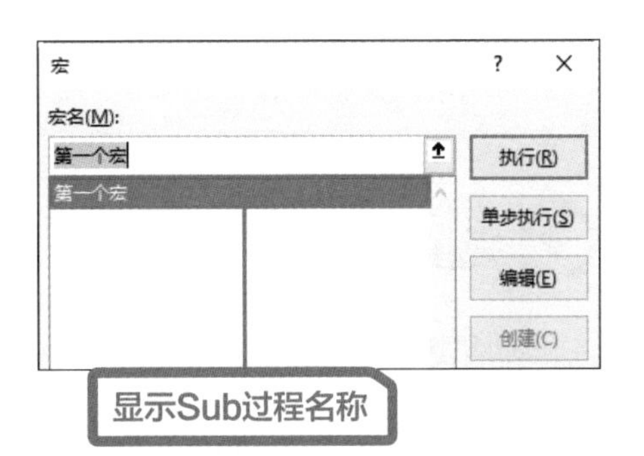

工作簿（工程）、模块与Sub过程

我们在上一节创建的模块内编写Sub过程为：首先在工作簿（工程）中插入模块，然后在模块内创建Sub过程。由此可见，这三者之间存在着工作簿（工程）-模块-Sub过程这样的层级关系。

▶工作簿（工程）-模块-Sub过程间的关系

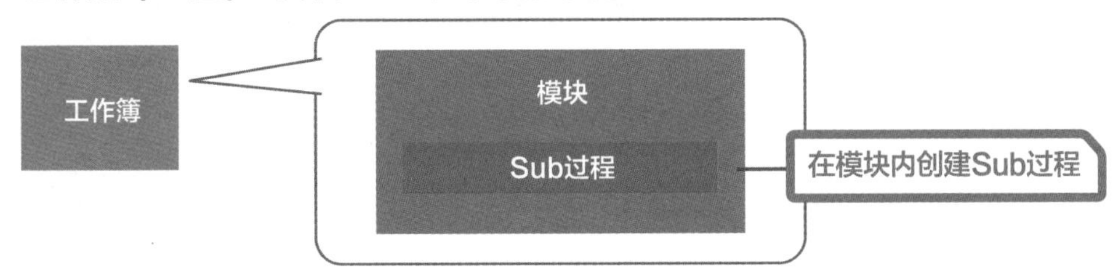

[赋值]

14 理解编程中频繁出现的“赋值”命令

扫码看视频

学习要点

不仅在VBA中，编程中也会非常频繁地出现“赋值”命令。我们要充分理解赋值用的“=”符号与算数中用于表示左右两边相等的“=”有着完全不同的意思。

赋值的含义

我们把将右边数据添加到“=”左边数据容器中的处理称为“赋值”，并将这个“=”称为赋值字符串。不仅在VBA中，很多编程语言中也会频繁出现赋值命令。此处使用的“=”符号，与我们平时熟悉的算术中的“左边等于右边”是完全不同的意思，此处是数据保管指示符号。接下来本书中还会多次出现赋值命令。

▶ 赋值示意图

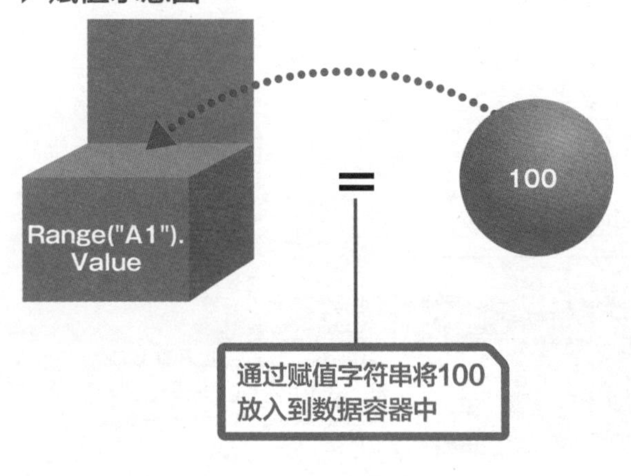

如右侧箭头指示的那样，或许也可以考虑用“=”代替那个指向箭头。

理解“第一个宏”

Range描述的是指定的操作单元格范围，在()后输入“.Value”，便可进行单元格数值处理。要是将“.”翻译成中文便是“的”的意思，暂且请先这么认为。所以，“Range(A1).Value”可以理解成“Range(A1)的Value”，也就是“A1(单元格)范围的数值”的意思。如果将该代码放在“=”左侧，将数字或字符串放在右侧，即指示将数据赋给单元格，并写入数据。第2行“Range("A1").Value=100”是指示将100赋给A1单元格，第3行"Range("B1").Value="合格""是指示将“合格”字符串赋给B1单元格。运行第一个宏时，单元格会写入数据，如下图所示。

▶本章节创建的Sub过程

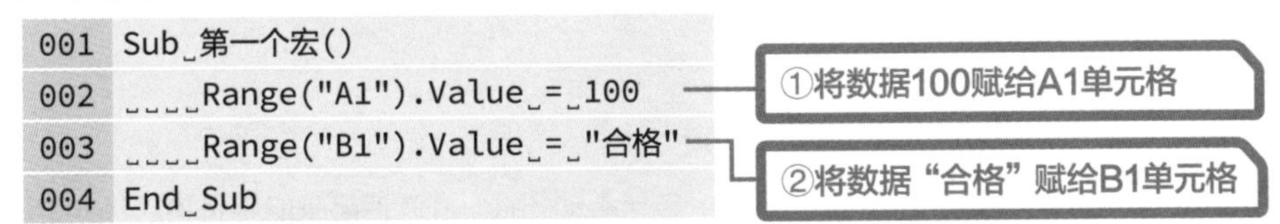

```
001 Sub 第一个宏()
002     Range("A1").Value = 100
003     Range("B1").Value = "合格"
004 End Sub
```


▶第一个宏运行结果

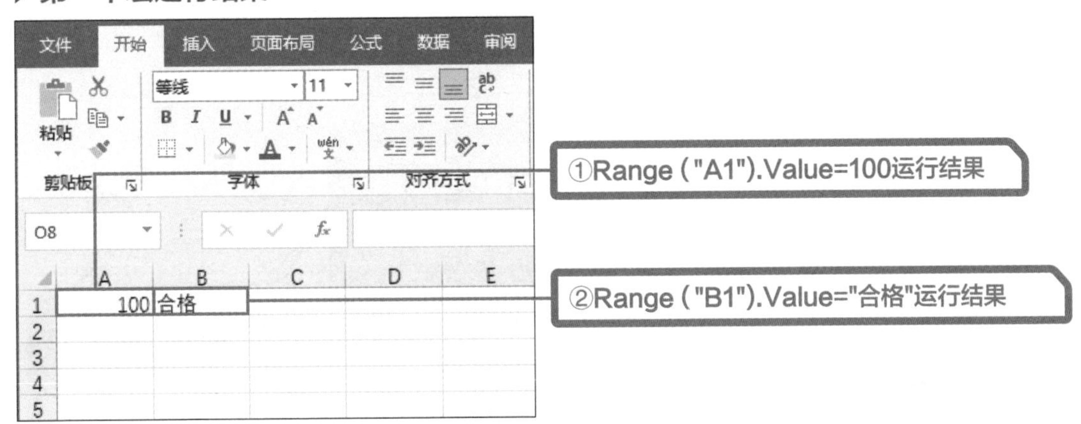

“Range ("A1").Value”或者“Range ("B1").Value”都是用于“获取与操作对象的代码”。即便有很牢固扎实的语法，还是建议在初学阶段，把它当作省略掉的英语来阅读。我们将在第8章学习相关语法。

[创建Sub过程]

15 从初始状态开始创建Sub过程

在介绍准备工作和解说内容的同时，来学习一下创建Sub过程时的注意事项。学完这些注意事项后，我们会从初始状态开始试着在12节插入的模块内创建宏最小单位Sub过程。

关于输入法状态

不单单是VBA，很多编程语言都是使用半角英文或者符号描述代码。此外，用Excel VBA键盘时，如果字母大小写拼写正确，在光标移动到其他行时自动切换大小写，不需要自己手动切换。由""括起来的字符串“Range("A1").Value”中的A1或者“Range("B1").Value”中的B1只是字符串，所以不能执行大小写转换。

紧接着，在Range括号后的A1、B1也可以写成a1、b1，但是用大写还是用小写需要统一。在本书中，我们统一使用大写。

关于半角空格

VBA和英语一样，单词、符号、数字前后都有半角空格。如果忘记输入半角空格，VBE有时会自动补全半角空格，但有时候也会要求必须正确输入。Sub与过程名称“第一个宏”之间必须要输入半角空格。

Sub过程命名限制

我们可以使用字母、汉字、平假名、片假名、数字、_（下划线）对Sub过程命名，但是数字和_（下划线）不能用在第一个字符。此外，Sub过程命名不得超过255个半角字符。有时也想在Sub过程名称中使用“-”（连字符）等符号，但是大部分符号都不能用在Sub过程名称中。能使用的符号只有“_”（下划线）。

▶ Sub过程名称规则

- **只能使用_（下划线）符号。**
- **第一个字符不可以是数字或_（下划线）。**
- **不能超过255个半角字符。**

▶ 错误的Sub过程命名与正确命名示例

错误的Sub过程命名	理由	正确示例
Sub1第一个宏()	最前面是数字	Sub第一个宏1()
Sub第一个宏-1()	含不能使用的符号 -（连字符）	Sub第一个宏_1()

字符串与数值的不同

与Excel函数公式一样，指定字符串时需要用""（双引号）将字符串括起来，而指定数值时不需要用""将数值括起来。“第一个宏”中的100不需要用""括起来，但是请将“合格”用""括起来。

▶ 字符串与数值的处理方式

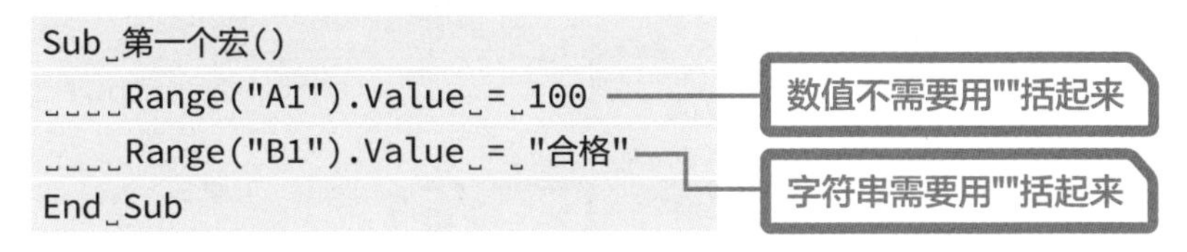
Sub 第一个宏()
Range("A1").Value = 100
Range("B1").Value = "合格"
End Sub
数值不需要用""括起来
字符串需要用""括起来

创建第一个宏

1 输入Sub

我们试着在12节插入的模块内，创建Sub过程“第一个宏”❶❷。

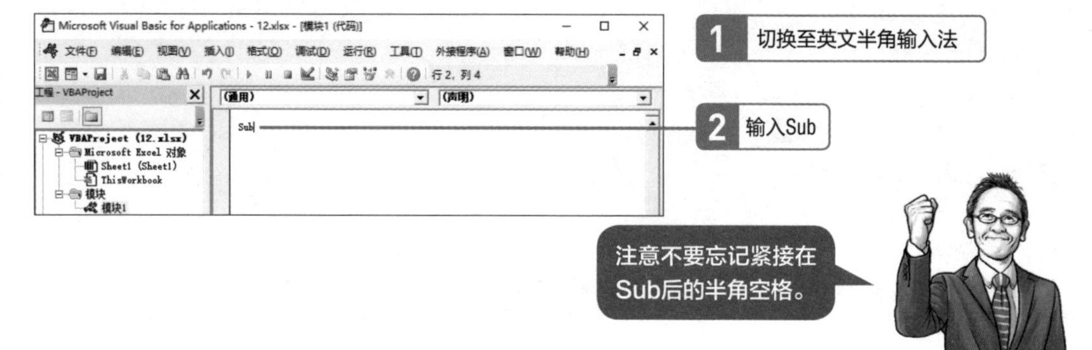

2 输入Sub过程名称

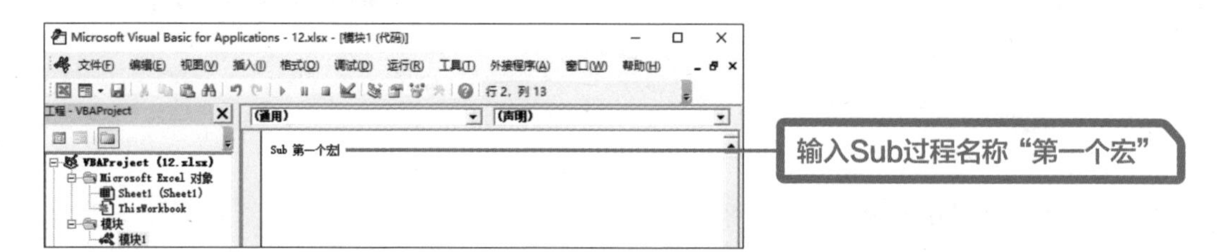

3 ()与End Sub自动输入

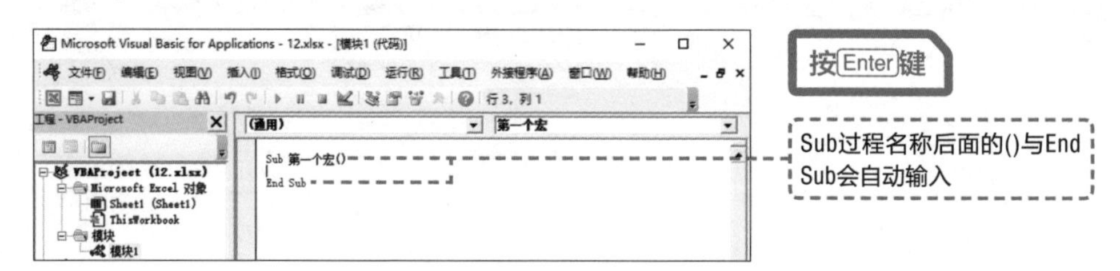

4 输入赋值语句

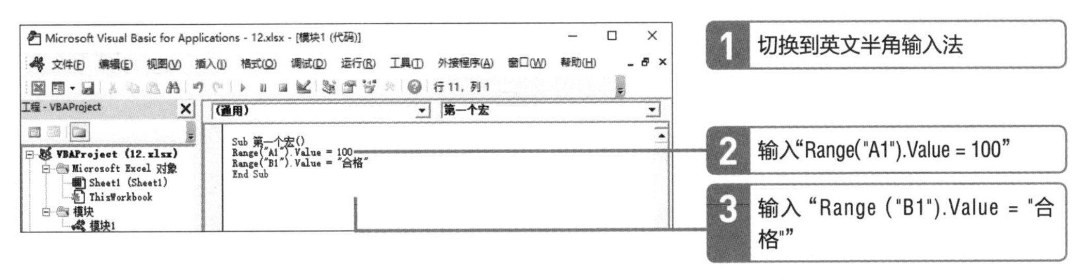

Microsoft Visual Basic for Applications - 12.xlsx - [模块1 (代码)]
文件(F) 编辑(E) 视图(V) 插入(I) 格式(O) 调试(D) 运行(R) 工具(T) 外接程序(A) 窗口(W) 帮助(H)
行 11，列 1
工程 - VBAProject
VBAProject (12.xlsx)
Microsoft Excel 对象
Sheet1 (Sheet1)
ThisWorkbook
模块
模块1
(通用)
第一个宏
Sub 第一个宏()
Range("A1").Value = 100
Range("B1").Value = "合格"
End Sub
1 切换到英文半角输入法
2 输入“Range("A1").Value = 100”
3 输入“Range ("B1").Value = "合格"”

要点　活用VBE的自动显示列表功能

相信很多人已经发现输入“Range ("A1").”和“Range ("B1").”时会显示下拉列表框。“Range ("A1").”后面可接的单词有限，所以仅会显示后续可能会接的单词列表。我们将这个功能叫作“自动列表显示”。

下拉列表框显示后按V键，便可选择以V为首的单词。即便只是模糊地记得Range后面接的单词，只要灵活运用这个功能便可既不输错又能选择恰当的单词。

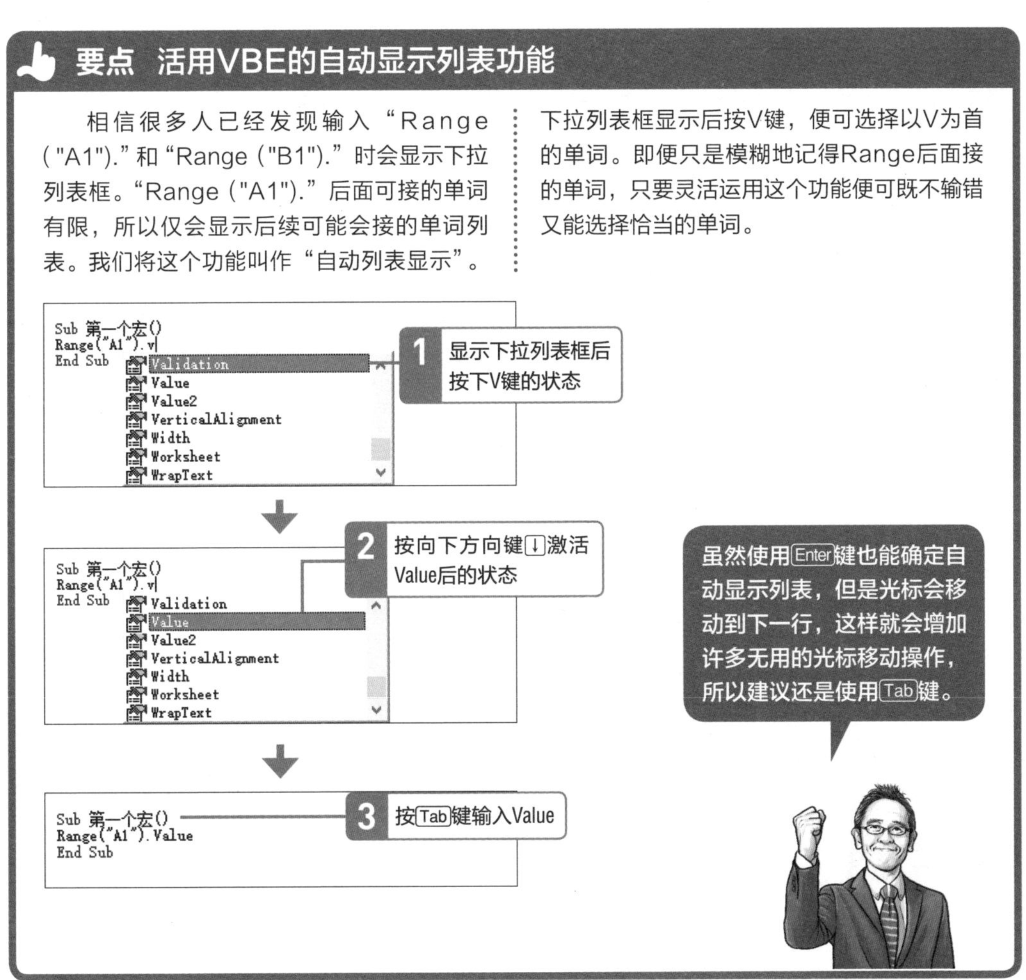

Sub 第一个宏()
Range("A1").v
End Sub
Validation
Value
Value2
VerticalAlignment
Width
Worksheet
WrapText
1 显示下拉列表框后按下V键的状态
2 按向下方向键↓激活Value后的状态
Sub 第一个宏()
Range("A1").Value
End Sub
3 按Tab键输入Value
虽然使用Enter键也能确定自动显示列表，但是光标会移动到下一行，这样就会增加许多无用的光标移动操作，所以建议还是使用Tab键。

[含宏工作簿的保存]

16 执行宏前先保存含有宏的工作簿

扫码看视频

学习要点

在运行宏之前，要先保存工作簿。在Excel 2007之后的版本中，含有宏的工作簿可以根据后缀识别出来，下面将学习保存含宏工作簿时的注意事项。

显示下拉列表框后按V键后的状态

Excel 2007之后的版本，为了强化安全性，含宏工作簿与不含宏工作簿后缀是不一样的。含宏工作簿一般用“.xlsm”后缀格式保存。如果将含宏工作簿用平常后缀“.xlsx”格式保存，便会提示“无法在未启用宏的工作簿保存以下功能”消息，并且模块被移除，好不容易做好的宏也会丢失。所以“.xlsm”格式保存的工作簿图标与常规“.xlsx”格式工作簿图标不一样。

▶无法将含宏工作簿用常规“.xlsx”格式保存

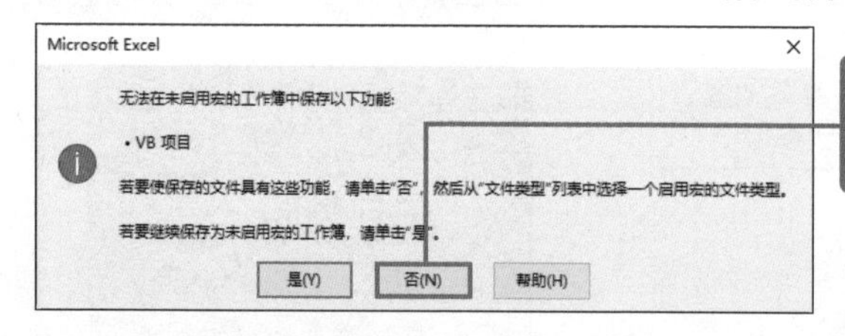

单击“否”按钮，然后确认“另存为”对话框中的文件类型

▶用“.xlsm”格式保存宏

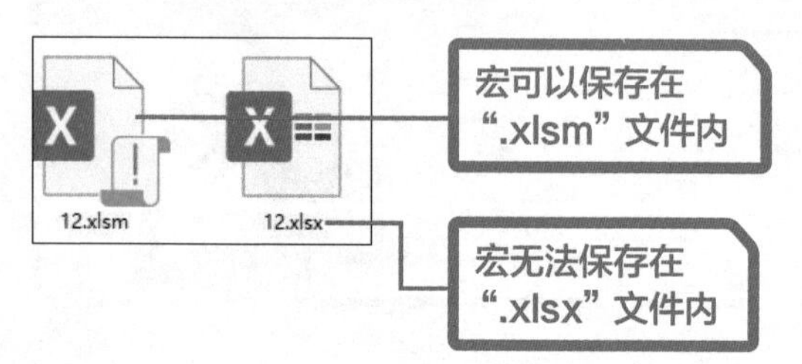

因为Excel宏包含在Excel文件内，所以无论是用Excel还是用VBE都可以保存。VBE中没有“另存为”命令，但是首次执行覆盖保存时会显示“另存为”对话框。

保存宏

1 显示“另存为”对话框并指定保存位置

在VBE中按下Ctrl+S组合键❶可以打开“另存为”对话框，设置文件的保存位置❷。

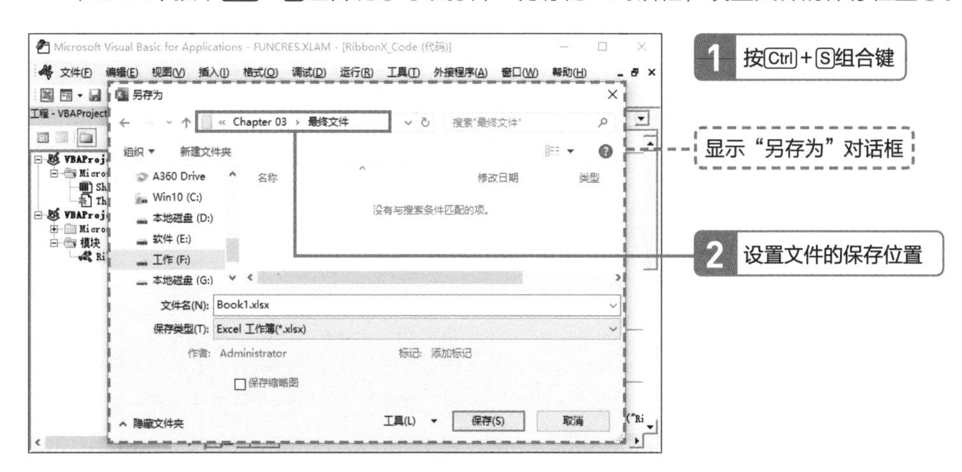

1 按Ctrl+S组合键
显示“另存为”对话框
2 设置文件的保存位置

2 指定文档类型并保存

在打开的“另存为”对话框中，设置文件的保存类型❶和文件名❷，然后单击“保存”按钮❸。

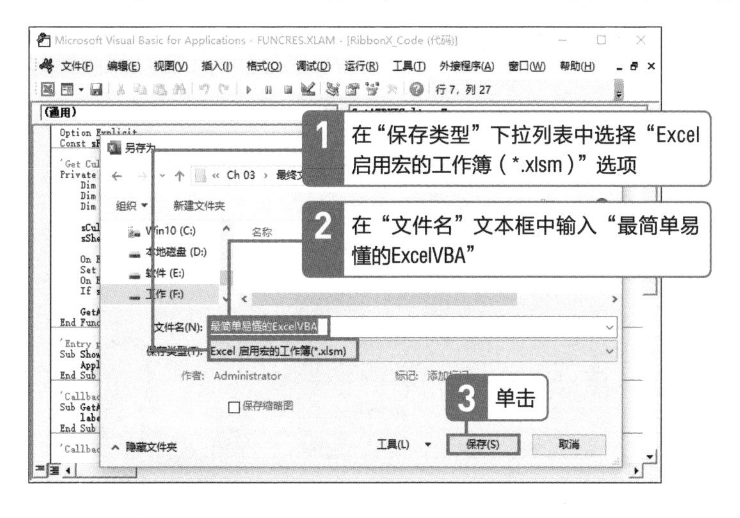

1 在“保存类型”下拉列表中选择“Excel启用宏的工作簿（*.xlsm）”选项
2 在“文件名”文本框中输入“最简单易懂的ExcelVBA”
3 单击

为了保证与2003之前版本的兼容性，宏可能还保留使用“*.xls”格式。

[运行Sub过程]

17 通过VBE运行Sub过程

扫码看视频

学习要点

运行创建、编辑后的Sub过程，比较方便的方法是：先将光标定位在代码窗口中的Sub过程内，然后使用快捷键运行Sub过程。现在让我们试着运行刚刚创建的“第一个宏”吧。

通过VBE运行宏

我们不通过第2章介绍的“宏”对话框执行Sub过程内创建的宏，而是通过VBE运行宏反而更方便些。先将光标放在代码窗口的宏内，然后按F5功能键，即可运行宏。除了使用快捷键执行操作，也可以通过执行“运行”菜单中的“运行子过程/用户窗体”命令，或单击工具栏中的“运行子过程/用户窗体”按钮，来运行宏。

▶ 运行宏的各种方法

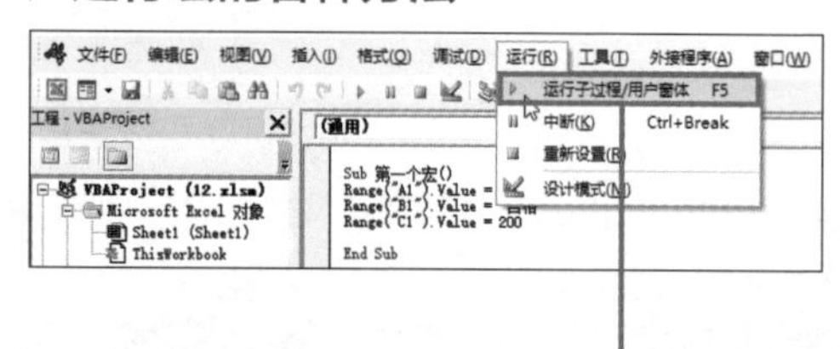

在菜单栏执行“运行子过程/用户窗体”命令

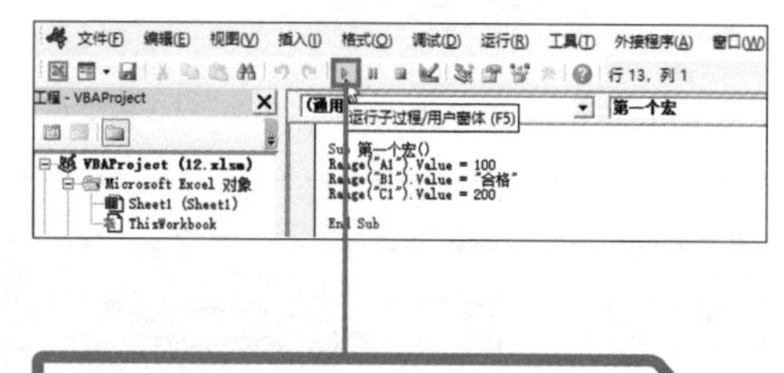

单击“标准”工具栏“运行子过程/用户窗体”按钮

我们在记住使用Alt + F11组合键可以启动Excel VBE的同时，还要尽快记住使用F5功能键也可以运行宏。

先将光标放在要运行的Sub过程内

通过VBE运行宏时，因为运行的是光标处的Sub过程，所以需要注意光标位置。运行第一个宏时，因为光标放在“Sub第一个宏()”和“End Sub”之间任何位置都可以，所以我们可以将光标放在Sub过程内任意位置。要是光标定位在“Sub第一个宏()”和“End Sub”之外，便会显示下面的“宏”对话框，这时我们要选择宏。

▶ Sub过程内使用光标的情况

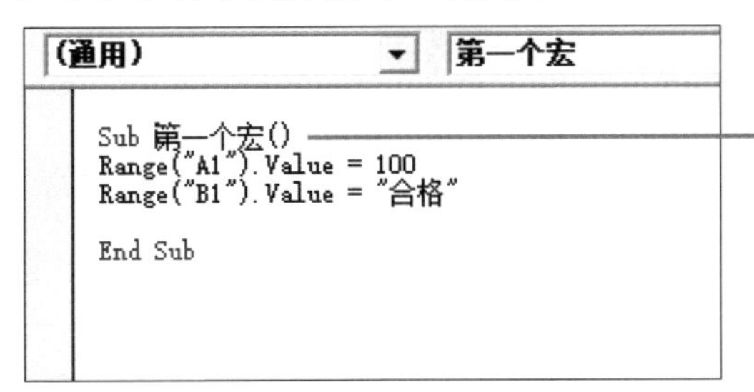

将光标放在Sub过程内便可立即运行该宏

▶ Sub过程内没有放光标的情况

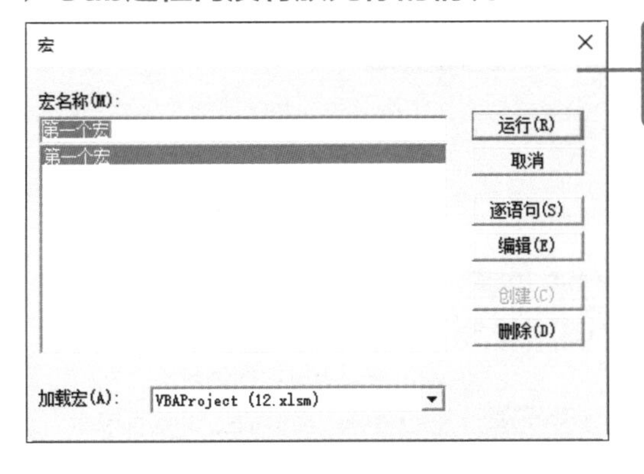

显示“宏”对话框，会增加选择宏的操作

虽然通过“宏”对话框也可以运执行宏，但是先将光标放在Sub过程内然后按F5功能键运行会更有效率。所以，当对话框显示出来的时候，单击“取消”按钮关闭对话框，确认光标位置后再按F5功能键运行宏。

设置为容易确认运行结果的状态

运行“第一个宏”，在A1单元格输入数值100，在B1单元格输入字符串“合格”。但是，如果VBE窗口处于最大化状态，则无法确认Excel工作簿内发生的变化。所以我们建议先将Excel与VBE两者设置为同时可见的状态，确保能同时看到A1:B1单元格区域。

▶保证Excel与VBE Sub过程两者同时可见

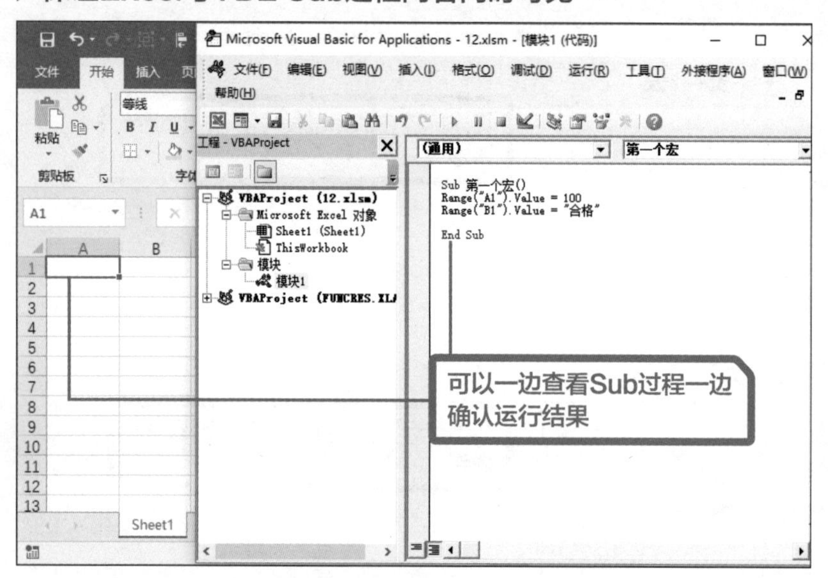

要点 将Excel与VBE并排，保证两者同时可见

本书中，虽然VBE层叠在Excel上面，两者都可见，但是如果想将两者整齐排列在界面左右，可以使用Windows快捷键。2007版本后的Windows，使用Windows+←方向键可以将活动窗口设置在界面左边，使用Windows+→方向键可以将活动窗口设置在界面右边。所以，首先将Excel设置为可移动的状态，然后按Windows+←组合键，再将VBE设置为可移动的状态，然后按Windows+→组合键，这样Excel便会显示在计算机桌面左边，VBE显示在计算机桌面右边。

执行第一个宏

1 保证Excel与VBE两者同时可见 最简单易懂的ExcelVBA.xlsm

让我们试着通过VBE运行“第一个宏”。为了更容易确认宏运行结果，要先将Excel与VBE设置为同时可见的状态。因为A1单元格与B1单元格会变化，所以要保证能同时看到Excel与VBE的变化。

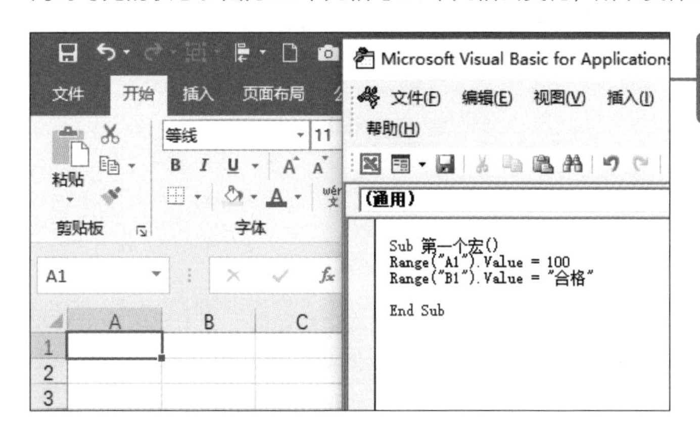

Microsoft Visual Basic for Applications
文件(F) 编辑(E) 视图(V) 插入(I)
帮助(H)
(通用)
Sub 第一个宏()
Range("A1").Value = 100
Range("B1").Value = "合格"
End Sub
文件 开始 插入 页面布局
等线 11
粘贴
剪贴板
字体
A1
保证Excel中的A1:B1单元格与VBE中“第一个宏”代码同时可见

2 将光标放在Sub过程内并按F5功能键

首先将光标放在Sub过程内❶，然后使用快捷键运行宏❷。

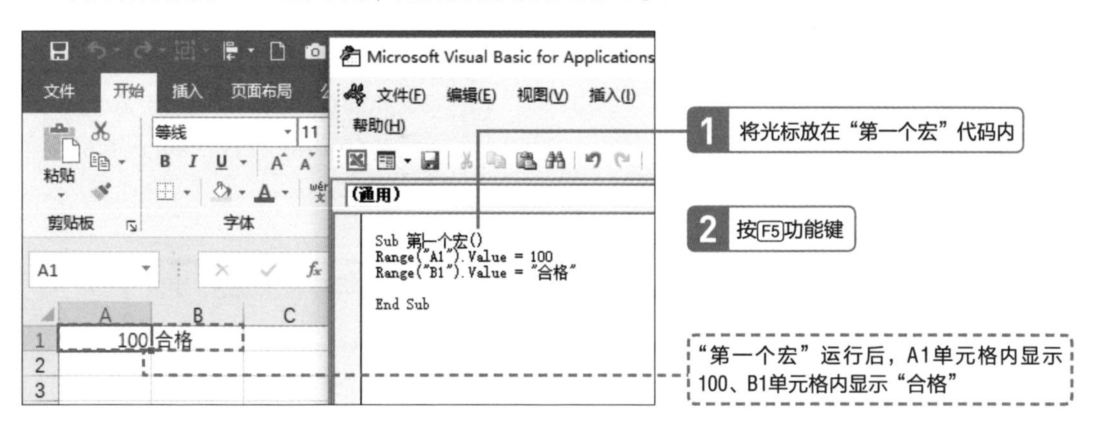

Microsoft Visual Basic for Applications
文件(F) 编辑(E) 视图(V) 插入(I)
帮助(H)
(通用)
Sub 第一个宏()
Range("A1").Value = 100
Range("B1").Value = "合格"
End Sub
100 合格
1 将光标放在“第一个宏”代码内
2 按F5功能键
“第一个宏”运行后，A1单元格内显示100、B1单元格内显示“合格”

[容易阅读的Sub过程]

18 先了解编写容易阅读的Sub过程的重点

扫码看视频

学习要点

不仅是VBA，把程序编写得容易阅读，后续修改的时候就不会那么辛苦了。为了让Sub过程更容易阅读，本节我们将学习缩进与注释的应用。

缩进

本页右下角代码第2行与第3行起始位置比第1行和第4行稍微偏右一点，我们将这样的字符位置调整称为缩进。虽然不增加缩进也可以执行操作，但是，考虑到易读性，会增加适当的缩进。我们写文章时也会增加适当的缩进，使文章更容易阅读，同样地，编程中增加适当的缩进也会使其容易读取。先将多行缩进水平对齐，然后再增加行与行间的缩进。“第一个宏”中Sub起始行与End Sub结尾行不增加缩进，而是对两者间的行增加缩进。之前我们是按照没有增加缩进的形式编写代码，今后要一边及时增加缩进，一边编写代码。

▶ 没有缩进的Sub过程

```
Sub␣第一个宏()
Range("A1").Value␣=␣100
Range("B1").Value␣=␣"合格"
End␣Sub
```

因为没有增加缩进，所以不容易阅读

▶ 运行增加了缩进的Sub过程

```
Sub␣第一个宏()
␣␣␣␣Range("A1").Value␣=␣100
␣␣␣␣Range("B1").Value␣=␣"合格"
End␣Sub
```

右侧有4个半角字符串缩进，所以容易阅读

使用Tab键方便增加缩进

使用Tab键比较方便增加缩进，在VBE初始设定状态下，按Tab键可增加4个半角空格缩进。按Shift+Tab组合键可以解除缩进。事先选择多行，按Tab键或者Shift+Tab组合键可执行多行缩进和解除缩进。

▶合并多行缩进

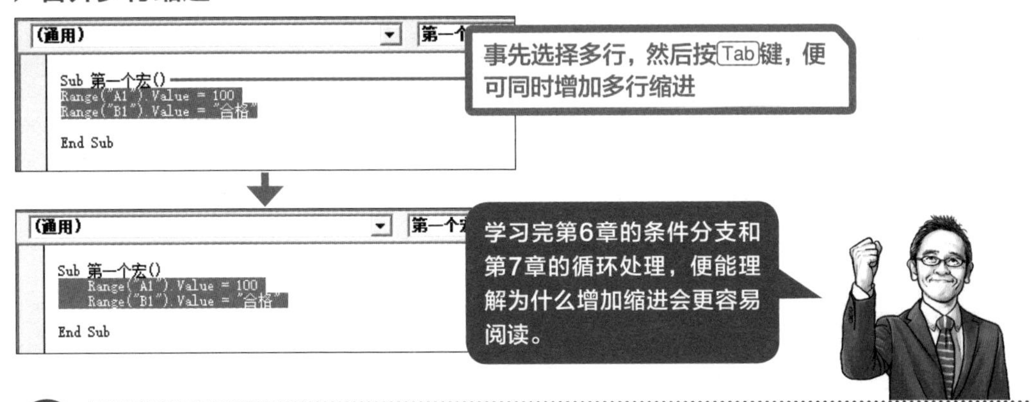

(通用)
第一个
Sub 第一个宏()
Range("A1").Value = 100
Range("B1").Value = "合格"
End Sub
事先选择多行，然后按Tab键，便可同时增加多行缩进
(通用)
第一个宏
Sub 第一个宏()
Range("A1").Value = 100
Range("B1").Value = "合格"
End Sub
学习完第6章的条件分支和第7章的循环处理，便能理解为什么增加缩进会更容易阅读。

添加注释

我们要在代码中添加适当的注释（保留在编程内的便条纸、注意事项）。输入'（单引号），从单引号开始到此行结尾处都是注释。刚开始学习编程时，经常会出现不理解代码对象的情况，这时就可以事先在那个位置添加注释。我们要养成修改代码时，附带注释的习惯。

▶添加注释的Sub过程

```
Sub␣第一个宏()
␣␣␣␣Range("A1").Value␣=␣100␣␣␣␣'␣将数字100输入到A1单元格中
␣␣␣␣Range("B1").Value␣=␣"合格"␣␣'␣将字符"合格"输入到B1单元格中
End␣Sub
```

'之后的字符为注释

编程学习过程中，能理解的代码不需要保留注释。我们只要在容易造成误解的代码位置添加注释即可。

要点 移除模块和重命名模块

我们可以使用资源管理器移除模块。右击想要移除的模块，然后在快捷菜单中选择“移除模块1”命令，便显示“在移除模块1之前是否要将其导出？”提示对话框。此处单击“否”按钮，可移除选中的“模块1”。

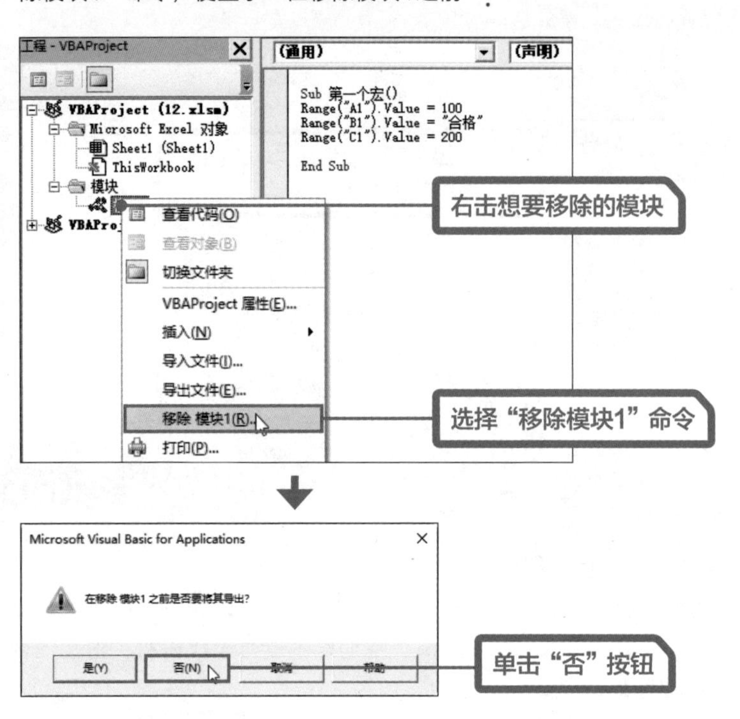

▶重命名模块

想要重命名模块，我们会用到“属性”窗口。直接在“属性”窗口的“（名称）”文本框内输入新的模块名称。

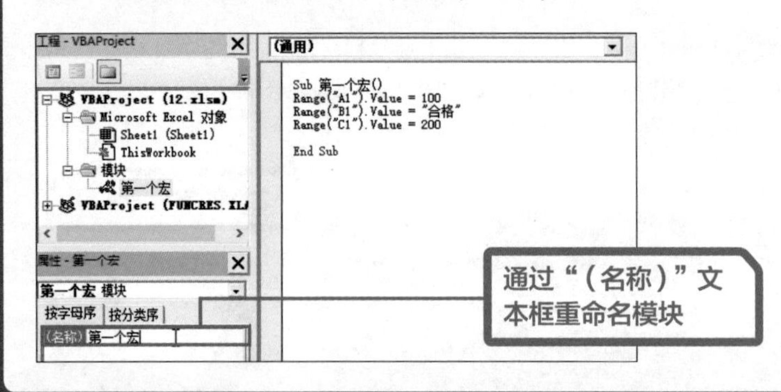

第4章

学习VBA中的运算符与函数

对于熟悉工作表操作的用户，建议从Excel运算符与函数开始学习编程。

[运算符与函数]

19 关于运算符与函数的学习

从现在开始我们将学习“编程通用指令”。本章学习的“运算符与函数”，大部分其他语言在起步阶段便已开始学习，特别是Excel VBA，这是建议先学习运算符与函数的原因。

Excel用户熟悉的运算符与函数

第4~7章我们将学习“编程通用指令”，本章学习运算符与函数。对Excel用户而言，运算符和函数应该已经非常熟悉了。“公式”是Excel中非常重要的一项功能，而运算符与函数则是创建公式不可或缺的要素。编程也是如此，运算符与函数是编程中最基础的内容，大部分语言在起步阶段便已开始学习运算符与函数。对Excel用户来说，我们建议大家在熟悉公式的基础上，先从运算符与函数开始学习，然后再学习“编程通用指令”。

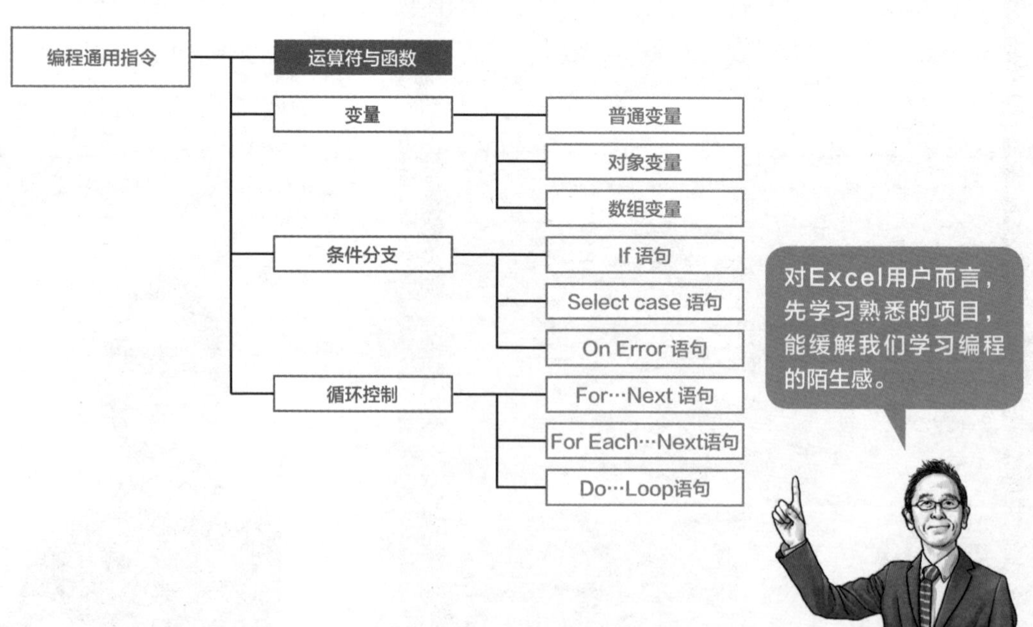

VBA 运算符

运算符是用于执行一系列处理操作的符号总称。运算符可以分成多种类型，14节学过的赋值运算符“=”也是运算符的一种。本章，我们将学习加减乘除等算术运算符和连接字符串的连接运算符。VBA算术运算符与连接运算符与工作表上的用法几乎一致，对工作表上使用过这两种运算符的人来说，这并不难。

▶运算符示例

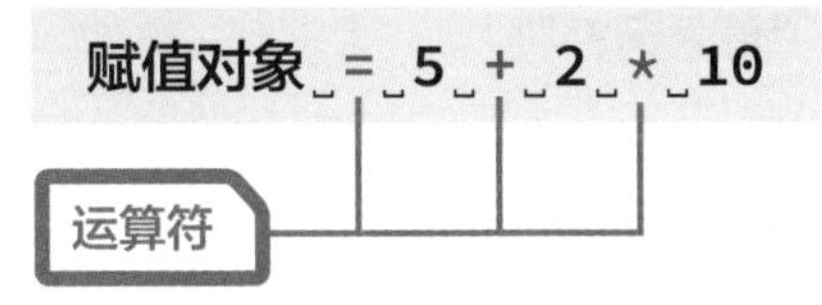

除此之外，运算符还有其他类型，“比较运算符”、“逻辑运算符”与条件分支关系密切，我们将在第6章进行学习。

VBA 函数

VBA还提供了不同于工作表函数的内置函数。11节我们看到合格与否判定的宏当中有两个地方出现了MsgBox这个单词。MsgBox是VBA函数之一。Excel提供了许多内置函数，VBA也提供了许多除MsgBox之外其他类型的函数。本章，我们将讲解VBA函数基础用法和工作表函数中需要特别注意的重点。

要点　大家都在使用编程中的必要指令

使用Excel等电子表格运算软件时，将数据和公式输入工作表单元格，就可以简便地进行批量数值运算。我们能够想象到这个方便的电子表格运算软件诞生前的景象吗？电子表格运算软件出现之前，为了进行批量数值运算，只能创建包含“运算符与函数”“变量”“条件分支”“循环控制”等程序。为了可以简便地处理批量数值运算，电子表格运算软件中采用了多种形式的编程指令。“运算符与函数”用于单元格运算，“变量”参照引用单元格数值进行运算，“条件分支”通过引用IF函数等进行运算，“循环控制”通过简单的单元格复制可以进行反复操作。也可以说，如果大家能运用电子表格运算软件Excel，也就掌握了一部分“编程通用指令”，且已经在应用当中了。

[VBA运算符1]

20 学习VBA算术运算符

编程中有很多执行运算的指令。Excel VBA为了获取一个上面或者下面的单元格，经常执行加法、减法之类的简单运算。接下来，我们一起学习VBA中进行运算用的“算术运算符”。

VBA和工作表中使用的算术运算符基本相同

VBA主要算术运算符与工作表中使用的运算符相同，算术运算符指用于计算加减乘除等的符号。运行本节创建的使用运算符的宏，单元格将显示以下运算结果。

运算符	运算
+	加法
-	减法
*	乘法
/	除法
^	乘方

▶ 显示运行使用运算符的宏的结果

```
Sub␣使用运算符的宏()
␣␣␣␣Range("A5").Value␣=␣5␣+␣2␣……加法
␣␣␣␣Range("A6").Value␣=␣5␣-␣2␣……减法
␣␣␣␣Range("A7").Value␣=␣5␣*␣2␣……乘法
␣␣␣␣Range("A8").Value␣=␣5␣/␣2␣……除法
␣␣␣␣Range("A9").Value␣=␣5␣^␣2␣……乘方
End␣Sub
```

→

	A	B
5	7	
6	3	
7	10	
8	2.5	
9	25	
10		

上述Sub过程第2~6行应用的是第3章学过的赋值。执行赋值运算符=右边的运算时，运算结果将显示在单元格内。

运算的优先顺序也与工作表上的相同

算术运算符的运算优先顺序与工作表上的算术运算符优先顺序相同，先进行乘法和除法运算，然后再进行加法、减法运算。要是想先进行加法、减法运算再进行乘法和除法运算，与工作表中的做法相同，要使用括号“()”将其括起来。例如，运行“Range("A3").Value=5+2*10”代码，算术运算符为先运算2*10，最后运行结果25将显示在A3单元格内。如果想先进行“5+2*10”中的“5+2”运算，则需要将代码写成“Range("A3").Value=(5+2)*10”，这样会先运算“+2”，运行结果70将显示在A3单元格内。

▶ 没有括号的情况

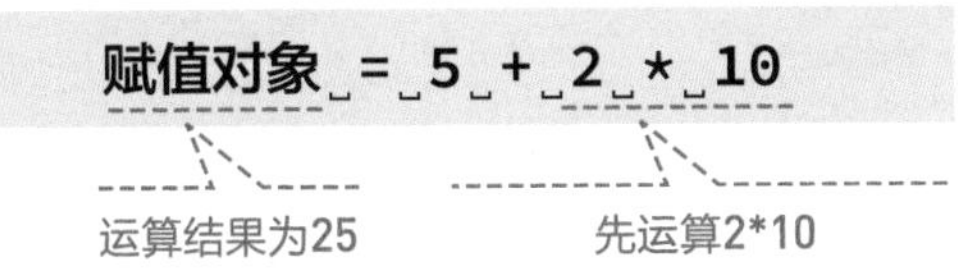

▶ 有括号的情况

赋值对象 = (5 + 2) * 10

运算结果为70　　先运算5+2

Mod运算符用于除法取余运算

进行取余运算时，我们将使用工作表公式中的Mod()函数，但在VBA中要用Mod运算符进行取余运算。运行“Range("A8").Value=5Mod2”代码，5÷2余数1将显示在A8单元格内。

▶ VBA Mod运算符取余

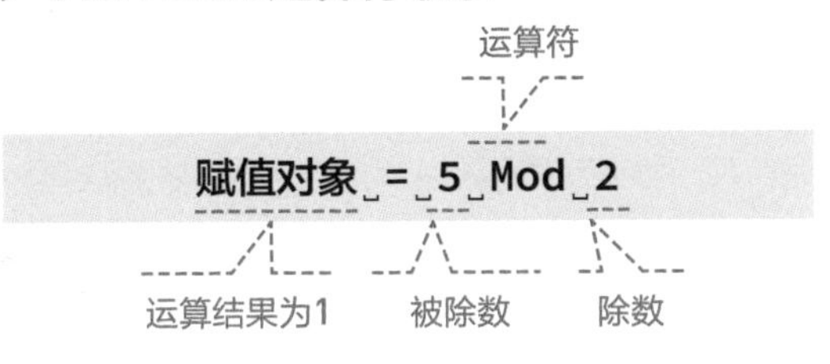

创建使用运算符的宏

1 创建Sub过程 最简单易懂的ExcelVBA.xlsm

要创建“使用运算符的宏”，首先在第3章创建的“第一个宏”End Sub下面输入代码，再输入“使用运算符的宏”，然后按Enter键，就会像15节所学的那样，输入的“使用运算符的宏”后面自动输入()与End Sub。

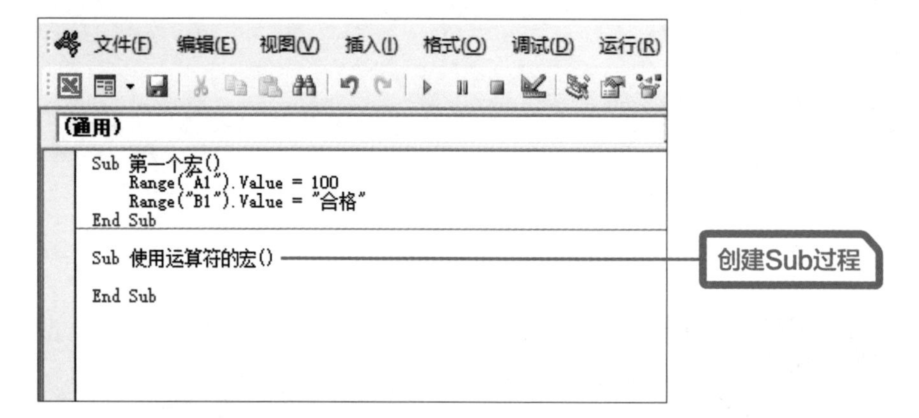
文件(F) 编辑(E) 视图(V) 插入(I) 格式(O) 调试(D) 运行(R)
(通用)
Sub 第一个宏()
Range("A1").Value = 100
Range("B1").Value = "合格"
End Sub
Sub 使用运算符的宏()
End Sub
创建Sub过程

2 完成Sub过程

输入“使用运算符的宏()”与“End Sub”间的5行代码。这时，我们要根据18节介绍的方法，在代码前添加缩进。

```
001 Sub 使用运算符的宏()
002     Range("A5").Value = 5 + 2
003     Range("A6").Value = 5 - 2
004     Range("A7").Value = 5 * 2
005     Range("A8").Value = 5 / 2
006     Range("A9").Value = 5 ^ 2
007 End Sub
```

输入代码

添加缩进

运行使用运算符的宏

1 先并排Excel与VBE，再将光标放在Sub过程内

就像17节所学的那样，先将Excel与VBE并排❶，再将光标放在“使用运算符的宏”Sub过程内❷。

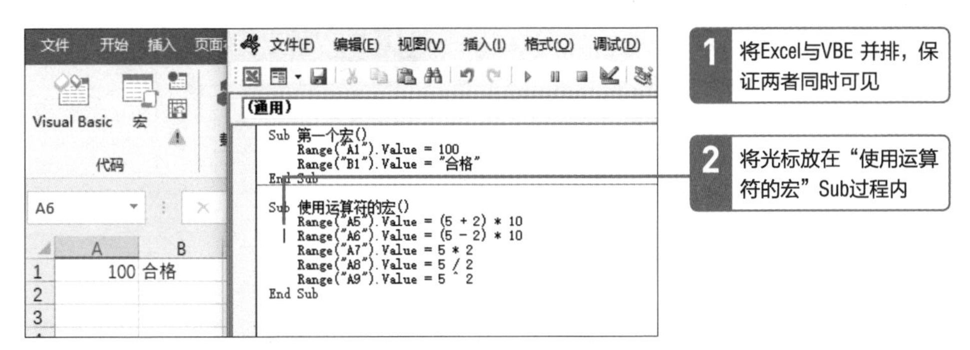

2 运行Sub 过程

按F5功能键运行宏，工作表内将显示“使用运算符的宏”的运算结果。

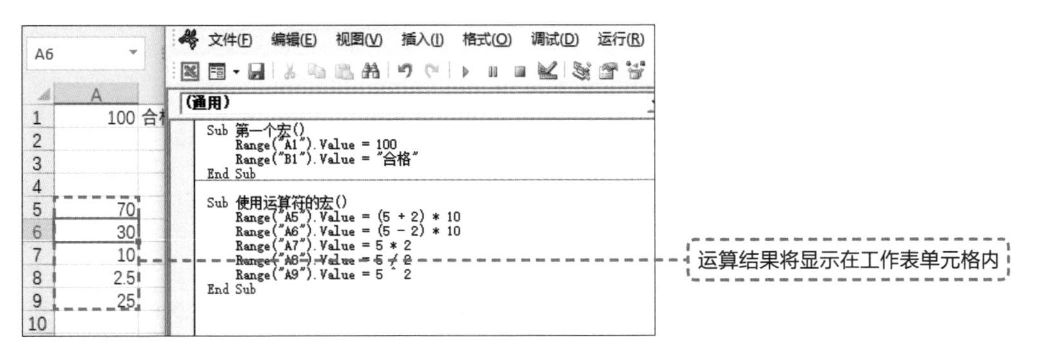

如果按F5功能键后，数据没有显示在A5:A9单元格内，我们要确认光标是不是错放在了上一章创建的“第一个宏”内。

使用括号改变运算顺序

1 编辑Sub 过程

要改变加、减法所在行计算的优先顺序，可以使用括号将运算表达式的一部分括起来。

```
001 Sub␣使用运算符的宏()
002 ␣␣␣␣Range("A5").Value␣=␣(5␣+␣2)␣*␣10
003 ␣␣␣␣Range("A6").Value␣=␣(5␣-␣2)␣*␣10
004 ␣␣␣␣Range("A7").Value␣=␣5␣*␣2
005 ␣␣␣␣Range("A8").Value␣=␣5␣/␣2
006 ␣␣␣␣Range("A9").Value␣=␣5␣^␣2
007 End␣Sub
```

1 用括号将加法部分括起来，再追加乘法

2 用括号将减法部分括起来，再追加乘法

2 运行Sub 过程

通过括号改变运算顺序后，将光标放在Sub过程内，按F5功能键运行Sub 过程。

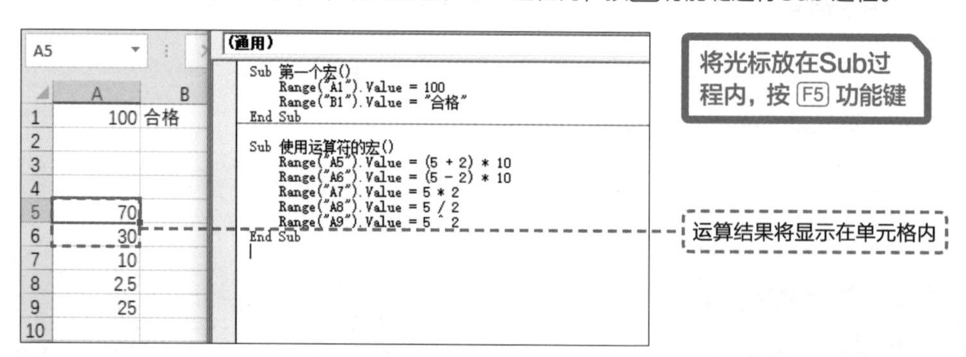

A5
A
B
100 合格
70
30
10
2.5
25
(通用)
Sub 第一个宏()
Range("A1").Value = 100
Range("B1").Value = "合格"
End Sub
Sub 使用运算符的宏()
Range("A5").Value = (5 + 2) * 10
Range("A6").Value = (5 - 2) * 10
Range("A7").Value = 5 * 2
Range("A8").Value = 5 / 2
Range("A9").Value = 5 ^ 2
End Sub
将光标放在Sub过程内，按 F5 功能键
运算结果将显示在单元格内

进行括号内的加、减法运算后，再进行乘法运算，最后运行结果显示在单元格内。

Mod 运算符求除法余数

1 编辑Sub过程

使用Mod运算符，追加余数运算行。

```
001 Sub 使用运算符的宏()
002     Range("A5").Value = (5 + 2) * 10
003     Range("A6").Value = (5 - 2) * 10
004     Range("A7").Value = 5 * 2
005     Range("A8").Value = 5 / 2
006     Range("A9").Value = 5 ^ 2
007     Range("A10").Value = 5 Mod 2
008 End Sub
```

追加余数运算行

2 运行Sub过程

将光标放在Sub过程内，然后按F5功能键。

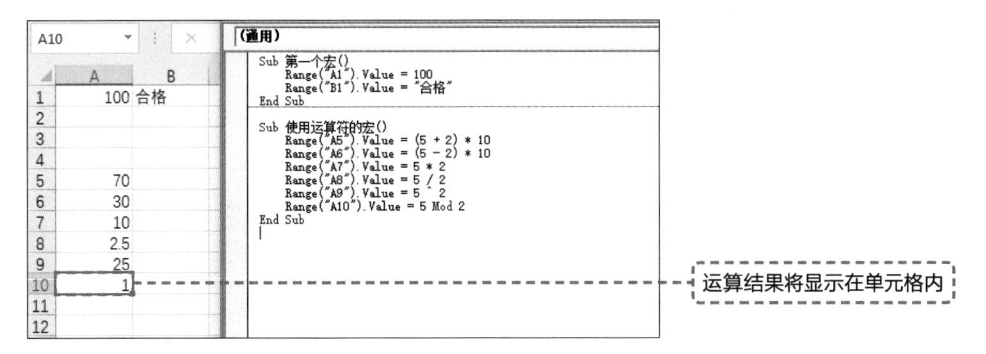

[各种错误提示1]

21 熟练应对代码变红错误提示

扫码看视频

学习要点

创建宏过程中，会遇到各种错误提示。首先，我们介绍因漏掉了所需的右小括号或者半角空格等比较简单的语法错误，导致代码一部分变红的错误提示处理。

因语法错误导致代码变红错误提示

宏学习到目前为止，或许有人会遇到下图的错误提示。输入代码过程中显示这种代码变红的错误提示时，表示代码中有明显的语法错误。例如，如果误删紧接在Sub过程名称后的右小括号，整行代码将变红。修正错误后，字符串将从红色恢复成原来的样子。我们将语法错误导致的错误提示称为“编译错误”。

▶ 显示红色错误提示时的状态

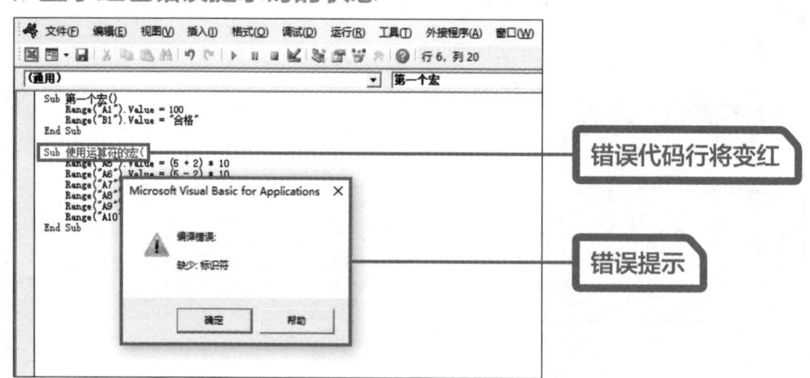

取消显示错误提示提示框

初始状态的VBE，代码变红时会显示错误警告提示框，我们可以将这个警告提示提示框设置成不显示。在VBE的“工具”菜单栏中选择“选项”命令，将弹出“选项”对话框。取消勾选“编辑器”选项卡中的“自动语法检测”复选框，这样，在发生变红错误提示时，虽然代码还会变红，但不会出现警告提示提示框。

▶ “选项”对话框中的“编辑器”选项卡

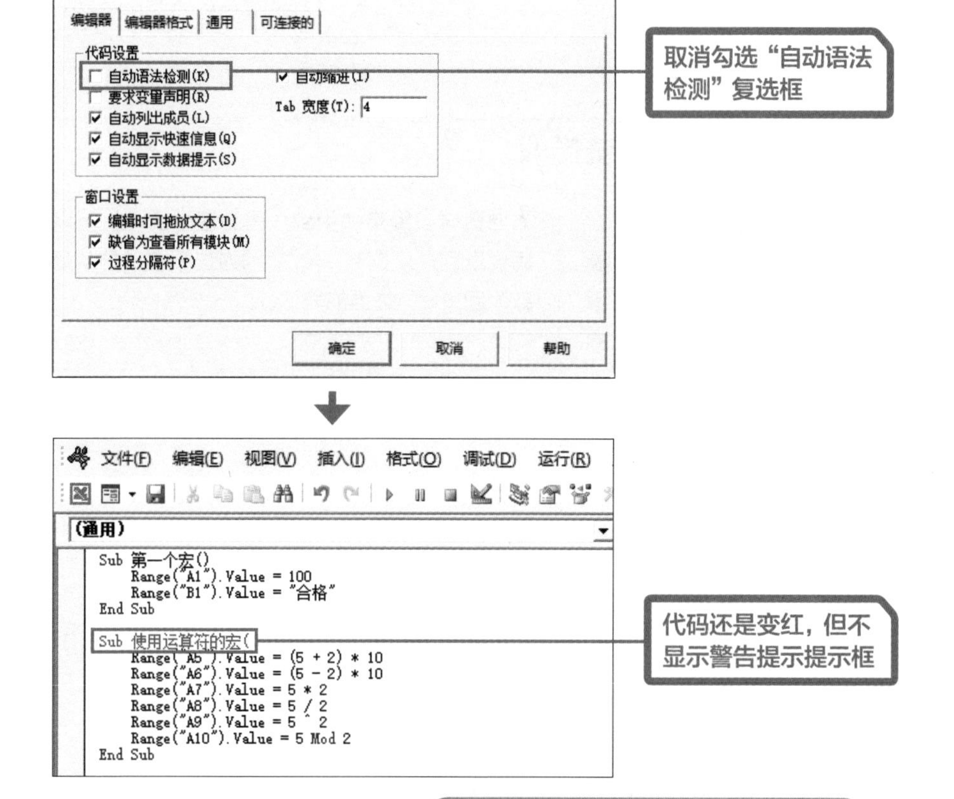

刚开始学习宏时，会频繁出现代码变红错误提示。经常弹出警告提示框会让人感到压力，所以我们进行了变更设置。即便不显示提示框，但代码一变红，我们也就知道了代码有错误。

[VBA函数1]

22 VBA函数基础

编程语言中，一般都有运算符和函数，VBA也有专用的函数。接下来，我们将学习VBA函数。对于熟悉Excel的人而言，按照类似于工作表函数的写法写VBA函数，将便于理解VBA函数。

VBA函数与工作表函数写法类似

VBA函数写法与工作表函数写法类似，需要指定紧接在函数名称后的括号内的“参数”。不仅仅VBA，编程也是如此，我们将函数结果称为“返回值”。所以，与执行编程的人对话时，经常会用到“因为这个函数执行以后要返回一个整数……”“因为这个数值是从函数返回……”之类的表达。

▶VBA 函数写法与工作表函数写法

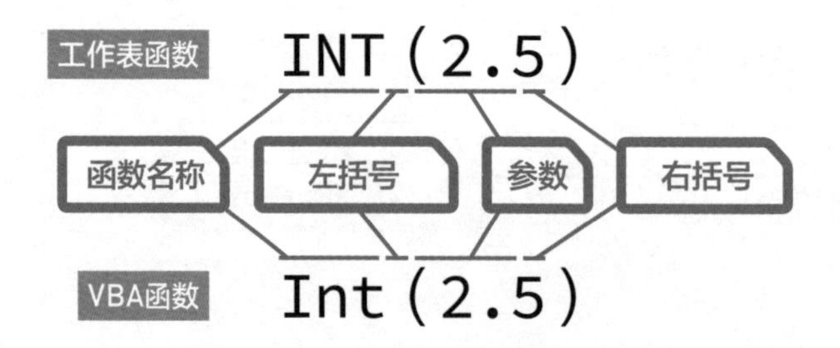

除了VBA，大部分编程语言也使用“函数名称（参数）”这种写法。

返回数值整数部分的Int函数

为了掌握VBA函数基础知识，我们先来看看与工作表函数INT()类似的、VBA中的Int()函数操作。工作表INT()函数指定的参数数值含有小数时，将返回数值的整数部分。VBA函数相同，INT()函数参数指定数值含有小数时，也将返回数值整数部分。运行以下Sub过程，A12单元格将显示运行结果为2。第2行是赋值命令，=右边的Int(2.5)是VBA中Int()函数表达式。Int()函数指定数值内含有小数时，返回指定数值表达式的整数，所以“Int(2.5)”运行结果为2。运行“Int(2.5)”表达式，返回值为2，将显示在A12单元格内。

▶ Int函数基础

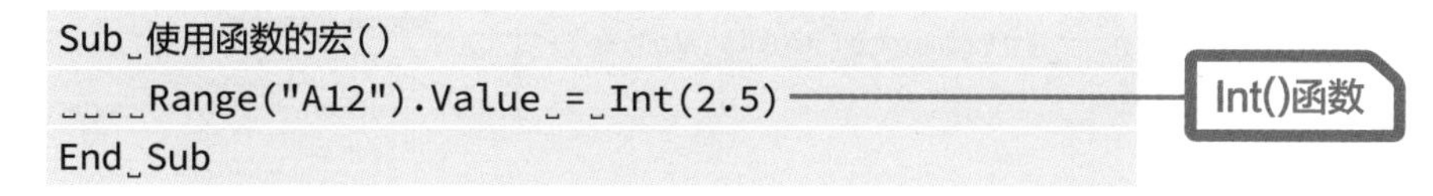

```
Sub 使用函数的宏()
    Range("A12").Value = Int(2.5)
End Sub
```


将表达式指定为函数参数

我们也可以将表达式指定为函数参数。当执行以下Sub过程时，A13单元格也显示运行结果为2。第3行“Int(5/2)”括号内5/2使用运算符/执行除法运算，得出运行结果为2.5。运行结果中整数部分的2将作为Int()函数返回值显示在A13单元格内。此外，函数参数还可以指定为单元格数值。在A8单元格内输入2.5，运行以下Sub过程，A14单元格内将显示运行结果为2。

▶ 指定表达式为Int()函数参数

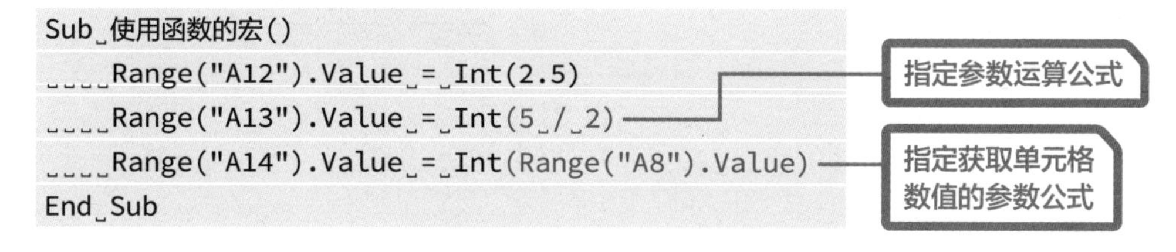

```
Sub 使用函数的宏()
    Range("A12").Value = Int(2.5)
    Range("A13").Value = Int(5 / 2)
    Range("A14").Value = Int(Range("A8").Value)
End Sub
```

使用函数创建宏

1 创建Sub过程 最简单易懂的Excel VBA.xlsm

下面我们将通过创建Sub过程的操作，来具体了解如何使用函数创建宏。请在20节创建的“使用运算符的宏”End Sub下面，输入以下“使用函数的宏”代码。

```
001 Sub␣使用函数的宏()
002 ␣␣␣␣Range("A12").Value␣=␣Int(2.5)
003 ␣␣␣␣Range("A13").Value␣=␣Int(5␣/␣2)
004 ␣␣␣␣Range("A14").Value␣=␣Int(Range("A8").Value)
005 End␣Sub
```

输入代码

2 运行Sub过程

输入完Sub 过程后，将VBE和Excel并排，保证两者同时可见，将光标放在“使用函数的宏”中，然后按F5功能键运行。

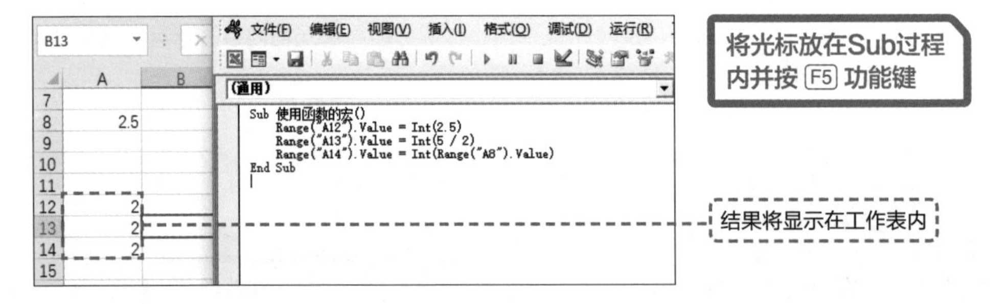

我们可以为Int()函数参数指定什么样的数值和公式呢？指定给Int()函数参数的数值或者公式将返回整数，从结果来看赋给各单元格的都是整数。

第4章 学习VBA中的运算符与函数

[VBA 函数2]

23 了解Excel函数与VBA函数的不同

扫码看视频

学习要点

正如前文所述，VBA函数基本写法与Excel函数类似，但也有很多不同点。本节我们将了解两者之间有哪些不同的地方。此外，请一定要意识到Excel函数与VBA函数是不同的。

返回结果相同但函数名不同

为了让有一定Excel函数知识的初学者能更好地理解VBA函数，前一节中，我们以Excel和VBA中都有的仅返回数值整数部分的Int()函数为例，学习了VBA函数的基础知识。其实，在Excel与VBA中有很多名称不同但返回结果相同的函数。例如，Excel中获取当天日期是使用TODAY()函数，但VBA中却使用名称完全不相同的Date()函数（VBA中没有名称为TODAY的函数）。运行“Range("D1").Value=Date”代码，D1单元格将显示当天日期。

▶ Excel函数与VBA函数比较

概要	Excel函数	VBA函数
指定表达格式	TEXT()函数	Format()函数
返回指定字符的位置	FIND()函数	InStr()函数
替换字符串	SUBSTITUTE()函数	Replace()函数
将半角转换为全角	JIS()函数	StrConv()函数
将全角转换为半角	ASC()函数	StrConv()函数

像前一节介绍的INT()函数与Int()函数，这种在Excel和VBA中名称相同且返回结果也相同的函数是比较少见的。

运行输错的函数时会出现错误提示

输入VBA中不存在的函数并运行Sub过程时，代码将出现错误提示。例如，在应该输入Range("D1").Value=Date代码的地方输入Range("D1").Value=today()，代码将显示变蓝与变黄的错误提示。

▶错误提示状态

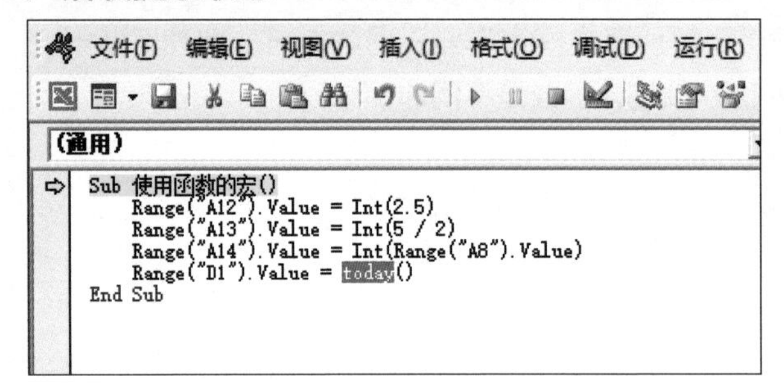

我们将在下一节学习代码变蓝和变黄的错误提示。

名称相同但运行结果不一定相同

VBA函数与Excel函数，除了有返回结果相同名称不同的函数，也有名称相同但返回结果不同的函数。我们知道返回当天日期的VBA Date()函数，其实Excel函数中也有拼写完全相同的DATE()函数。Excel中的DATE函数是根据3个指定参数进行日期运算的常用函数。虽然与VBA函数名称相同，但运行结果不一定相同。

▶Excel中的DATE()函数是根据3个数值返回日期

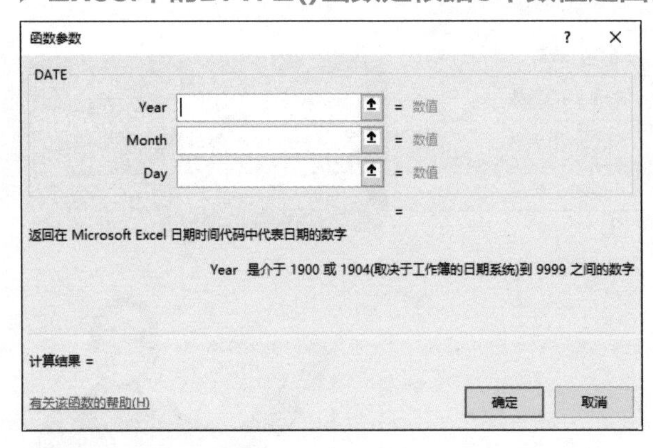

第4章 学习VBA中的运算符与函数

VBA中不需要参数的函数后面不需要添加括号

像TODAY()这样不需要指定参数的Excel函数，函数名称后面需要输入括号。但VBA函数中，则无须在不需要参数的函数名称后面输入括号，因为即便输入“Range("D1").Value=date()”代码，将光标移动到其他行时还是会变成“Range("D1").Value=Date”这样无括号的状态。

▶ Date 函数括号将自动消除

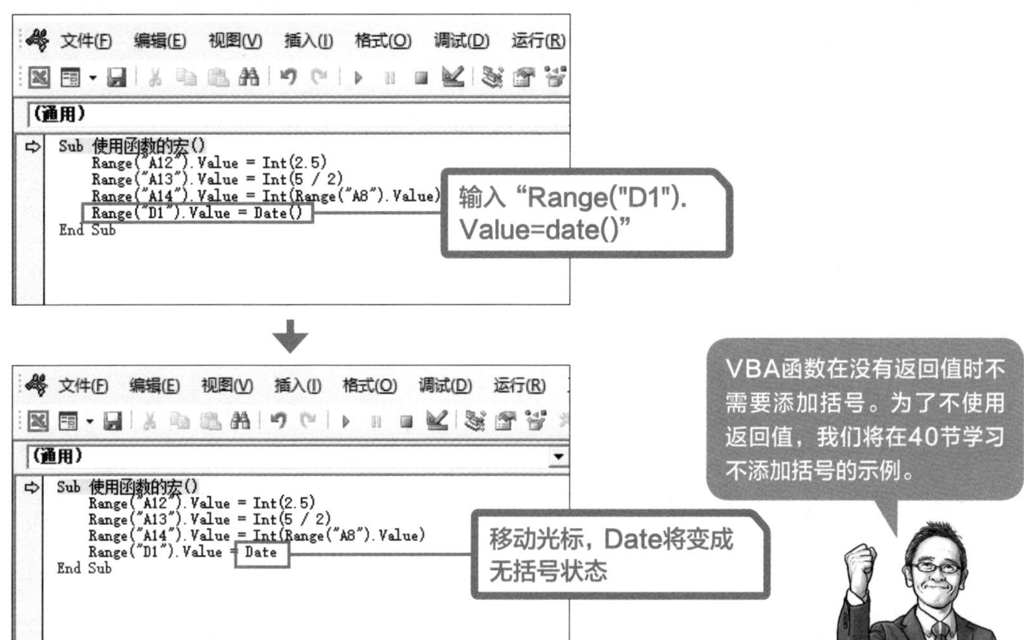

 **要点　将熟悉的Excel函数与VBA函数结合使用**

在VBA中，可以应用“Worksheet-Function.工作表函数名”，使用到一部分Excel函数。但是，刚开始学习VBA时，很多人容易混乱。所以，我们先熟悉VBA函数，然后再了解Excel函数与VBA函数的不同点。为了能方便理解VBA函数与Excel函数的不同点，我们将学习使用VBA函数后代码变复杂的示例，和让宏运行速度更快的“Worksheet Function.工作表函数名”写法。

使用Date函数

1 编辑Sub过程 最简单易懂的Excel VBA.xlsm

在“使用函数的宏”内追加赋值了当天日期的代码。在“使用函数的宏”第5行追加获取当天日期的Date函数的“Range("D1").Value=Date”代码如下。

```
001 Sub␣使用函数的宏()
002 ␣␣␣␣Range("A12").Value␣=␣Int(2.5)
003 ␣␣␣␣Range("A13").Value␣=␣Int(5␣/␣2)
004 ␣␣␣␣Range("A14").Value␣=␣Int(Range("A8").Value)
005 ␣␣␣␣Range("D1").Value␣=␣Date
006 End␣Sub
```

输入使用Date函数的代码

2 运行Sub过程

将Excel工作表与VBA窗口并排放置，保证两者同时可见，按F5功能键执行Sub过程。

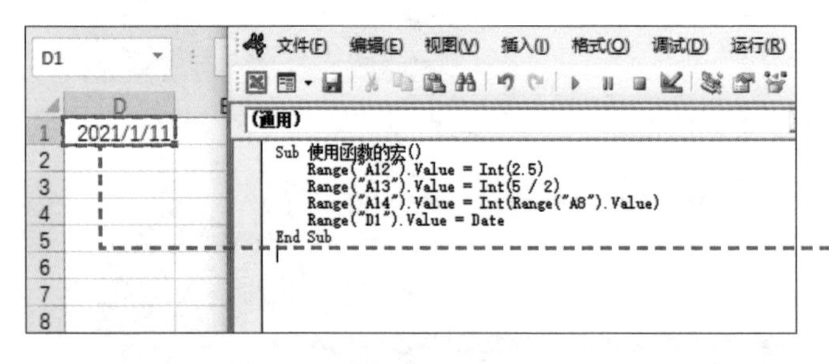

将光标放在Sub过程内，然后按 F5 功能键

当天日期数据将显示在D1单元格内

使用Date函数可以在指定的单元格内返回当天日期。

[各种错误提示2]

24 熟练应对代码变黄与变蓝错误提示

扫码看视频

学习要点

创建宏时，会遇到各种错误提示，21节中的代码变红错误提示也是其中之一。代码除了会出现变红错误提示之外，还会出现变黄错误提示与变蓝错误提示。

运行宏时，代码显示变黄错误提示

运行Sub过程，其中一行代码显示变黄错误。例如，像“Range("D0")”这样，指定的Range参数内没有单元格位置，运行Sub过程，将弹出提示对话框显示“运行时错误”，单击“调试”按钮，代码将变黄。这个错误提示告诉我们Sub过程在运行时有发现错误，但也不一定是变黄代码有错误。这个指的是变黄行周围有某些错误的意思，我们需要重新读取代码并找出错误位置，进而修正代码。

▶运行宏时，错误代码显示黄色

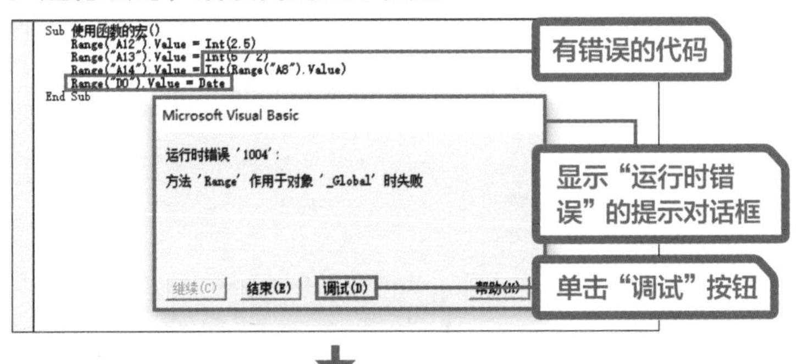

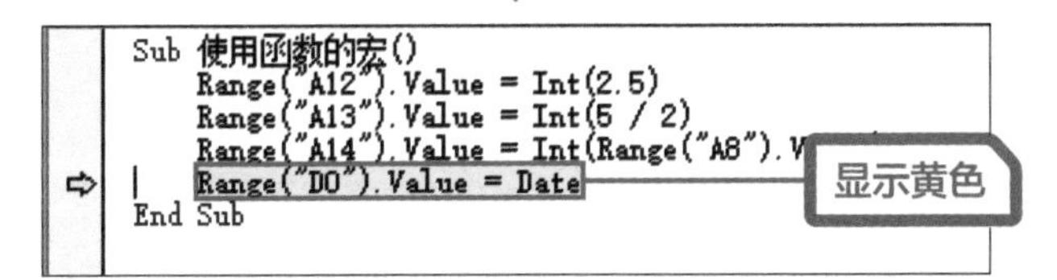

显示变黄错误提示时，仅靠所学的（相较于实际演练，教室授课形式的课程）不能发现错误之处。所以，我们多创建几个宏逐渐积累经验。

代码变黄错误提示的处理方法

代码显示变黄错误提示时，Sub过程将会中断运行。修正代码前，我们要执行“重新设置”命令完全停止运行Sub过程。在菜单栏中执行“运行>重新设置”命令，或者单击“标准”工具栏内的“重新设置”按钮，也可以完全停止运行Sub过程。完全停止Sub过程后再修正有错误提示的代码。

▶重新设置操作

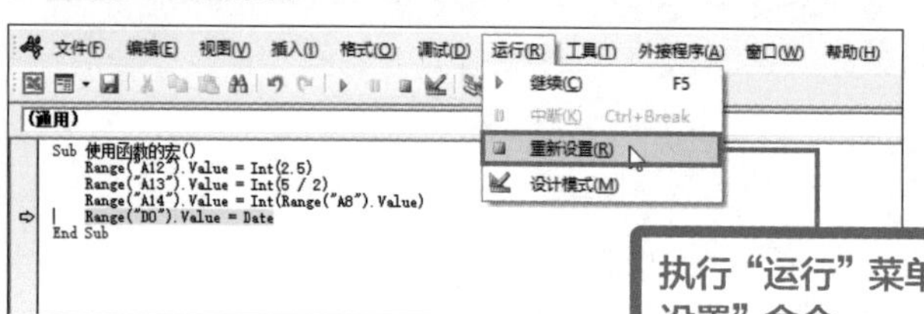

VBE是文本编辑器中具有编程功能的工具。请务必学会“VBE用法”，实际上并没有很多内容要学习，所以请放心。

因语法错误导致代码变黄错误提示

代码不仅会显示变黄错误提示，还将会显示变蓝错误提示。蓝色错误提示与红色错误提示相同，均表示代码有语法错误。将光标移动到其他行时代码会显示红色错误提示，在运行Sub过程之前或者运行36节要学习的“编译VBA project”时代码将会显示蓝色错误提示。例如，输入“Range("D1").Value=today()”代码后运行，因为VBA中不存在today函数，所以today将会反向显示蓝色。说明显示蓝色的代码区域与蓝色代码周围的代码有错误，我们需要修正有错误提示的代码。

▶代码变蓝错误提示

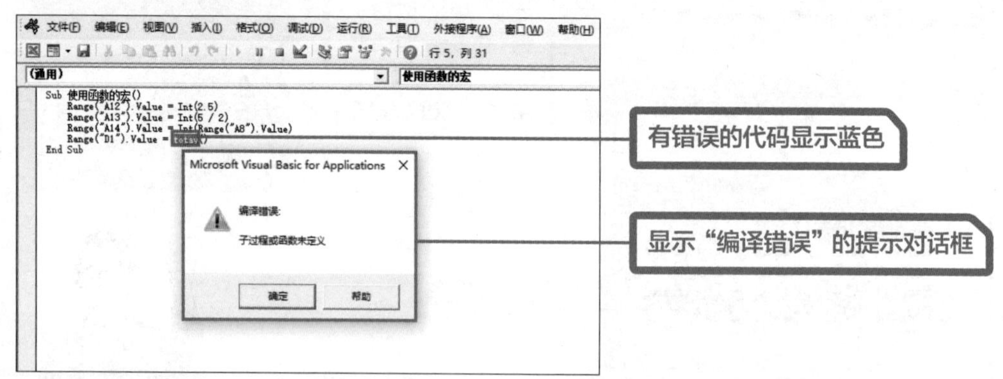

体验代码发生错误提示时的状态

1 故意创建一个会有错误提示的Sub过程示例

最简单易懂的Excel VBA.xlsm

今后创建Excel宏时，将会遇到各种错误提示。下面我们将故意输入有错误的代码，让其显示错误提示，然后观察下一步将会进行怎样的操作。首先在“使用函数的宏”的第5行编写错误的代码：“Range("D1").Value = today()”。

```
001 Sub␣使用函数的宏()
002 ␣␣␣␣Range("A12").Value␣=␣Int(2.5)
003 ␣␣␣␣Range("A13").Value␣=␣Int(5␣/␣2)
004 ␣␣␣␣Range("A14").Value␣=␣Int(Range("A8").Value)
005 ␣␣␣␣Range("D1").Value␣=␣today()
006 End␣Sub
```

输错获取今天日期的函数

2 确认变蓝错误提示

运行使用函数的宏❶时，将会显示编译错误的提示对话框，确认today代码内容显示蓝色并单击“确定”按钮❷。

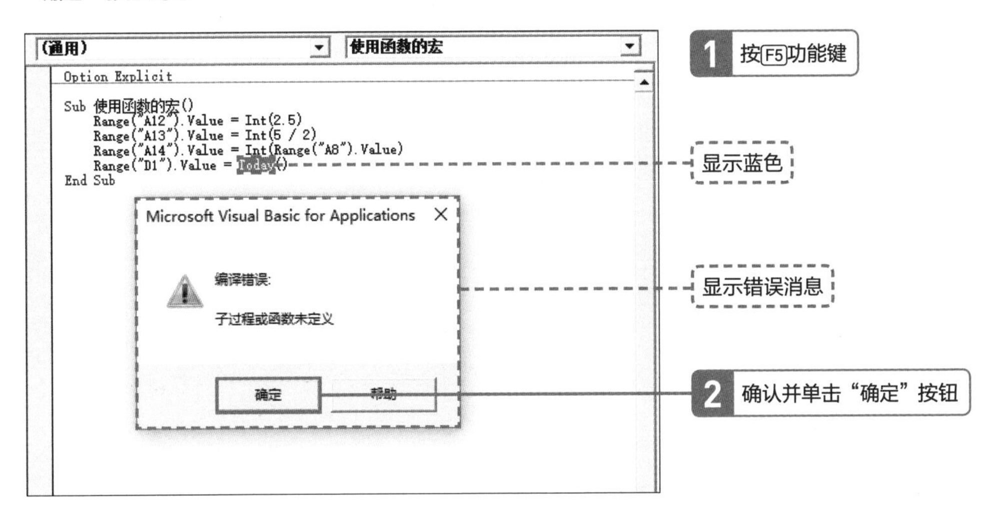

3 确认变黄错误提示

单击编译错误提示对话框中的“确定”按钮，today代码区域仍然显示蓝色，“使用函数的宏”这一行代码将会显示黄色。显示黄色只表示此代码周围有错误。

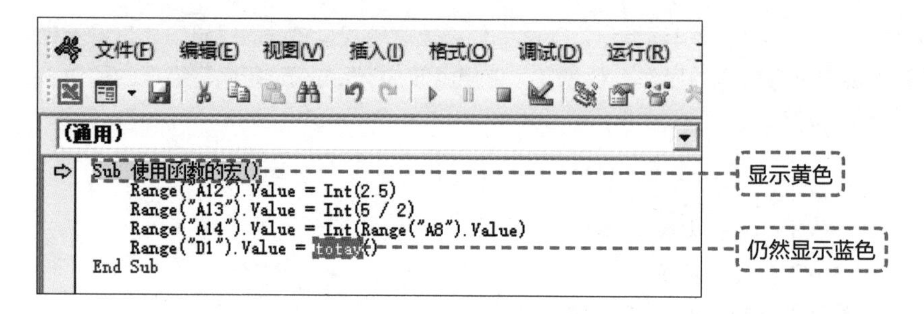

4 进行重新设置操作

开始修正代码之前，执行“重新设置”命令可完全停止Sub过程运行。

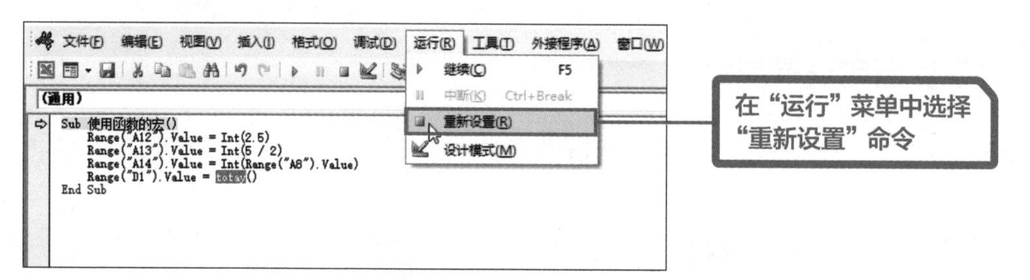

5 修正代码

通过进行重新设置操作，完全停止宏运行后，即可将其修正成正确的函数名。

```
001 Sub␣使用函数的宏()
002 ␣␣␣␣Range("A12").Value␣=␣Int(2.5)
003 ␣␣␣␣Range("A13").Value␣=␣Int(5␣/␣2)
004 ␣␣␣␣Range("A14").Value␣=␣Int(Range("A8").Value)
005 ␣␣␣␣Range("D1").Value␣=␣Date
006 End␣Sub
```

将函数名修正成Date

将“Range("D1").Value=”输错成“Range("D0").Value=”后运行代码。

要点 变成红褐色的断点

在Excel VBA学习过程当中，VBE也有可能会变成下图的状态。这个功能称为“断点”，单击代码窗口左边灰色区域显示的红褐色●，即可解除。事先设置好断点，按F5功能键运行Sub过程，断点位置的代码将中断运行，按F8功能键可以逐语句运行Sub过程（参照26节）。

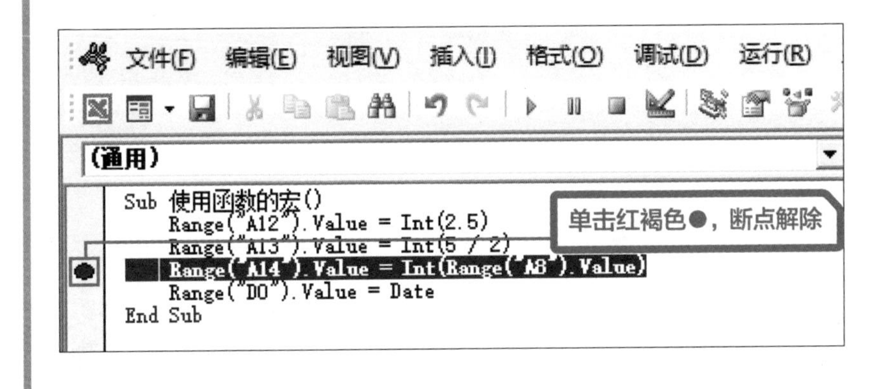

[VBA函数3]

25 学习工作表函数中没有的函数类型

扫码看视频

学习要点

VBA函数中还包含了工作表函数中所没有的显示输入框或者信息提示框的函数。利用这些函数，可以在执行宏的过程中提示用户输入某些内容或者显示用户所输入的内容。

显示输入框或者信息提示框的函数

将VBA中显示输入框函数（InputBox函数）和信息提示框函数（MsgBox函数）作为工作表函数使用时，可以显示输入和信息提示对话框（输入函数时，Excel函数需使用对话框，但Excel中不存在显示对话框函数）。使用InputBox函数可以显示输入框，使用MsgBox函数可以显示信息提示框。在宏运行过程中使用这两种函数可以提示用户在对话框中输入某些内容或者通过对话框显示用户输入的消息。

▶VBA函数可以显示信息提示框

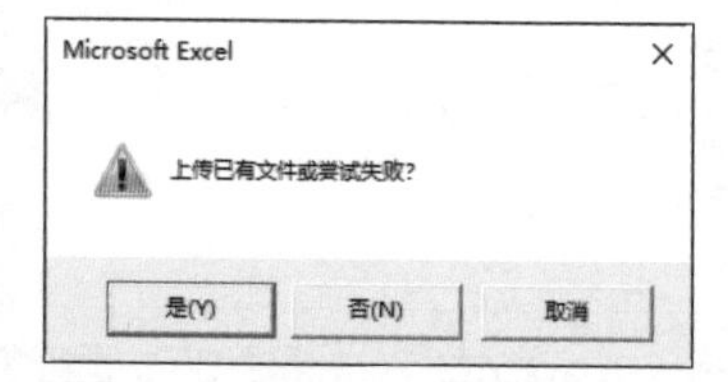

也可以变更显示信息提示框的图标或者按钮。我们将在39节学习变更方法。

显示输入框的InputBox函数

InputBox函数用于显示一个简单输入框，等待用户输入文字并按下按钮，返回用户输入的字符串。运行宏过程中，希望用户输入某个数据时，可以使用InputBox函数。运行Range("D2").Value=InputBox（"请输入信息。"）代码，将显示“请输入信息。”输入框。在输入框内输入abc，然后单击“确定”按钮，D2单元格将显示abc。InputBox函数是返回输入框内字符串的函数，所以返回abc，同时将这个abc赋值给Range("D2").Value代码内。

▶ InputBox函数

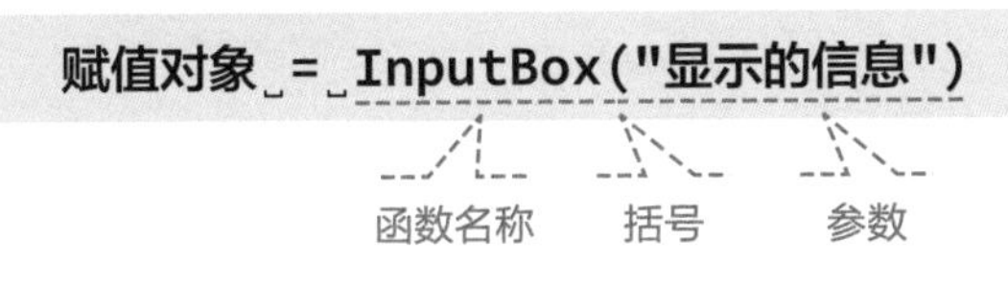

▶ 输入框

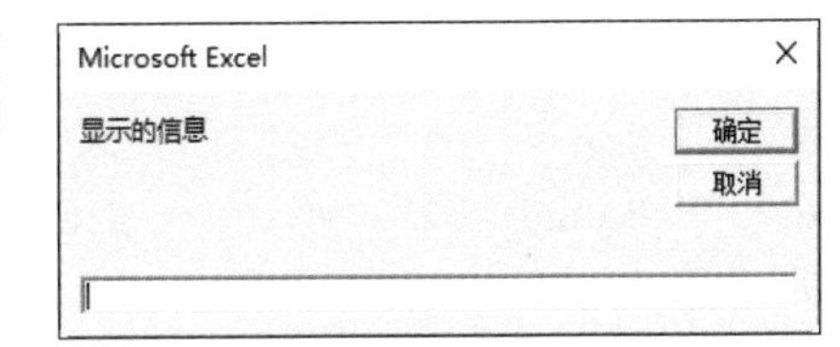

显示信息提示框的MsgBox函数

MsgBox函数用于显示信息提示对话框，用户单击不同按钮会返回不同的数值。然而，MsgBox函数经常只显示信息不返回值。运行MsgBox “宏运行结束”代码，将显示“宏运行结束”信息提示对话框。

▶ MsgBox函数

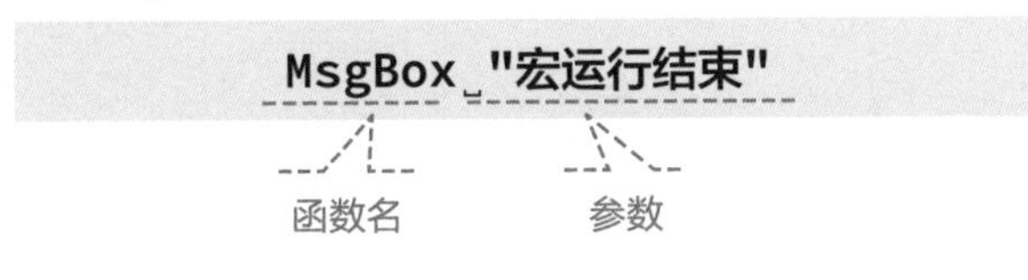

▶ 信息提示对话框

我将在40节学习MsgBox函数返回值的示例。

试着使用InputBox函数与MsgBox函数

1 编写Sub过程 最简单易懂的Excel VBA.xlsm

我们将试着使用InputBox函数与MsgBox函数。在“使用函数的宏”第6行追加“Range("D2").Value=InputBox("显示的信息。")”❶，在第7行追加“MsgBox"宏运行结束。"”❷。

```
001 Sub␣使用函数的宏()
002 ␣␣␣␣Range("A12").Value␣=␣Int(2.5)
003 ␣␣␣␣Range("A13").Value␣=␣Int(5␣/␣2)
004 ␣␣␣␣Range("A14").Value␣=␣Int(Range("A8").Value)
005 ␣␣␣␣Range("D1").Value␣=␣Date
006 ␣␣␣␣Range("D2").Value␣=␣InputBox("显示的信息。")
007 ␣␣␣␣MsgBox␣"宏运行结束。"
008 End␣Sub
```

1 在第6行追加InputBox函数

2 在第7行追加MsgBox函数

2 运行Sub过程

Sub过程编写完成后，将Excel与VBE并列排布，保证两者同时可见，然后将光标放在“使用函数的宏”内，按F5功能键运行宏。

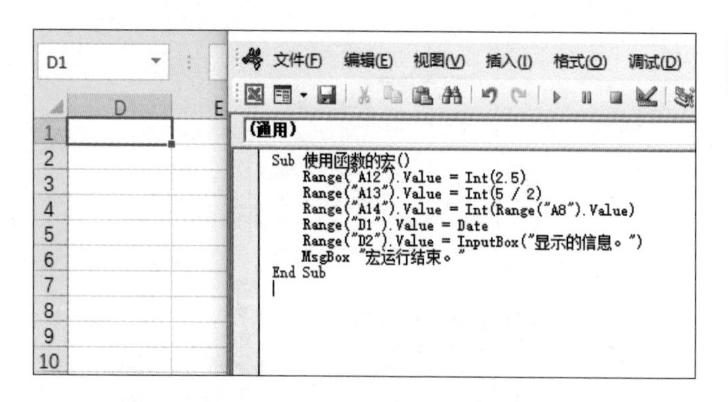

按F5功能键

3 在输入框内输入字符

宏运行过程中显示输入框后，即可在输入框内输入某个数据，输入abc的效果如下图❶❷。

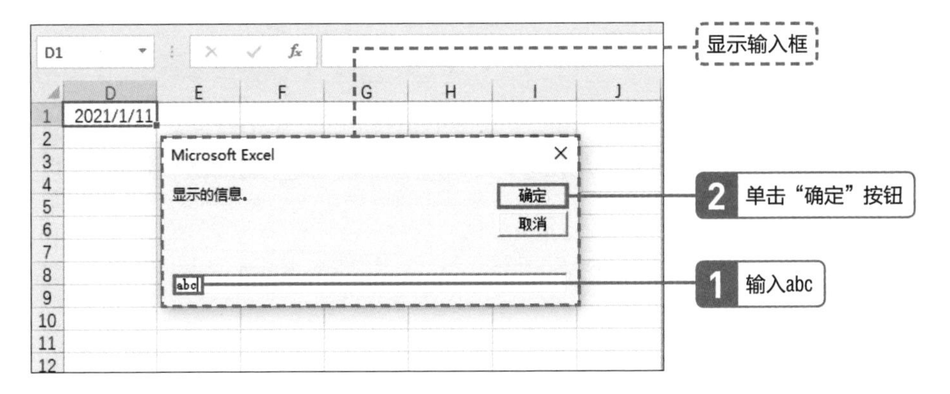

4 显示函数运行结果

确认D2单元格显示输入框数据，并显示“宏运行结束。”信息。

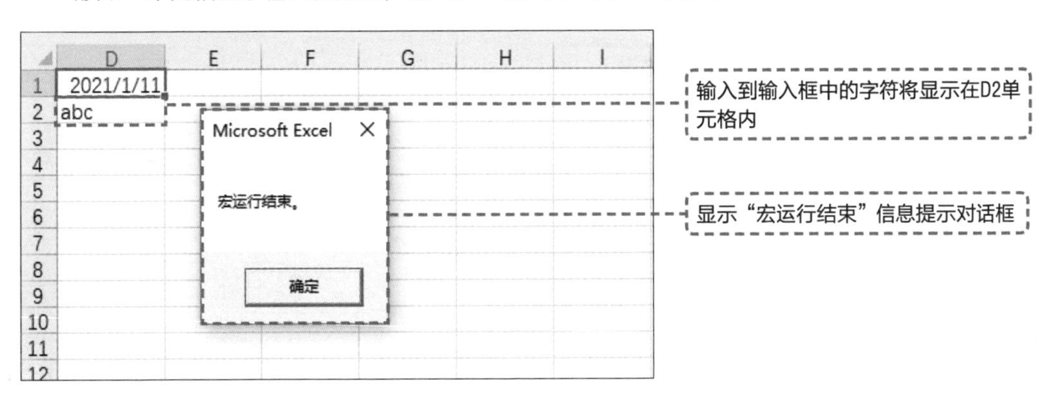

通过输入对话框，我们看到返回的数据赋给指定的单元格。

[逐语句]

26 灵活运用Sub过程中的逐语句运行功能

扫码看视频

学习要点

我们已经掌握了如何使用F5功能键运行VBE Sub过程。接下来，继续学习方便宏创建与宏学习的F8功能键，按F8功能键可以逐语句运行Sub过程。

使用逐语句方便宏代码修正

VBE中配置了方便宏代码修正的“逐语句”功能。创建Sub过程后，按F5功能键可以达到想要的结果，但有时也会达不到我们期待的效果。在这种情况下，首先需要找出Sub过程中哪部分有问题，然后进行修正。进行宏代码修正时，非常方便的一个方法就是运用“逐语句”功能逐行运行Sub过程。

▶ 常规运行与逐语句运行的不同点

常规运行

宏运行结果同时显示出来

```
Sub 样本宏()
    Range("A1").Value = 1
    Range("A2").Value = 2
    Range("A3").Value = 3
End Sub
```

	A	B
1	1	
2	2	
3	3	

逐语句运行

可以逐行确认宏运行结果

```
Sub 样本宏()
    Range("A1").Value = 1
    Range("A2").Value = 2
    Range("A3").Value = 3
End Sub
```

步骤1
步骤2
步骤3

	A	B
1	1	
2	2	
3	3	

黄色表示下一步要运行的代码行

虽然可以通过菜单栏中的命令或者工具栏中的按钮启动逐语句功能，但使用快捷键会更方便些。每按一次F8功能键，将依次逐行运行一行代码。用法与F5功能键相同，先将Excel与VBE并列排布，保证两者同时可见，然后将光标放在想要运行的Sub过程内，按F8功能键，即可启动逐语句操作。逐语句运行开始后，代码行将如下图所示变成黄色，变黄的代码行表示下一步要运行的代码。

▶ 逐语句运行代码过程中的VBE

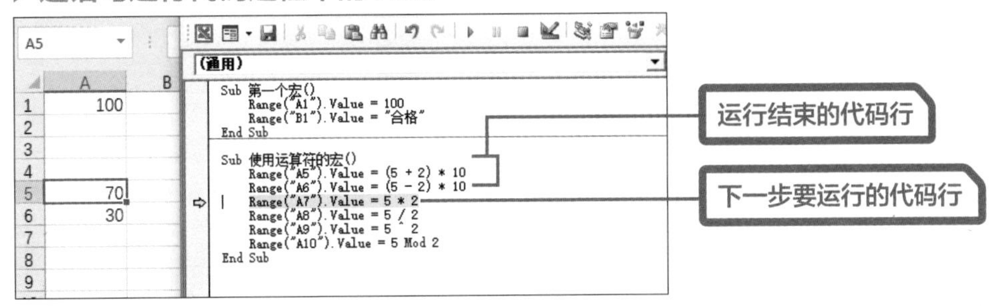

中途停止逐语句功能，从中途开始再继续运行剩余代码

如果想要中途停止逐语句运行操作，请执行24节中学过的重新设置操作。逐语句运行过程中按F5功能键，将继续运行Sub过程内剩余代码。

逐语句运行对宏学习也有效

逐语句运行不仅仅对宏修正有用，对学习宏也有用。书本中介绍的一些宏内容，仅靠阅读是无法理解与掌握的，但可以经常逐语句运行，然后观察并对比代码与运行结果，进而理解代码所表示的含义。本书的后续章节中，我们将大量运用逐语句功能。

特别是编程初学阶段，逐语句运行代码的过程中我们会不自觉地感慨“编程竟然还能进行这样的操作”。

逐语句运行含有运算符的宏

1 做好逐语句运行准备 最简单易懂的Excel VBA.xlsm

为了确认“使用运算符的宏”的逐语句运行步骤，先删除A5:A10单元格区域中数据❶，然后将Excel与VBA并列排布，保证两者同时可见❷。

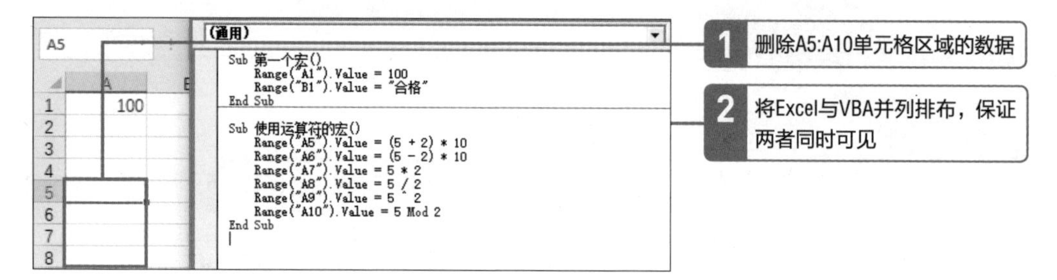

1 删除A5:A10单元格区域的数据
2 将Excel与VBA并列排布，保证两者同时可见

2 逐语句运行

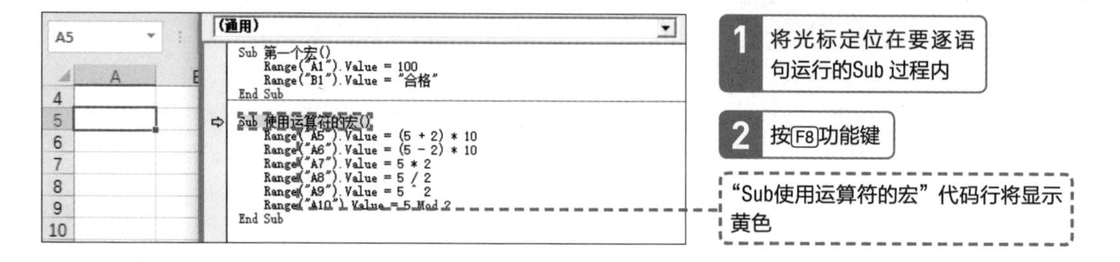

1 将光标定位在要逐语句运行的Sub 过程内
2 按F8功能键
“Sub使用运算符的宏”代码行将显示黄色

3 “Range("A5").Value=…” 代码行显示黄色

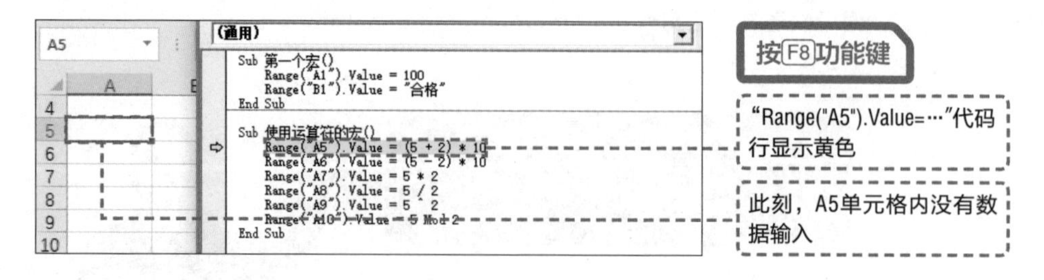

按F8功能键
“Range("A5").Value=…”代码行显示黄色
此刻，A5单元格内没有数据输入

4 "Range("A6").Value=…" 代码行显示黄色且数据输入A5单元格

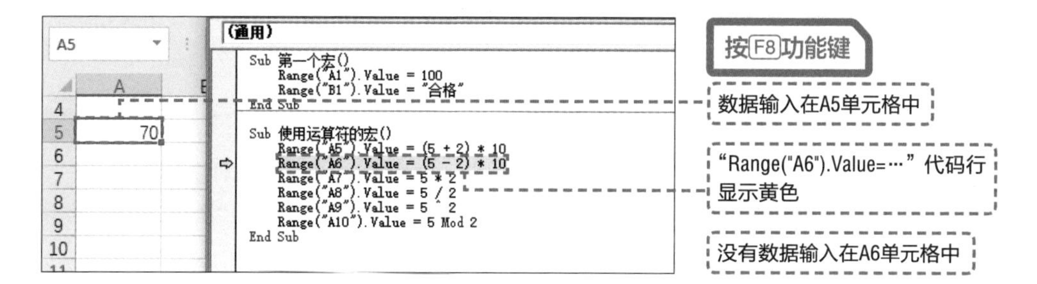

按F8功能键
数据输入在A5单元格中
"Range("A6").Value=…"代码行显示黄色
没有数据输入在A6单元格中

5 "Range("A7").Value=…" 代码行显示黄色且数据输入A6单元格

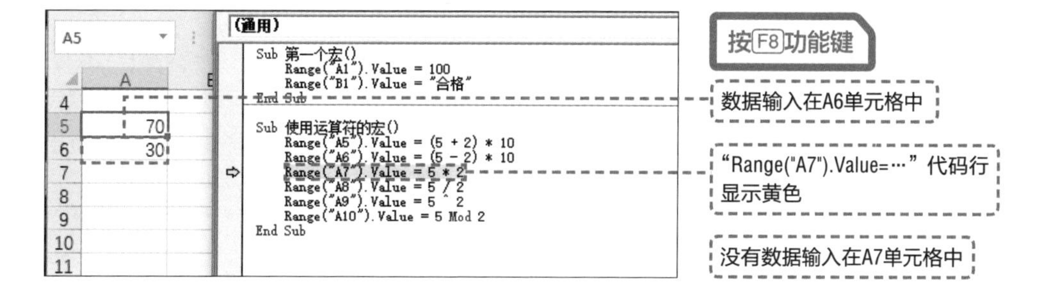

按F8功能键
数据输入在A6单元格中
"Range("A7").Value=…"代码行显示黄色
没有数据输入在A7单元格中

6 反复逐语句运行直到代码结束

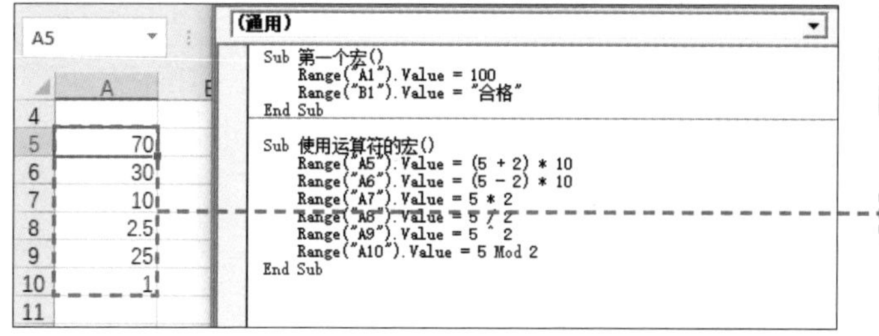

数据输入到A10单元格为止

一边确认代码与运行结果，一边按F8功能键反复逐语句运行直到代码结束

我们将试着使用24节所学的重新设置命令，中断逐语句运行以及按F5功能键让代码从中断处开始继续运行。

[VBA 运算符2]

27 学习VBA中的字符串连接符

扫码看视频

学习要点

我们在20节中学习了算术运算符。运算符不仅仅可以用于运算，还可以用于连接字符串。VBA与Excel一样都是使用“&”作为连接字符串的运算符。

VBA字符串连接符和Excel字符串连接符相同

工作表中用“&”运算符连接字符串，VBA也是用“&”连接运算符。运行Range("B2").Value="合格"&"是的！"代码，字符串"合格"与"是的！"将连接成"合格是的！"并输入B2单元格中。运行Range("B3").Value="Range("B1").Value"&"是的！"代码，B1单元格内字符串将会与"是的！"字符串连接，并输入B3单元格中。

▶使用&运算符连接字符串

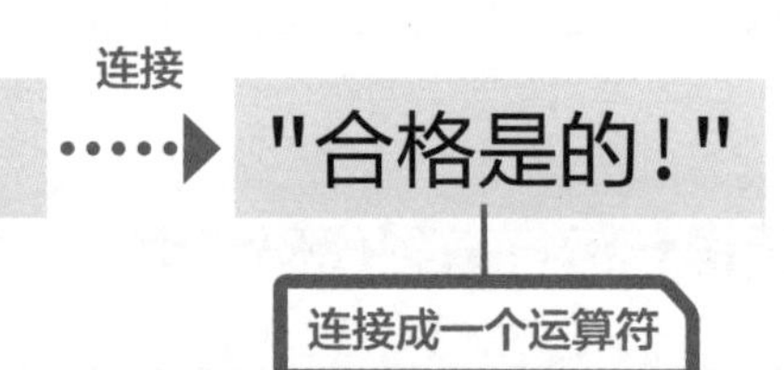

虽然我们也可以使用20节中所学的加法运算符“+”连接字符串，但使用“+”没有优势，所以我们使用“&”连接字符串。

在运算符前后输入空格

VBA语法中存在着与英语语法相似的部分。英语中，有含义的单词、数字或符号前后都会输入空格，VBA中同样存在着这种规则。一旦VBA中必要的空格被漏掉，代码将会显示错误提示。不使用空格的人，有时会因为没有输入空格导致错误提示感到受挫。运算符也是有含义的符号，所以我们需要输入空格，哪怕在运算符前后忘记输入空格，大部分情况下，VBE也能自动输入空格。但是，原代码应该写成“Range("B1").Value & "是的！""，如果忘记输入“&”前后的空格，输成了“Range("B1").Value&"是的！""，将会显示变红错误提示。综上所述，在“&”前后需要输入空格。

▶ &运算符前后不输入空格将显示变红错误提示

文件(F) 编辑(E) 视图(V) 插入(I) 格式(O) 调试(D) 运行(R)

(通用)

```
Sub 使用运算符的宏()
    Range("A5").Value = (5 + 2) * 10
    Range("A6").Value = (5 - 2) * 10
    Range("A7").Value = 5 * 2
    Range("A8").Value = 5 / 2
    Range("A9").Value = 5 ^ 2
    Range("A10").Value = 5 Mod 2
    Range("B2").Value = "合格" & "是的！"
    Range("B3").Value = range("B1").value&"是的！"
End Sub
```

显示变红错误提示

VBA中存在着相同符号表示多个含义的情况，“&”也是其中之一，除了作为连接字符串的运算符外还有其他用法。与其他运算符不同的是，VBE无法自动进行输入空格操作。

试着使用&运算符

1 编写Sub过程 最简单易懂的Excel VBA.xlsm

将运算符&连接的字符串代码添加到使用了运算符的宏中。

```
001 Sub␣使用运算符的宏()
002 ␣␣␣␣Range("A5").Value␣=␣(5␣+␣2)␣*␣10
003 ␣␣␣␣Range("A6").Value␣=␣(5␣-␣2)␣*␣10
004 ␣␣␣␣Range("A7").Value␣=␣5␣*␣2
005 ␣␣␣␣Range("A8").Value␣=␣5␣/␣2
006 ␣␣␣␣Range("A9").Value␣=␣5␣^␣2
007 ␣␣␣␣Range("A10").Value␣=␣5␣Mod␣2
008 ␣␣␣␣Range("B2").Value␣=␣"合格"␣&␣"是的!"
009 ␣␣␣␣Range("B3").Value␣=␣Range("B1").Value␣&␣"是的!"
010 End␣Sub
```

添加运算符&连接的字符串代码

2 运行Sub 过程

编写结束后将Excel 与VBE并列排布，保证两者同时可见❶，按F5功能键运行Sub过程❷。

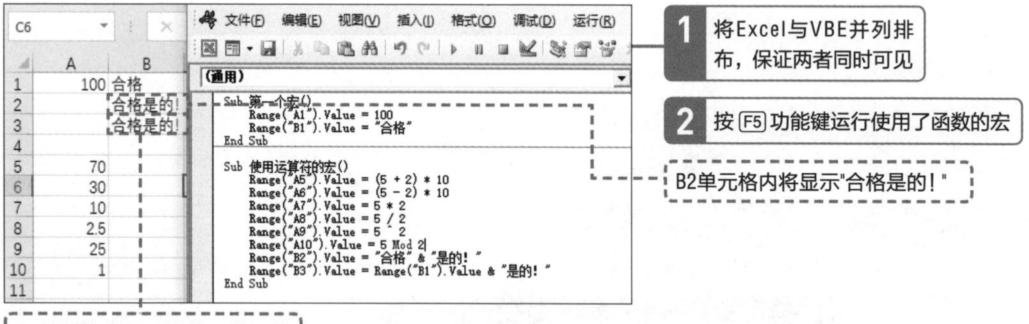

1 将Excel与VBE并列排布，保证两者同时可见

2 按F5功能键运行使用了函数的宏

B2单元格内将显示"合格是的！"

B3单元格内显示连接B1单元格中数值与"是的！"字符串。

删除 “Range("B1").Value & "是的！"” 代码中半角空格后，代码将会显示变红错误提示。

第5章 学习变量

变量是计算机编程中的一个重要概念，经常被比喻成临时存放数据名称的箱子。

[变量]

28 关于变量

接下来我们将学习编程通用指令中的一个重要概念——“变量”。变量是将数据临时存放到计算机内存的机制，经常被比喻成标有名称的箱子。变量引用与Excel单元格引用相似。

“变量”可以临时存放数据

在编程中，我们可以使用变量来临时存放数据。即便一般的编程学习，很多项目在起步阶段就需要与运算符同步学习。VBA变量分为“普通变量”“对象变量”和“数组变量”3类。后面两类难度稍微有点高，而且即使不了解，也可以进行一般的宏创建。因为本书为入门书，所以我们只学习基础的普通变量。

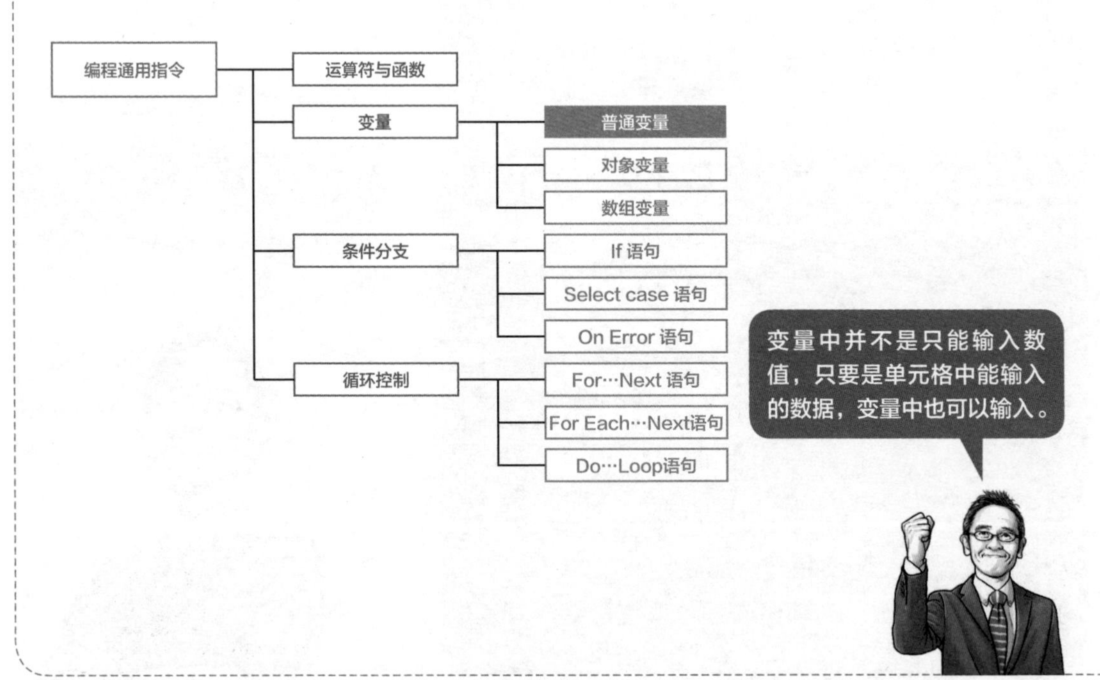

变量引用与单元格引用相似

在解释变量的时候，我们经常将它比喻成标有名称的箱子。先通过编程给箱子标好名称，将数据存放在里面，然后程序可以通过名称访问该数据。单元格引用是先将数据输入到Excel单元格内，即可创建引用了该数据的公式。变量引用与单元格引用相似。下一节，我们将边对比单元格引用边学习变量。

合格与否判定的宏中的变量

在10节运行的合格与否判定的宏中，下图框起来的就是与变量有关的代码。只有一个字符的i为变量，它在这个Sub过程中发挥着非常重要的作用。"Dim i As Long"是为标有名称的箱子准备的代码，我们将在31节~33节学习这个代码。

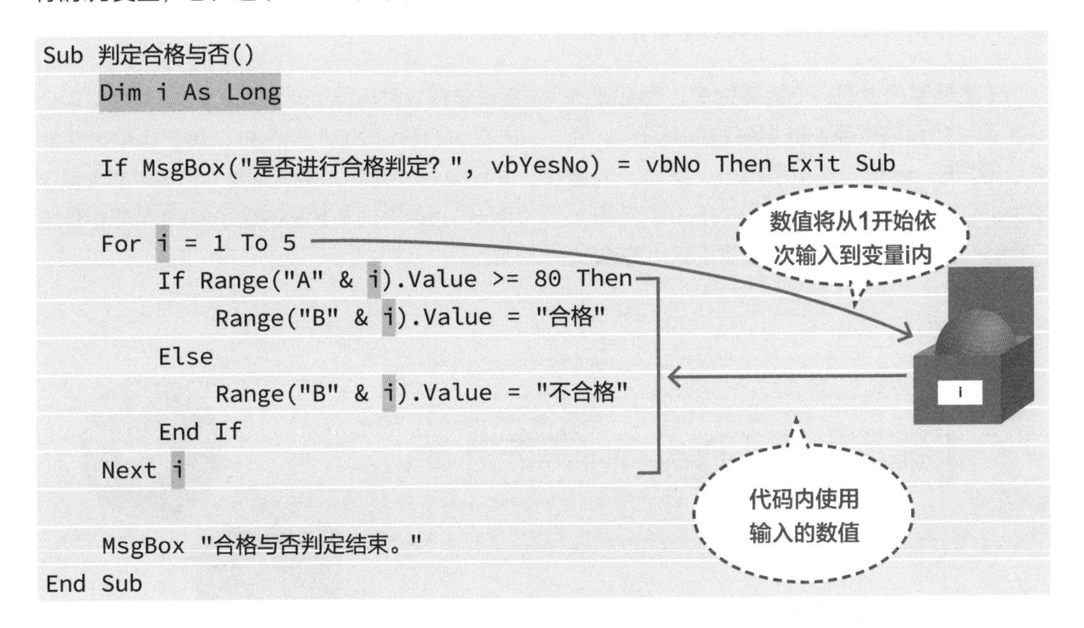

```
Sub 判定合格与否()
    Dim i As Long

    If MsgBox("是否进行合格判定? ", vbYesNo) = vbNo Then Exit Sub

    For i = 1 To 5
        If Range("A" & i).Value >= 80 Then
            Range("B" & i).Value = "合格"
        Else
            Range("B" & i).Value = "不合格"
        End If
    Next i

    MsgBox "合格与否判定结束。"
End Sub
```

数值将从1开始依次输入到变量i内
i
代码内使用输入的数值

在这个Sub过程中，变量i将保存什么样的数据、如何使用这些数据，以及运行的结果是什么样的，等学了第7章的内容就能理解了。本章我们主要学习变量的相关知识。

[变量基础]

29 学习变量基础

扫码看视频

学习要点

变量是编程中的一个重要指令，变量引用与Excel单元格引用相似。变量我们可以想象成标有临时存放数据名称的箱子。

变量引用与单元格引用相似

变量是编程中的一个重要指令，经常被比喻成是“标有临时存放数据名称的箱子”。变量引用与Excel单元格引用相似。例如，消费税为8%，在Excel E1单元格、E2 单元格和E3单元格分别进行金额、消费税额以及含消费税总额取整运算时，可以在E2单元格输入公式“INT(E1*0.08)”，在E3单元格输入公式“INT(E1*1.08)”。接下来我们将学习的变量作用与作为存放这些数据的箱子的E1单元格作用相近。

▶单元格引用

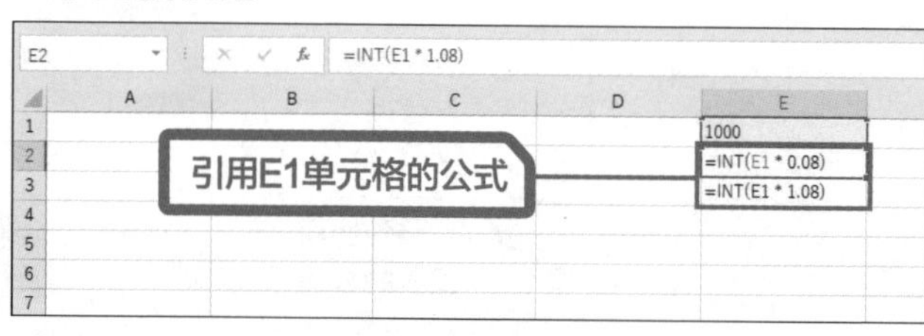

▶变量示意图

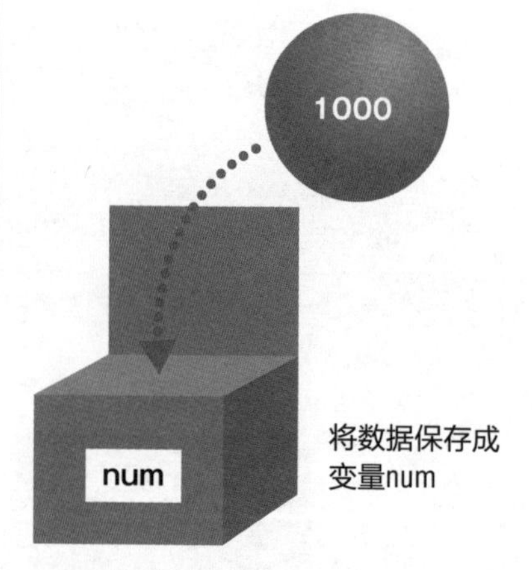

第5章 学习变量

使用了变量的宏操作

本节我们将学习“使用变量的宏”操作。首先，第2行“num=Range("E1").Value”代码，表示将E1单元格中的值赋给变量num。例如，在E1单元格中输入数值1000，运行第2行代码，1000被赋给变量num。之后，这个Sub过程中再出现变量num时，第2行将使用赋值进行运算。1000已被赋给变量num，所以第3行“Range("E2".Value=Int(num*0.08)”也就等同于“Range("E2".Value=Int(1000*0.08)”。“Int(1000*0.08)”运行结果为80，在E2单元格中将输入80。因为1000已被赋给变量num，所以“Range("E3".Value=Int(num*1.08)”等同于“Range("E3".Value=Int(1000*1.08)”。“Int(1000*1.08)”运行结果为1080，在E3单元格中将输入1080。

▶ 赋值给变量

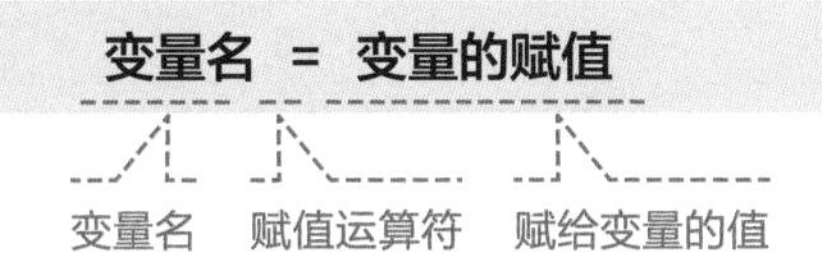
变量名 = 变量的赋值
变量名
赋值运算符
赋给变量的值

▶ 运用本节创建的宏进行说明

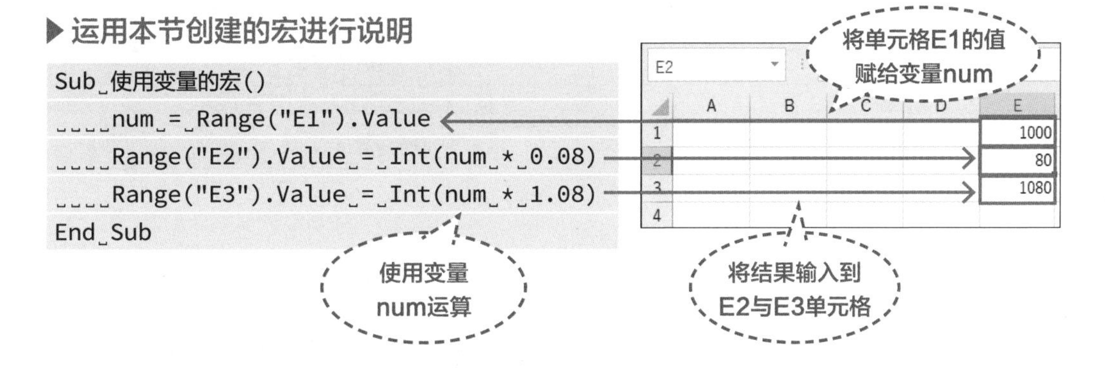
Sub␣使用变量的宏()
␣␣␣␣num␣=␣Range("E1").Value
␣␣␣␣Range("E2").Value␣=␣Int(num␣*␣0.08)
␣␣␣␣Range("E3").Value␣=␣Int(num␣*␣1.08)
End␣Sub
将单元格E1的值赋给变量num
使用变量num运算
将结果输入到E2与E3单元格
E2
A
B
C
D
E
1
2
3
4
1000
80
1080

实际上，变量就是给计算机中的一部分内存标记名称。本章涉及的变量赋值操作，其实就是将数据赋给标有名称的内存系统。

变量名的限制

变量名限制与15节中所学的Sub过程名限制相同。可以使用字母、汉字、数字和“_”（下划线），但第1个字符不可以使用数字或“_”。还有，关键字(编程语言能识别的单词）不能作为变量名，半角字符个数不得超过255个。除去以上限制以外可以随意命名，但命名变量时应尽量使输入的名称含义清楚明确。同18节所学习的缩进、注释一样，变量名的命名方法不同，Sub过程的易读性也将会有很大差异。本节创建的宏需要赋值给变量，所以为了容易推测数值，便从“Number”“Numeric”等单词中提取出缩写单词“num”。

▶常用的变量名

变量名	词源•词义	用途
i	Iterator、Index、Increment、Integer	循环控制中的计数变量
r	Row number	双重循环控制行和列时的行号
c	Column number	双重循环控制行和列时的列号
cnt	Count	计数
txt	Text	字符串
msg	Message	作为消息的字符串
ans	Answer	InputBox函数等的返回值
flg	Flag	用于判定的逻辑值

Excel VBA中大部分变量名是大小写字母穿插使用，使用哪种变量名，对编程初学者来说，很难区分出Excel VBA本身的关键字与变量，所以本书中，我们将使用小写字母和“_”命名变量。

要点　变量也会让代码更容易阅读

通过单元格引用将公式分割开，工作表中复杂的公式将变得更容易理解。同样，编程中使用恰当的变量名，代码含义也将变得更容易理解。本节创建的宏，不使用变量按照以下写法也可以完成，但因为代码中有两个地方是写成“Range("E1").Value”，且每行的字符数比较多，所以稍微有点难阅读。一旦赋值给变量num，那么，使用了变量的代码将会变得更容易阅读。

▶未使用变量与使用变量的情况

```
˽˽˽˽Range("E2").Value˽=˽Int(Range("E1").Value˽*˽0.08)
˽˽˽˽Range("E3").Value˽=˽Int(Range("E1").Value˽*˽1.08)
```

```
˽˽˽˽num˽=˽Range("E1").Value
˽˽˽˽Range("E2").Value˽=˽Int(num˽*˽0.08)
˽˽˽˽Range("E3").Value˽=˽Int(num˽*˽1.08)
```

代码易读性与普通的文章易读性一样，每行的字符数过多，代码将会比较难阅读。

要点　注意Ctrl+Y不是恢复快捷键

Windows中的大部分常用快捷键都可以应用在VBE中。Windows应用软件中的Ctrl+Z组合键用于撤销上一步的操作，Ctrl+Y组合键用于恢复上一步的撤销操作。在VBE中，Ctrl+Z是撤销快捷键，Ctrl+Y却不是恢复上一步操作的快捷键，而是用于删除行的操作快捷键，我们在使用Ctrl+Y组合键恢复上一步撤销操作时，注意不要误删除行。

创建使用变量的宏

1 创建Sub过程 最简单易懂的Excel VBA.xlsm

为了理解并掌握变量，我们将试着创建“使用变量的宏”。

```
001 Sub␣使用变量的宏()
002 ␣␣␣␣num␣=␣Range("E1").Value
003 ␣␣␣␣Range("E2").Value␣=␣Int(num␣*␣0.08)
004 ␣␣␣␣Range("E3").Value␣=␣Int(num␣*␣1.08)
005 End␣Sub
```

输入代码

2 运行Sub过程

“使用变量的宏”创建完成后，在E1单元格中输入数值❶，将Excel与VBE并列排布，保证两者同时可见❷，然后按F5功能键运行Sub过程❸。

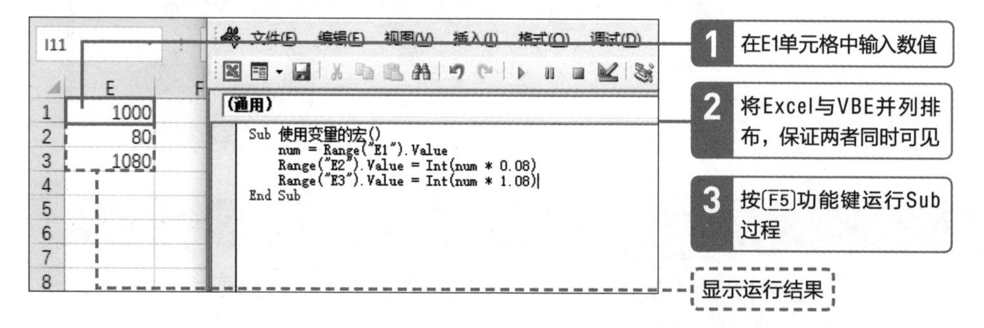

I11
E
F
1 1000
2 80
3 1080
(通用)
Sub 使用变量的宏()
num = Range("E1").Value
Range("E2").Value = Int(num * 0.08)
Range("E3").Value = Int(num * 1.08)
End Sub
1 在E1单元格中输入数值
2 将Excel与VBE并列排布，保证两者同时可见
3 按F5功能键运行Sub过程
显示运行结果

将E1单元格数值赋给标有num名称的箱子，接着，编程将使用赋值进行“*0.08”“*1.08”乘法运算，并将运算结果分别赋值给E2与E3单元格。

要点 含有Option Explicit 语句时的错误提示

运行创建好的“使用变量的宏”，出现“编译错误，变量未定义”错误提示时，请确认模块开头。如果模块开头写有“Option Explicit”代码，请在那行代码开头输入'（单引号），把Option Explicit语句当作注释，然后再运行宏。一旦代码中有写Option Explicit语句，编程内的所有变量必须要先声明才能使用，否则将出现错误提示。我们将在31节中学习Option Explicit语句的含义与变量声明。

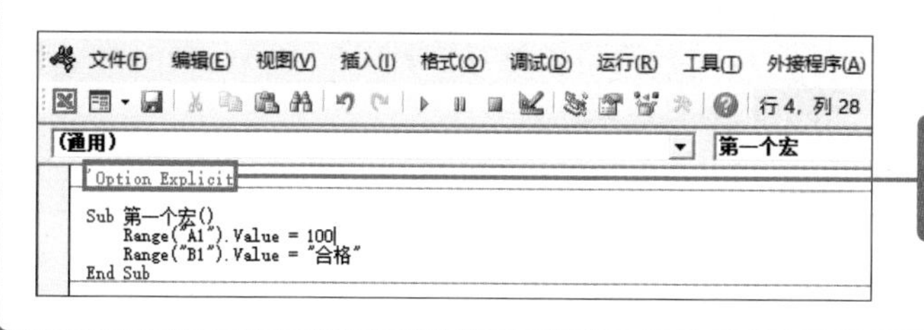

文件(F) 编辑(E) 视图(V) 插入(I) 格式(O) 调试(D) 运行(R) 工具(T) 外接程序(A)
行 4，列 28
(通用)
第一个宏
'Option Explicit
Sub 第一个宏()
Range("A1").Value = 100
Range("B1").Value = "合格"
End Sub
在Option Explicit 前输入'，则把它当作注释

要点 只显示1个Sub过程

代码窗口中只显示一个Sub过程时，单击代码窗口左下方的“全模块视图”按钮。“过程视图”按钮处于被选中状态时，将只显示一个Sub过程。当“过程视图”按钮处于打开状态时，按Ctrl+PageDown组合键可以显示下一个Sub过程，按Ctrl+PageUp组合键可以显示上一个Sub过程。

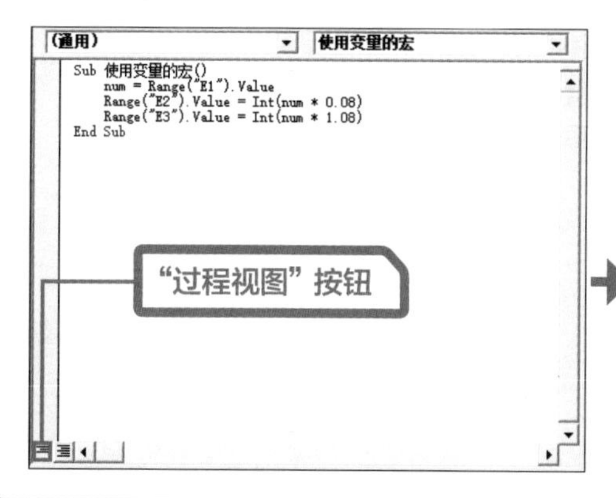

(通用)
使用变量的宏
Sub 使用变量的宏()
num = Range("E1").Value
Range("E2").Value = Int(num * 0.08)
Range("E3").Value = Int(num * 1.08)
End Sub
“过程视图”按钮

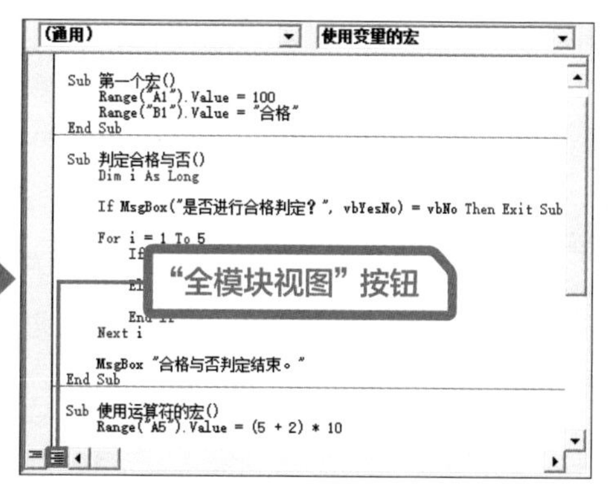

(通用)
使用变量的宏
Sub 第一个宏()
Range("A1").Value = 100
Range("B1").Value = "合格"
End Sub
Sub 判定合格与否()
Dim i As Long
If MsgBox("是否进行合格判定？", vbYesNo) = vbNo Then Exit Sub
For i = 1 To 5
Next i
MsgBox "合格与否判定结束。"
End Sub
Sub 使用运算符的宏()
Range("A5").Value = (5 + 2) * 10
“全模块视图”按钮

[确认赋值数据]

30 确认赋给变量的数据

扫码看视频

学习要点

程序无法正常运行时，需要确认变量的赋值是否有误。我们可以通过“本地窗口”确认变量赋值数据。

确认变量赋值的必要性

使用变量的宏中，经常会出现因未按要求赋值给变量导致程序无法按预期运行的情况。因此，修正程序时，我们需要确认清楚变量的赋值。VBE中配置了多个功能用于确认变量的赋值，本书中我们将会通过“本地窗口”确认变量的赋值。

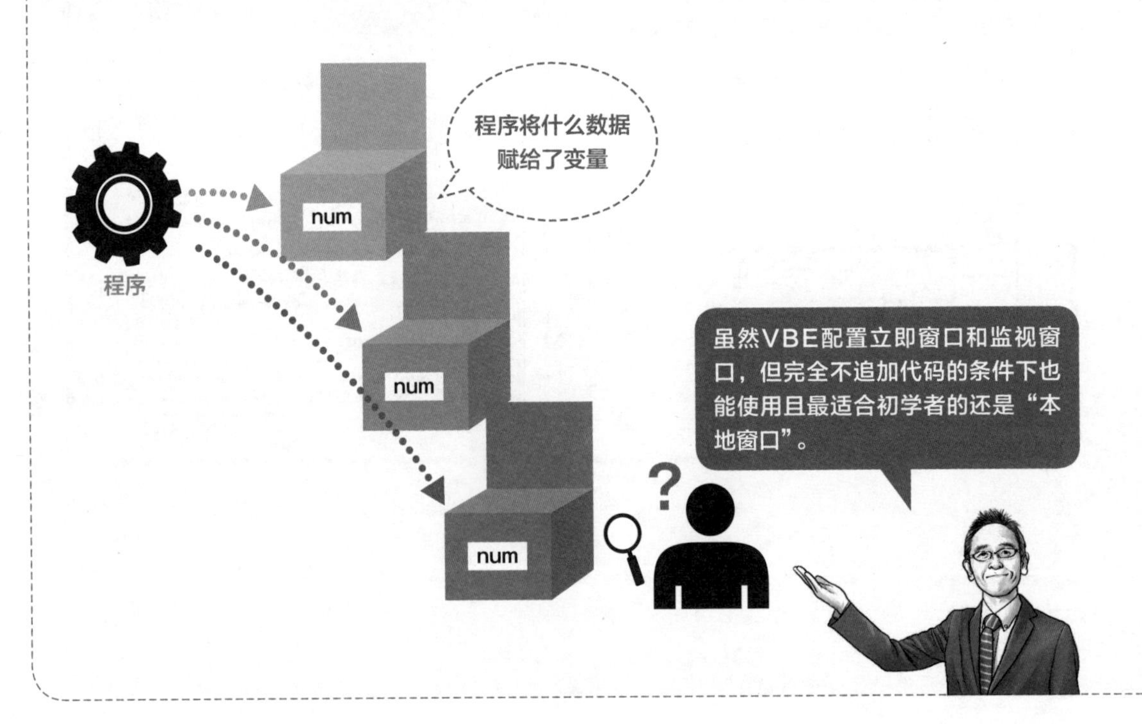

程序将什么数据赋给了变量
num
num
num
程序
?
虽然VBE配置立即窗口和监视窗口，但完全不追加代码的条件下也能使用且最适合初学者的还是“本地窗口”。

本地窗口的用法

执行“视图”菜单中的“本地窗口”命令，即可显示本地窗口（习惯使用访问键的可以按Alt→V→S键）。逐语句运行过程中，先显示出本地窗口，可以轻易地确认到赋给变量的数据。本地窗口中的“表达式”栏显示变量名，“值”栏显示赋给变量的数据。想关闭本地窗口时，单击本地窗口右上方的“关闭”按钮。

▶显示本地窗口

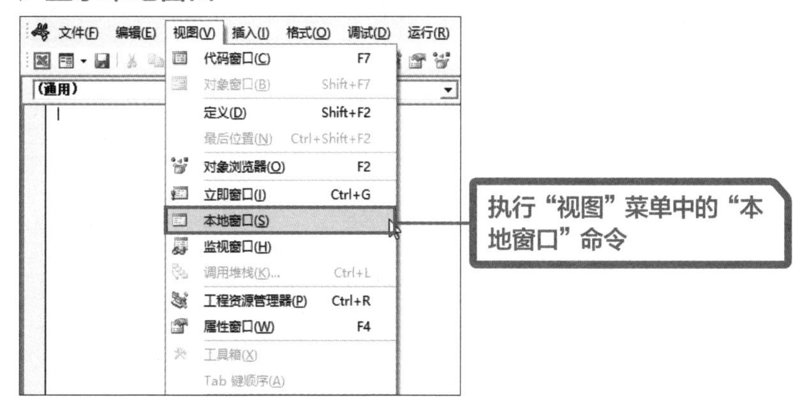

▶逐语句运行过程中的本地窗口

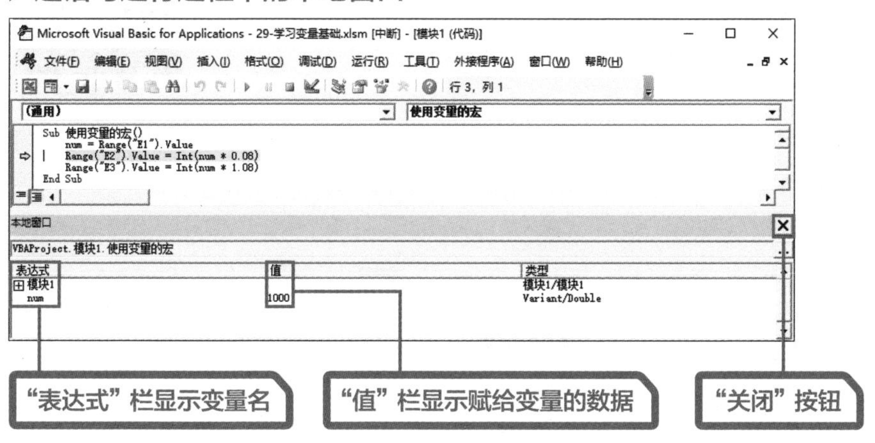

通过本地窗口确认变量内容

1 显示本地窗口并逐语句运行宏 最简单易懂的ExcelVBA.xlsm

运行前面章节创建的使用变量的宏，并通过本地窗口确认变量内容。执行“视图”菜单中的“本地窗口”命令显示出本地窗口之后❶，按F8功能键逐语句运行宏❷。

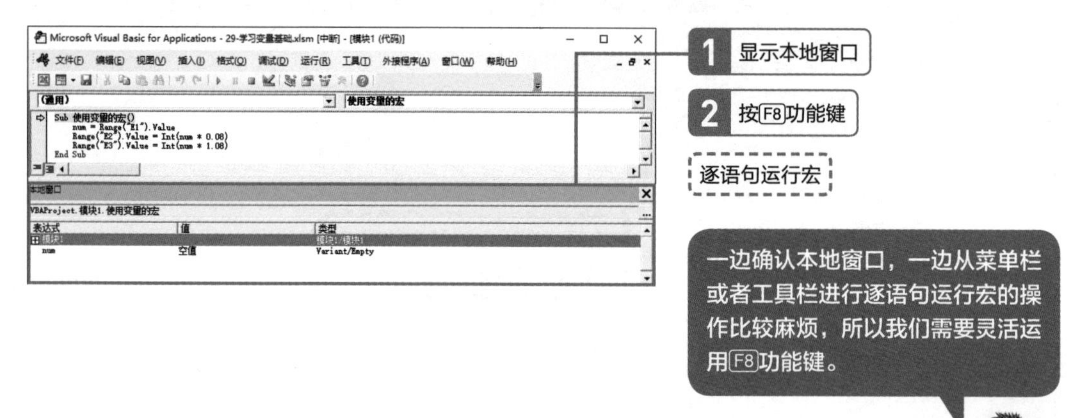

1 显示本地窗口
2 按F8功能键
逐语句运行宏
一边确认本地窗口，一边从菜单栏或者工具栏进行逐语句运行宏的操作比较麻烦，所以我们需要灵活运用F8功能键。

2 确认“num=Range("E1").Value”代码运行前的变量

再按一次F8功能键❶，在即将运行第2行“num=Range("E1").Value”代码前，先确认下变量num的状态。此时，还没有运行第2行代码，所以本地窗口中的变量num值显示为“空值”，这表示没有赋值给变量num❷。

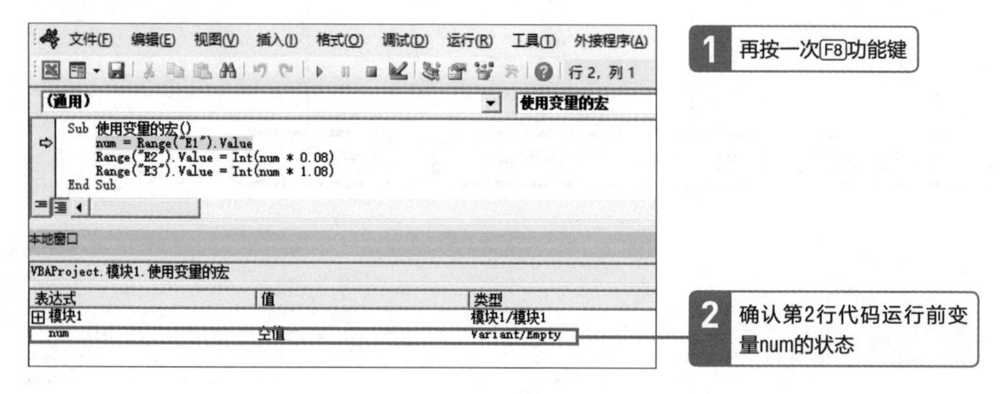

3 确认“num=Range("E1").Value”代码运行后的变量状态

再按一次[F8]功能键❶，逐语句运行宏，确认第3行“num=Range("E2").Value=Int(num*0.08)”代码运行前的状态。第2行“num=Range("E1").Value”已经运行完成，此时可以确认到E1单元格数值1000赋给变量num❷。

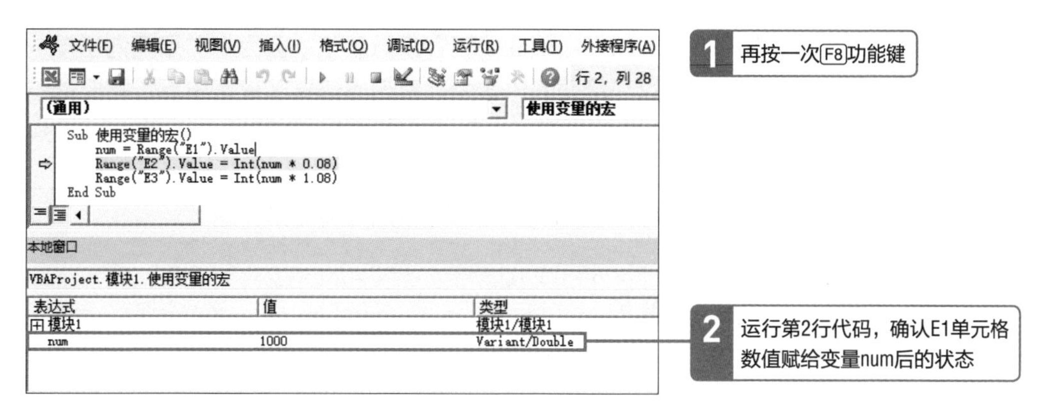

4 结束逐语句运行

通过本地窗口确认变量内容之后，按几次[F8]功能键，便可完成逐语句运行。

文件(F) 编辑(E) 视图(V) 插入(I) 格式(O) 调试(D) 运行(R) 工具(T) 外接程序(A)　行 5, 列 1

(通用)　使用变量的宏

```
Sub 使用变量的宏()
    num = Range("E1").Value
    Range("E2").Value = Int(num * 0.08)
    Range("E3").Value = Int(num * 1.08)
End Sub
```

本地窗口

<准备>

表达式	值	类型

按[F8]功能键，逐语句运行到最后代码行

我们要先知道，在逐语句运行宏过程中，可通过本地窗口确认变量数值。

［变量声明］

31 养成使用变量时先声明变量的习惯

扫码看视频

学习要点

通过使用本地窗口，变量变得更容易想象了。因为本书是面向初学者编写的，所以在前面的内容中，我们省略掉了变量中真正需要的代码，接下来，将学习真正需要代码的“变量声明”。

不声明变量，错误将增多

使用变量时，要有明确变量的“变量声明”。如果没有声明变量，将会因为小错误导致变量无法正确操作。例如，把本应该输成num的变量错输成了nun，这时，无论E1单元格输入何种数据，E3单元格始终显示为0。由于在VBA初始设定中，VBA是将非Excel VBA关键字语句看作变量，所以自然也就将输错的nun作为变量进行处理操作了。由于并没有赋值给nun，VBA将会把“nun*1.08”当作“空值变量*1.08”，以0值进行运算，所以E3单元格显示为0。

▶输错变量名的宏

```
Sub˽使用变量的宏()
˽˽˽˽num˽=˽Range("E1").Value
˽˽˽˽Range("E2").Value˽=˽Int(num˽*˽0.08)
˽˽˽˽Range("E3").Value˽=˽Int(nun˽*˽1.08)
End˽Sub
```

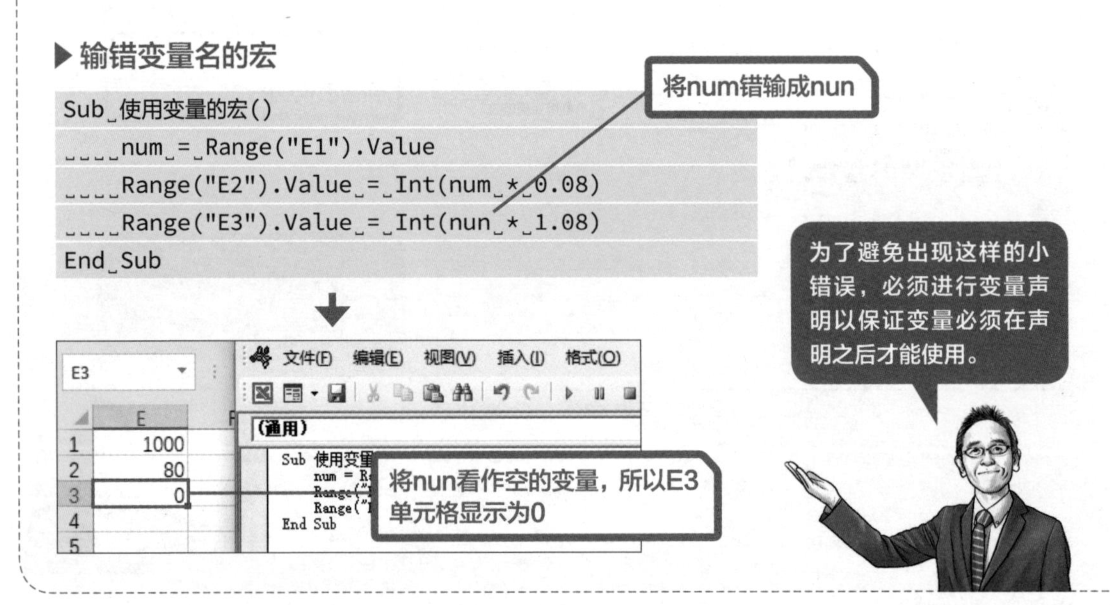

将num错输成nun
E3
文件(F) 编辑(E) 视图(V) 插入(I) 格式(O)
(通用)
E
1 1000
2 80
3 0
4
5
将nun看作空的变量，所以E3单元格显示为0
为了避免出现这样的小错误，必须进行变量声明以保证变量必须在声明之后才能使用。

使用Option Explicit语句强制声明变量

我们先将程序设置成不声明变量就无法运行Sub过程的状态。先在模块开头写好“Option Explicit”命令，这样不声明模块中的变量，变量将无法使用，运行“使用变量的宏”，将出现“编译错误：变量未定义”错误提示。

▶写有“Option Explicit”的模块

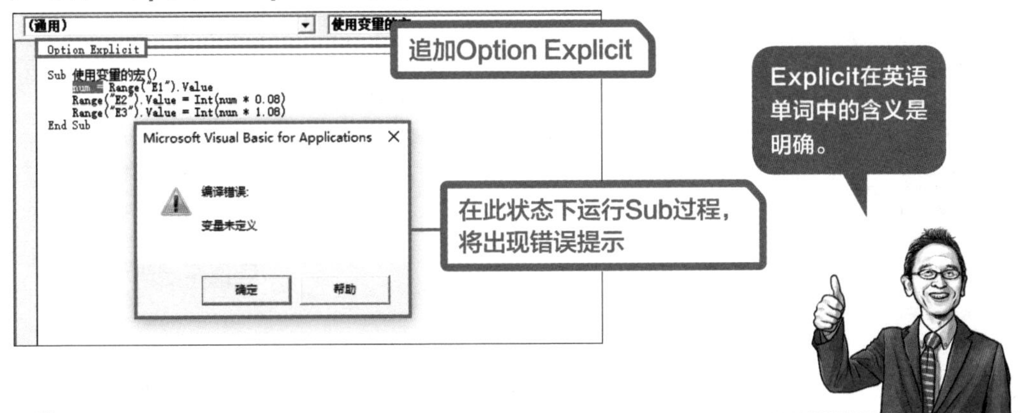

(通用)
使用变量的宏
Option Explicit
Sub 使用变量的宏()
num = Range("E1").Value
Range("E2").Value = Int(num * 0.08)
Range("E3").Value = Int(num * 1.08)
End Sub
Microsoft Visual Basic for Applications
编译错误:
变量未定义
确定
帮助
追加Option Explicit
在此状态下运行Sub过程，将出现错误提示
Explicit在英语单词中的含义是明确。

使用Dim声明变量

写好Option Explicit强制声明变量之后，进行变量声明。变量声明的方法：“Dim 变量名”，如果写成“Dim num”，那么写在Dim后面的num即为变量。只要在实际使用变量前写好变量声明就没问题，但Excel VBA通常是将变量声明写在Sub过程开头。

▶进行变量声明的Sub过程

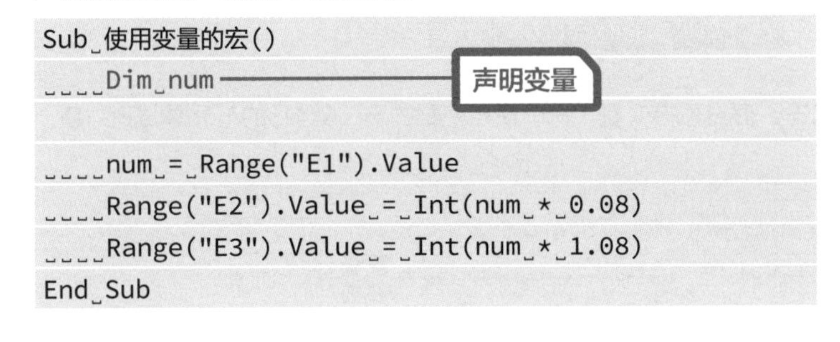

```
Sub 使用变量的宏()
    Dim num
    
    num = Range("E1").Value
    Range("E2").Value = Int(num * 0.08)
    Range("E3").Value = Int(num * 1.08)
End Sub
```

声明变量

Dim是Dimension单词中前3个字符的缩写。

系统自动在模块中插入Option Explicit语句

变更VBE设置后，系统将会自动在模块中插入“Option Explicit”命令。在“工具”菜单中选择“选项”命令，打开“选项”对话框，在“编辑器”选项卡下勾选“要求变量声明”复选框。Option Explicit声明即可自动插入到模块开头。

▶ “选项”对话框的“编辑器”选项卡

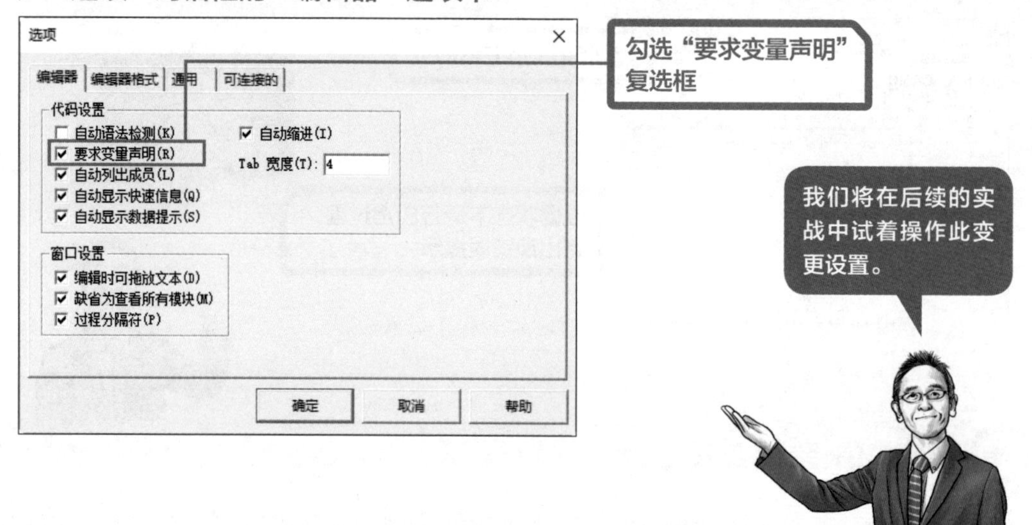

确认未声明变量时的状态

1 试着强行输错变量 最简单易懂的ExcelVBA.xlsm

我们先确认未声明变量时的状态。假设输错变量，把“使用变量的宏”第4行的num输成nun❶，按F5功能键运行宏❷。

```
001 Sub 使用变量的宏()
002     num = Range("E1").Value
003     Range("E2").Value = Int(num * 0.08)
004     Range("E3").Value = Int(nun * 1.08)
005 End Sub
```

1 把num变成nun
2 按F5功能键

2 确认运行结果

即便输错为nun，还是被当成变量，但因为没有赋值给nun变量，所以“nun*1.08”就相当于“空值*1.08”，将以0值进行运算，所以E3单元格显示为0。

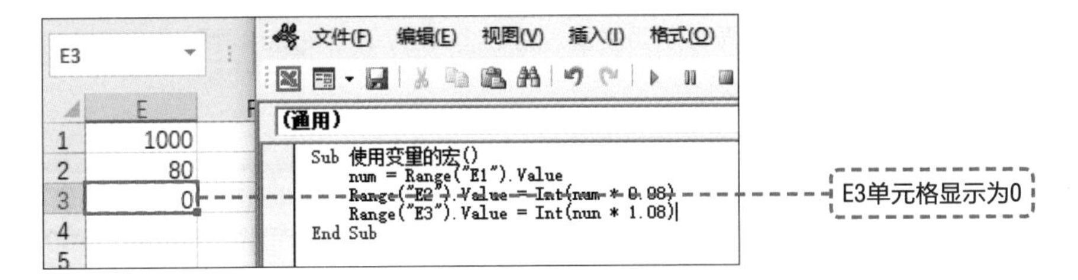

E3
E
1000
80
0
文件(F) 编辑(E) 视图(V) 插入(I) 格式(O)
(通用)
Sub 使用变量的宏()
num = Range("E1").Value
Range("E2").Value = Int(num * 0.08)
Range("E3").Value = Int(nun * 1.08)
End Sub
E3单元格显示为0

3 逐语句运行并通过本地窗口确认变量

通过本地窗口可以确认输错的nun被看作为变量时的状态。首先显示本地窗口❶，然后逐语句运行，即可知道num与nun作为变量时的状态❷。

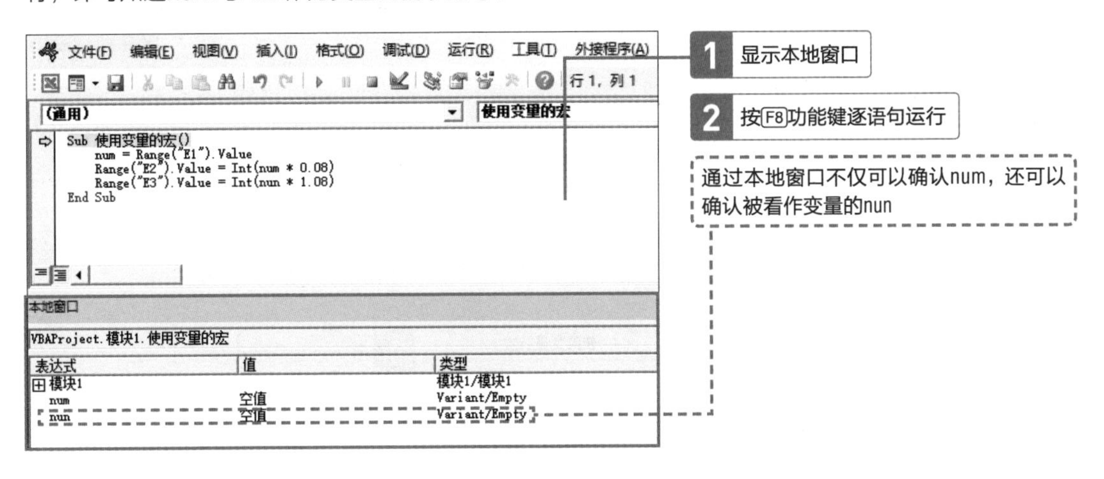

文件(F) 编辑(E) 视图(V) 插入(I) 格式(O) 调试(D) 运行(R) 工具(T) 外接程序(A)
行 1，列 1
(通用)
使用变量的宏
Sub 使用变量的宏()
num = Range("E1").Value
Range("E2").Value = Int(num * 0.08)
Range("E3").Value = Int(nun * 1.08)
End Sub
本地窗口
VBAProject.模块1.使用变量的宏
表达式
值
类型
模块1
模块1/模块1
num
空值
Variant/Empty
nun
空值
Variant/Empty
1 显示本地窗口
2 按F8功能键逐语句运行
通过本地窗口不仅可以确认num，还可以确认被看作变量的nun

确认Option Explicit语句与变量声明的效果

1 使用Option Explicit语句强制声明变量

为了防止出现定义变量的错误，需要先强制声明变量。首先将Option Explicit语句输入到模块开头。

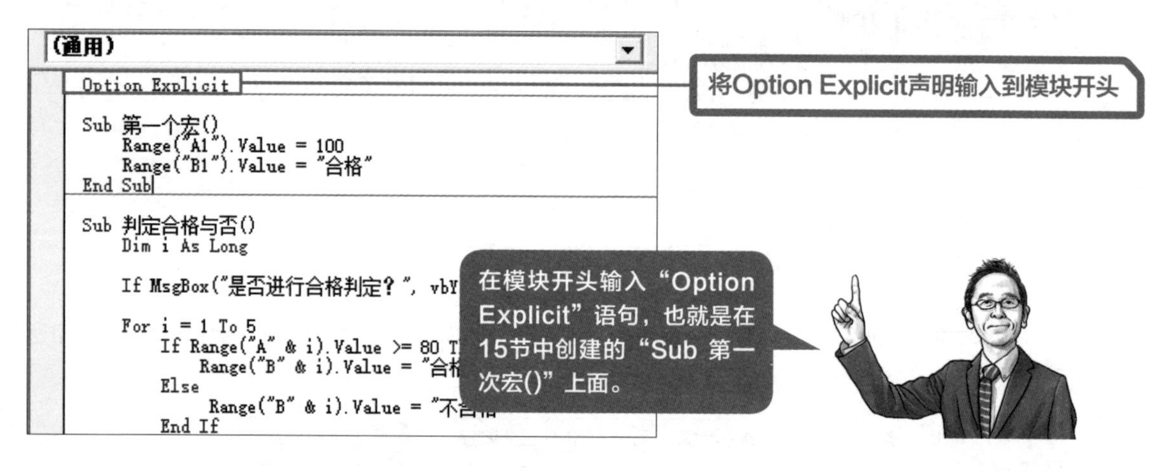

(通用)
Option Explicit
Sub 第一个宏()
Range("A1").Value = 100
Range("B1").Value = "合格"
End Sub
Sub 判定合格与否()
Dim i As Long
If MsgBox("是否进行合格判定？", vbY
For i = 1 To 5
If Range("A" & i).Value >= 80 T
Range("B" & i).Value = "合格
Else
End If
将Option Explicit声明输入到模块开头
在模块开头输入“Option Explicit”语句，也就是在15节中创建的“Sub 第一次宏()”上面。

2 确认错误提示

按F5功能键运行宏❶，因为此模块内追加“Option Explicit”语句，所以不声明变量，该变量将无法使用，同时还将出现“变量未定义”错误提示。

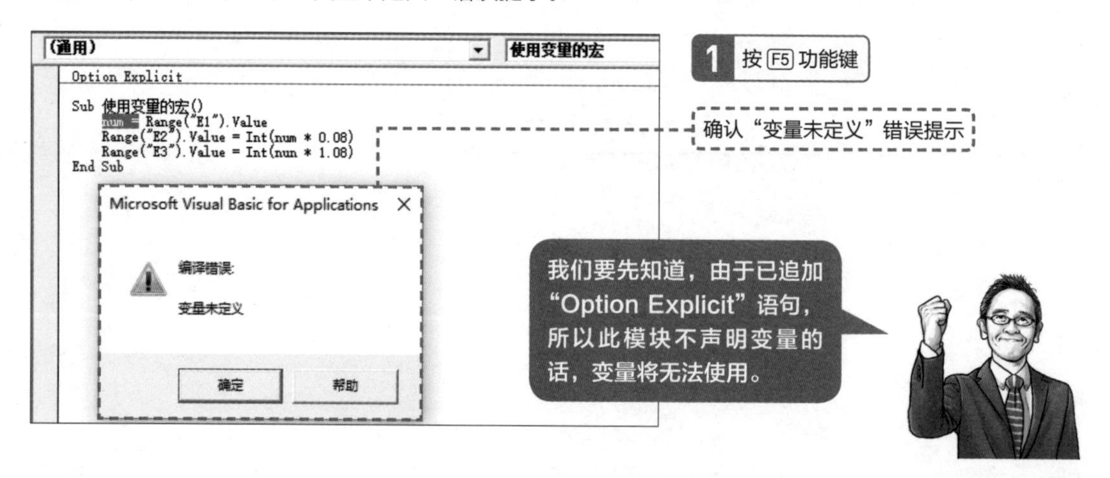

(通用)
使用变量的宏
Option Explicit
Sub 使用变量的宏()
num = Range("E1").Value
Range("E2").Value = Int(num * 0.08)
Range("E3").Value = Int(num * 1.08)
End Sub
Microsoft Visual Basic for Applications
编译错误:
变量未定义
确定
帮助
1 按F5功能键
确认“变量未定义”错误提示
我们要先知道，由于已追加“Option Explicit”语句，所以此模块不声明变量的话，变量将无法使用。

3 追加Dim num行

单击“变量未定义”错误提示对话框中的“确定”按钮之后，再执行“运行”菜单中的“重新设置”命令，完全停止Sub过程运行，然后在“使用变量的宏”第2行追加Dim语句“Dim num”，即可声明变量num。

```
001 Sub␣使用变量的宏()
002 ␣␣␣␣Dim␣num
003 
004 ␣␣␣␣num␣=␣Range("E1").Value
005 ␣␣␣␣Range("E2").Value␣=␣Int(num␣*␣0.08)
006 ␣␣␣␣Range("E3").Value␣=␣Int(nun␣*␣1.08)
007 End␣Sub
```

输入“Dim num”语句

4 通过输错的nun确认错误提示

试着故意将第6行的num输错成nun，按F5功能键，再次运行“使用变量的宏”，这时将会出现错误提示。通过强制声明变量可以避免在输错变量时出现这种错误提示。

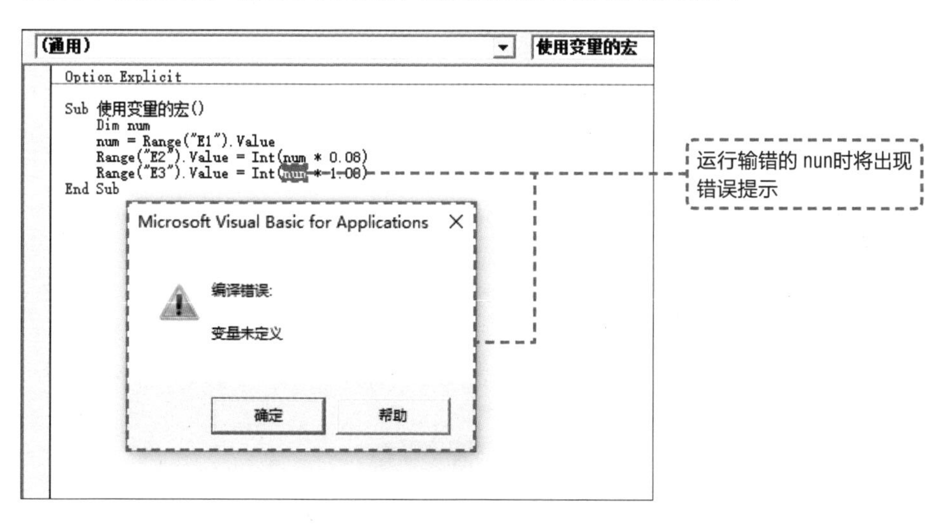
(通用)
使用变量的宏
Option Explicit
Sub 使用变量的宏()
Dim num
num = Range("E1").Value
Range("E2").Value = Int(num * 0.08)
Range("E3").Value = Int(nun * 1.08)
End Sub
Microsoft Visual Basic for Applications
编译错误:
变量未定义
确定
帮助
运行输错的 nun时将出现错误提示

5 修正输错位置

VBE的“运行”菜单中执行“重新设置”命令，完全停止宏运行，紧接着将第6行输错的nun修改成num❶，然后再运行宏❷。

```
001 Sub␣使用变量的宏()
002 ␣␣␣␣Dim␣num
003 
004 ␣␣␣␣num␣=␣Range("E1").Value
005 ␣␣␣␣Range("E2").Value␣=␣Int(num␣*␣0.08)
006 ␣␣␣␣Range("E3").Value␣=␣Int(num␣*␣1.08)
007 End␣Sub
```

1 修正成num

2 按 F5 功能键

6 确认运行结果

由于使用Option Explicit强制声明变量，所以不会输错变量，变量可以正常运行。

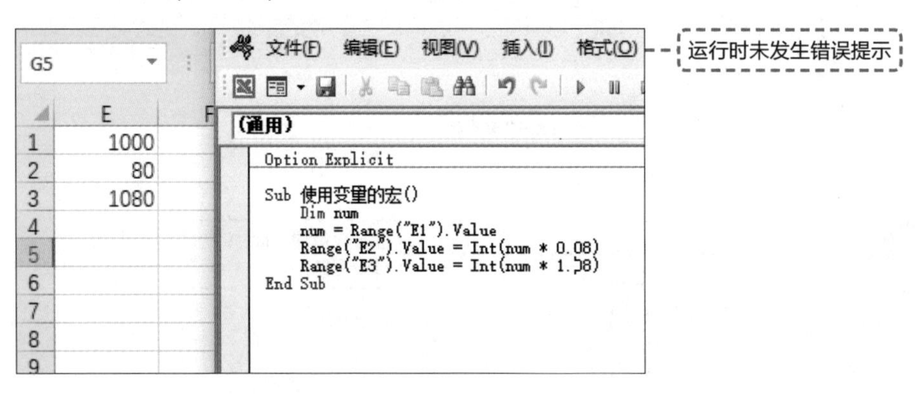

在未声明变量状态下使用变量的话，容易因为num&nun这样的小错误导致错误提示，所以我们要养成必须声明变量的习惯。

第5章 学习变量

变更设置使系统能自动在模块中插入Option Explicit语句

1 显示“选项”对话框

要将Option Explicit语句从手动输入变更设置成系统自动插入，则在“工具”菜单中执行“选项”命令，即可显示“选项”对话框。习惯使用访问键的人可以试着依次按Alt→T→O键。

2 强制声明变量

打开“选项”对话框，切换至“编辑器”选项卡，勾选“要求变量声明”复选框❶，然后单击“确定”按钮❷。

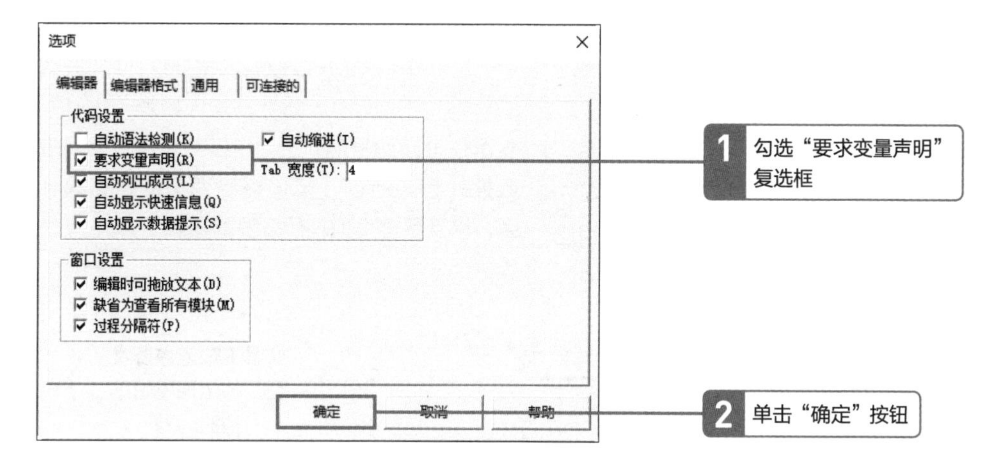

即便勾选“要求变量声明”复选框，Option Explicit也不会插入到变更设置前所创建的模块中。

第5章 学习变量

[数据类型]

32 熟悉变量后，要明确变量数据类型

在声明变量时除了需要熟悉变量，还要明确变量的数据类型。通过明确变量的数据类型，可以避免宏运行速度变慢的问题，同时代码也将会变得更容易阅读。

了解数据的类型

为了能正确使用Excel工作表进行数据运算，知道单元格内输入的数据类型很重要。如果不知道数值、字符串、日期这3种数据类型，将因出现意想不到的操作而感到困扰。例如，将没有连字符的电话号码输入到Excel中，Excel将把它按数值型数据处理，以0开头的号码将不显示0。此外，输入数据“3-1”表示住址门牌号码，Excel将把它按日期类型数据处理。所以，知道赋给变量的数据是什么，以及数据类型是什么很重要。

▶在单元格中输入电话号码……

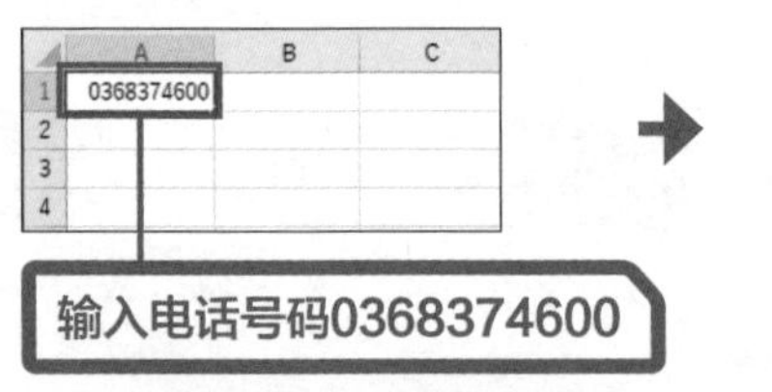

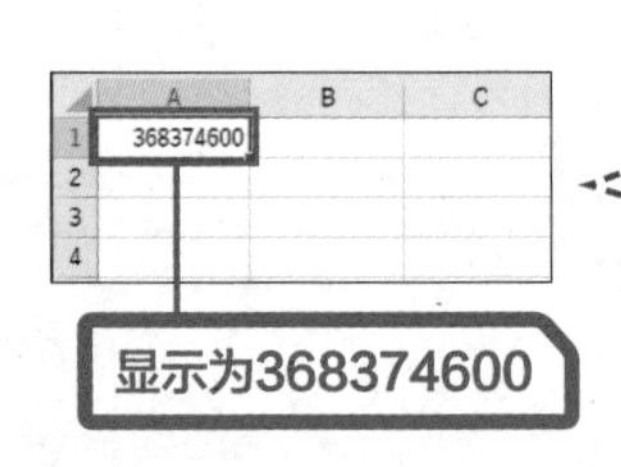

如果不知道数据类型，将出现意想不到的问题

▶虽然可以将各种各样的数据赋给变量，但是……

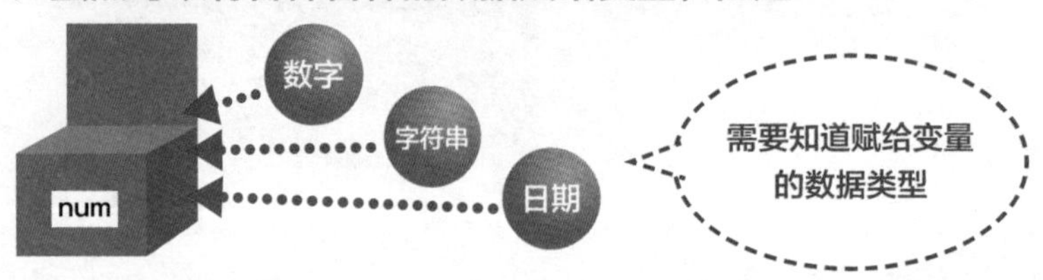

不同数据类型所占的内存大小也不同

我们将赋给变量的数据种类称为“数据类型”。变量、数据类型不同，所占内存大小也将不同。如果不事先明确数据类型，将出现内存浪费、程序运行速度变慢等问题。明确数据类型不仅仅可以减少内存浪费，还能让代码变得容易阅读。

当处理的数据量不大时，数据类型不会对处理速度有很大的影响，但是在处理大量数据的宏时，会对处理速度有很大影响。

在As后面写入数据类型

接下来继续学习Excel宏，以下Sub过程，我们经常看到的代码格式不是“Dim num”而是“Dim num As Long”。“As Long”是一种明确数据类型的写法。如果以“Dim num As Long”格式进行变量声明，只需要将Long类型数据赋给变量num，即可声明变量。

▶ 指定数据类型并声明变量

```
Dim␣变量名␣As␣数据类型
```

变量名　　数据类型

```
Sub␣使用变量的宏()
␣␣␣␣Dim␣num␣As␣Long

␣␣␣␣num␣=␣Range("E1").Value
␣␣␣␣Range("E2").Value␣=␣Int(num␣*␣0.08)
␣␣␣␣Range("E3").Value␣=␣Int(num␣*␣1.08)
End␣Sub
```

类型明确的变量声明

Long是一种只取整数的长整型数据，其取值范围从-2147483648到2147483648，我们将在下一节进行详细学习。

[各种各样的数据类型]

33 数据类型有哪些

学习要点

前面章节中，我们已经大致学习了变量数据类型。本节将学习具体的数据类型，说的再详细点，我们将一边创建仅自己使用的简单宏，一边慢慢去熟悉这些数据类型。

变量数据类型与单元格数据类型相似

常用的Excel单元格数据类型有3种，分别是数值、日期、字符串。赋给变量的数据类型与单元格内输入的数据类型相似。VBA用Date声明赋予日期数据的变量，用String声明赋予字符串数据的变量。单元格的数据类型中还有一种用TRUE或者FALSE表示逻辑值的数据类型，VBA是用表示逻辑值的Boolean数据类型声明变量。

▶日期、字符串、逻辑值类型

数据类型	赋值范围	占用的内存大小
Date（日期类型）	公元100年1月1日~公历9999年12月31日	8个字节
String（字符串类型）	字符串数据	10个字节+字符串长度
Boolean（布尔类型・逻辑类型）	True或者False	2个字节

单元格中的日期类型与VBA中的Date(日期类型）相似。但是，单元格内可输入的最早日期为1900年1月1日，而VBA中的日期型变量却可以从100年1月1日开始处理，这是两者之间存在的细微差异。

数值型数据分类

变量中的数值型数据类型比单元格的数值型数据类型分类更详细。VBA能处理的数值大体上可以分成不包含小数部分的数值与包含小数部分的数值这两种。常用Integer型与Long型是表示只可以赋值整数的数据类型。另外，Double型表示可以赋值给含有小数数值的数据类型。

▶ 整数型数据

数据类型	赋值范围	占用的内存大小
Integer（整数类型）	-32 768 ~ 32 767之间的整数	2个字节
Long（长整数类型）	-2 147 483 648 ~ 2 147 483 647之间的整数	4个字节

▶ 小数型数据

数据类型	可以赋值的数据	占用的内存大小
Single（单精度浮点数值）	0或者1.401298E-45~3.402823E38正负绝对值	4个字节
Double（双精度浮点数值）	0或者4.94065645841247E-324~1.79769313486232E308Z正负绝对值	8个字节
Currency（通货类型）	-922 337 203 685 477.5808 ~ 922 337 203 685 477.5807	8个字节

要点 如何选择数值型中的数据类型

因为数据类型有很多，我们可能会因为不知道使用哪种类型比较好而感到不知所措。当赋给变量的数据只有整数时，建议使用Long型数据。为了在使用变量时减少内存浪费和加快运行速度，原则上我们使用占用更小内存的数据类型。但VBA是1990年左右创建的一种通用自动化编程语言，当时占用的计算机内存容量很小，数据类型大小也是按照当时的状况要求设计的，就当时而言，Integer内存大小是合适的，但为了符合目前的情况，需要提升计算机性能和扩大处理的数据量。Integer最大赋值整数为32 767，所以经常会出现数据不完整的情况。因此，只要没有特殊原因，考虑使用Long处理整数数据将不会有太大问题。同样地，我们建议使用Double处理含小数的数值。此外，原则上，计算机在进行小数运算时也常出错，为了完全消除误差，我们还将追加暂将小数转换成整数的处理。

其他常用数据类型

Variant型可以被赋予数值、字符串、日期等任何种类数据的类型。因为可以被赋予任何种类的数据，所以占用内存也比较大。Object型是与本书中所学变量不同的一种变量。本书中学习的变量是可以被比喻成是将值存放在标有名称的箱子，但是Object型不是将值存放在标有名称的箱子内，而是存放在内存地址中。为了理解Object型变量，就必须要知道第9章之后介绍的有关于对象的知识。

▶其他数据类型

数据类型	赋值范围	占用的内存大小
Variant（变体类型）	所有类型的数据	数值16个字节 字符串22个字节+字符串长度
Object（对象类型）	引用的对象	4个字节

Object（对象型）在第14章将有所涉及（对象变量），Object（对象型）是在未指定赋值对象的情况下使用的数据类型。

未指定类型的情况下将自动使用Variant型

在13节中与As Long一样，没有对Variant做明确叙述。像这样省略“As 数据型”声明变量，可以赋予变量任何数据的数据类型就是Variant型。学习本章后使用Variant不会有太大问题。但要是使用很多Variant型变量处理大量数据时，可能会造成内存浪费，并且宏运行速度也将变慢。刚开始，因不知道使用哪种类型好而感到不知所措的时候，我们可以先试着考虑使用Date、String、Long、Boolean中的任意一个解决看看，如果不行，就使用Variant，让我们按照这种方式逐渐熟悉数据类型。

[变量的有效范围]

34 养成每个Sub过程都声明变量的习惯

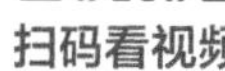

学习要点

有人会想，当多个Sub过程内存在的变量名称与类型都相同时，是否可以集中声明变量呢？基本上每个Sub过程都要进行变量声明。创建多个Sub过程组合的宏时，需要运用到Sub过程外部变量声明。

必须要每个Sub过程都声明变量吗

经常会有人觉得相同数据类型的变量出现在两个以上的Sub过程内，便不需要变量声明。例如，Dim num As Long变量声明在多个Sub过程内运行时，便会觉得“是不是在其中的某一个Sub过程内声明变量就可以了”。

▶ 过程级变量

```
Option Explicit

Sub sample1()
    Dim num As Long        在Sample1内部声明变量num
    num使用什么处理
End Sub

Sub sample2()
    Dim num As Long        在Sample2内部声明变量num
    num使用什么处理
End Sub
```

虽然变量名称相同都是num，但这两个变量中的num 却完全没有关系，也不会互相影响到对方。

模块级变量与过程级变量

实际上，要是在Sub过程外进行变量声明，能让一个变量在多个Sub过程内使用。按照以下写法，不管从sample1 Sub过程还是从sample2 Sub过程，都可以使用Long类型变量num。我们把这种在Sub过程外部声明的变量称为“模块级变量”，与之相对的，将此前本书中所学习的在Sub过程内部声明的变量称为“过程级变量”。

▶模块级变量

```
Option␣Explicit
Dim␣num␣As␣Long

Sub␣sample1()
␣␣␣␣num使用什么处理
End␣Sub

Sub␣sample2()
␣␣␣␣num使用什么处理
End␣Sub
```

在Sub 过程外部声明变量num

因为是在Sub过程外部声明变量，所以sample1 Sub过程与sample2 Sub过程共用变量num，它们将互相影响，所以处理时需要注意。

Sub过程间的数据共用模块级变量

如果使用模块级变量，那么，两个以上的Sub过程可以共用一个变量，但由于Sub过程内声明相同数据类型变量无效，所以尽量不要使用模块级变量。模块级变量是在创建多个Sub过程组合的宏时运用。本书只介绍Excel VBA中最基础的知识，所以并没有涉及模块级变量，但在创建处理特别复杂的宏时，我们将组合多个Sub过程做成1个Excel宏。模块级变量是在处理多个Sub过程数据时使用。即便多个Sub过程中出现相同数据类型的变量，也还是需要每个Sub过程都进行变量声明。

模块级变量是在创建多个Sub过程组合的宏时使用，目前，我们只需要使用过程级变量。

第6章

学习条件分支

与Excel中的IF()函数一样，条件分支可以根据不同条件执行不同操作流程。本章我们将学习VBA条件分支之一的IF语句。

[条件分支]

35 了解条件分支

本章的“条件分支”与下一章的“循环控制”均是可以根据不同条件执行不同操作流程的语句。掌握这两个语句，就可以创建出根据不同条件执行不同操作，或者循环执行相同操作的宏。

“条件分支”是迈向更高级编程的第一步

到目前为止，我们所创建的宏都是按自上而下的顺序依次运行代码的，所以操作流程不会有大的变化。运用本章学习的“条件分支”，可以根据不同条件执行不同操作流程。通过接下来的内容，我们将更进一步深入学习编程。VBA条件分支中包含“IF语句”“Select case 语句”和“On Error语句”3种，本书中我们将学习最基础的IF语句。通常，只会将条件分支分成“IF语句”和“Select case 语句”，但为了让初学者更容易掌握学习的内容，我们将“On Error语句”也分在了广义的条件分支中。

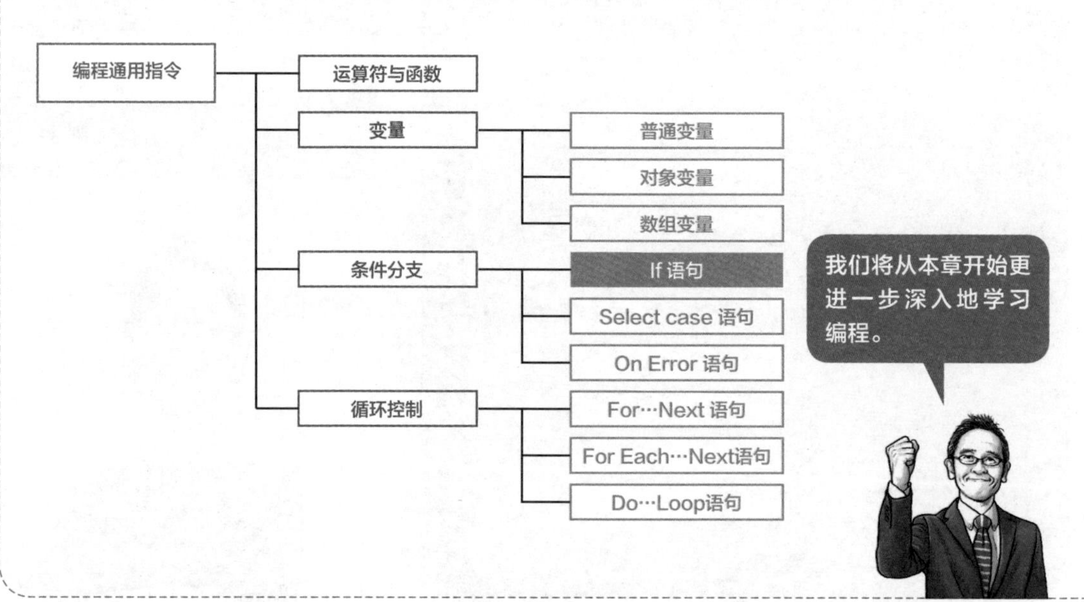

判定合格与否的宏中的条件分支

第10节中判定合格与否的宏内有两处条件分支，分别是运行宏之后显示的“是否进行合格判定？”对话框，与B列根据A列的值返回“合格”或者“不合格”数据这两处。我们先学习第二处的条件分支。

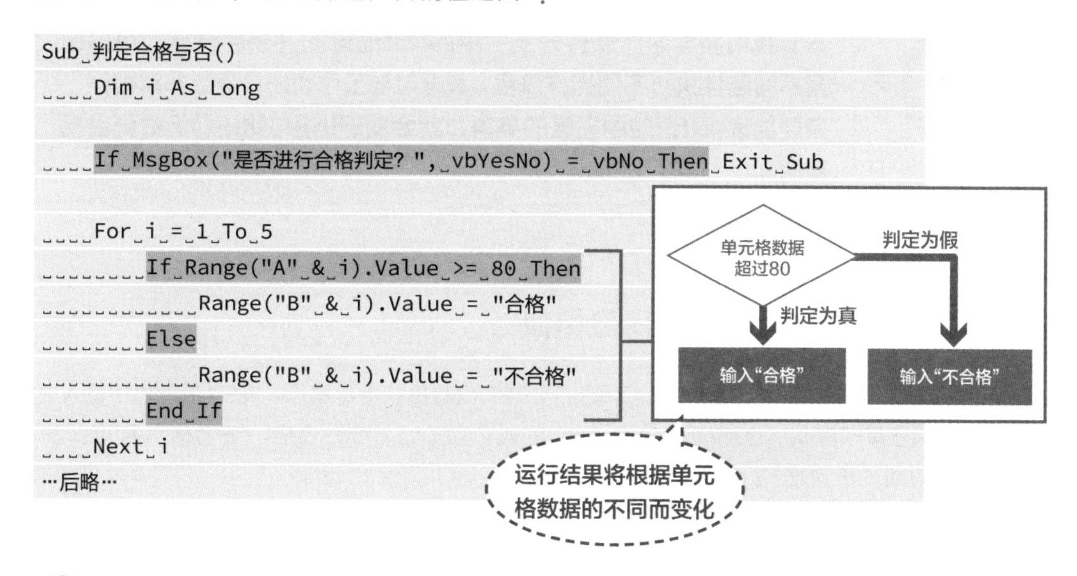

```
Sub␣判定合格与否()
␣␣␣␣Dim␣i␣As␣Long

␣␣␣␣If␣MsgBox("是否进行合格判定？",␣vbYesNo)␣=␣vbNo␣Then␣Exit␣Sub

␣␣␣␣For␣i␣=␣1␣To␣5
␣␣␣␣␣␣␣␣If␣Range("A"␣&␣i).Value␣>=␣80␣Then
␣␣␣␣␣␣␣␣␣␣␣␣Range("B"␣&␣i).Value␣=␣"合格"
␣␣␣␣␣␣␣␣Else
␣␣␣␣␣␣␣␣␣␣␣␣Range("B"␣&␣i).Value␣=␣"不合格"
␣␣␣␣␣␣␣␣End␣If
␣␣␣␣Next␣i
…后略…
```


If 语句比IF()函数嵌套更容易理解

使用工作表IF()函数执行条件分支时，经常会在IF()函数中嵌套IF()函数。除了“合格”“不合格”这两种条件分支之外，还可以根据分数条件，执行A、B、C、D判断，包含这类条件分支的示例有很多，一点都不特殊。公式内嵌套3个以上IF()函数时，很难弄懂将执行怎样的编程操作，因此，可能有人不擅长运用IF()函数（条件分支）。不过请放心，VBA If语句写法会比嵌套IF()函数写法更容易阅读、更容易理解。

在完全不理解IF()函数的情况下思考复杂的嵌套公式，确实会比本书中学习的宏困难得多。

[If语句基础]

36 学习If语句基础知识

本节我们将学习“条件分支”中的“If语句”，“条件分支”可以根据不同条件执行不同操作流程。If语句与工作表IF()函数非常相似，只要能读懂If语句中省略的英语，就会发现If语句比IF()函数更容易理解。

条件分支与工作表IF()函数相似

条件分支与工作表IF()函数相似。A1单元格输入的值大于等于80时，B1单元格返回“合格”，否则返回“不合格”。如果使用工作表IF()函数执行上述操作，在B1单元格中输入公式“=IF(A1>=80,"合格", "不合格"”即可。

▶用工作表函数执行条件分支

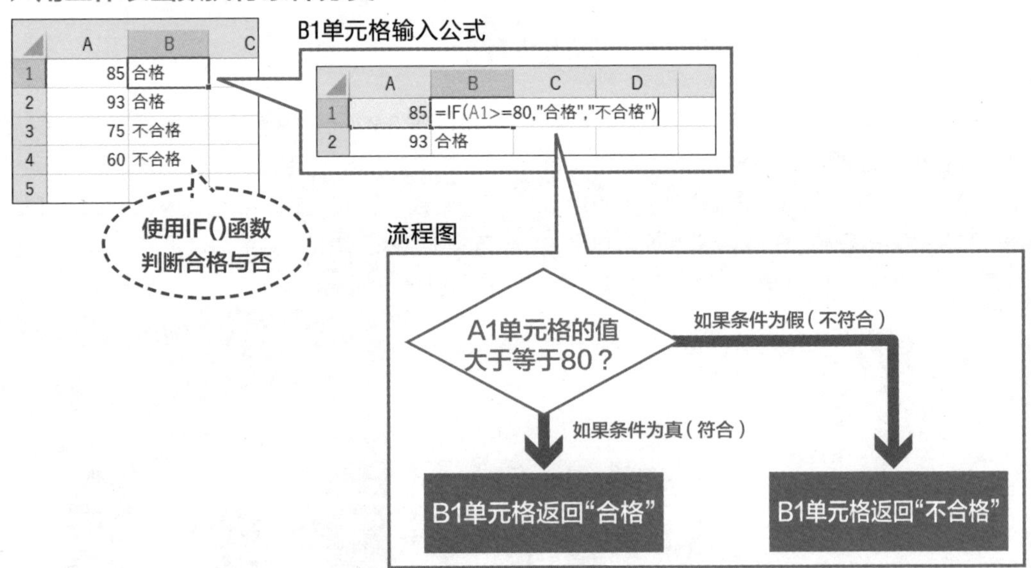

使用VBA中If语句描述条件分支操作

使用VBA中IF语句执行工作表IF()函数操作。运行以下宏，如果A1单元格的值大于等于80，则执行第3行“Range("B1").Value="合格"”，B1单元格返回“合格”字符串。如果A1单元格的值小于80，则执行第5行“Range("B1").Value="不合格"”，B1单元格返回“不合格”字符串。VBA的If语句“If Range("A1").Value>=80”相当于IF()函数第1参数“A1>=80”，“Range("B1").Value>="合格"”相当于IF()函数第2参数“合格”，“Range("B1").Value>="不合格"”相当于IF()函数第3参数“不合格”。

▶ If语句示例

```
001 Sub 条件分支的宏()
002     If Range("A1").Value >= 80 Then……
003         Range("B1").Value = "合格"……… 根据条件表达式判断
004     Else                              A1大于等于80时执行的指令
005         Range("B1").Value = "不合格"…… A1小于80时执行的指令
006     End If
007 End Sub
```

▶ If语句结构

```
If 条件表达式 Then
    条件表达式为真（符合）时执行的指令
Else
    条件表达式为假（不符合）时执行的指令
End If
```

“（如果）符合If条件表达式Then(那么)，即条件判断为真时，执行Then后面语句；Else(否则)即条件判断为假时，则执行Else后面语句”，只要能读懂上述If语句中省略的英语，就会发现If语句比仅用逗点分隔的IF()函数更容易理解。

VBA比较运算符与工作表比较运算符相同

“If Range("A1").Value>=80 Then”代码中的“>=”是比较左右两边数据的比较运算符。VBA比较运算符与工作表比较运算符相同。

▶VBA运算符

运算符	含义
=	左边等于右边时为真
<>	左边不等于右边时为真
>=	左边大于等于右边时为真
>	左边大于右边时为真
<=	左边小于等于右边时为真
<	左边大于右边时为真

比较运算符是比较左边与右边，判断为真时返回True值，判断为假时则返回False值。编程中经常出现True与False，我们会在接下来的章节中慢慢熟悉。

要点 If语句缩进效果要清楚明确

增加缩进的If语句代码比之前创建的未增加缩进的Sub过程更容易理解。以下代码虽然未增加缩进也能正常运行，但代码本身的含义比较难理解。未增加缩进，就很难区分“If Range("A1").Value>=80 Then”“Else”和“End If”这三行条件分支代码与“Range("B1").Value="合格"”“Range("B1").Value="不合格"”这两行实际运行代码。

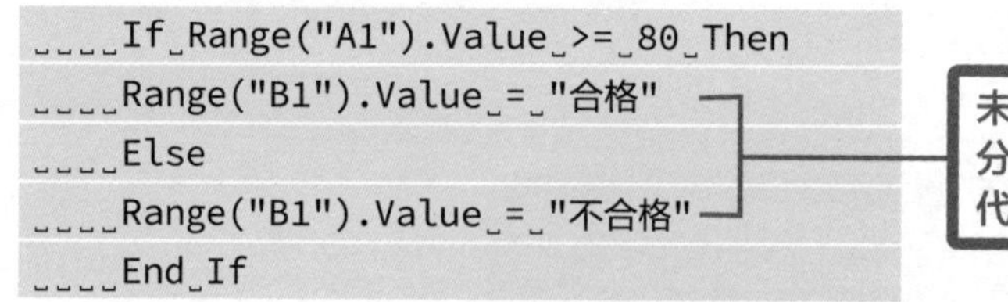

```
    If Range("A1").Value >= 80 Then
    Range("B1").Value = "合格"
    Else
    Range("B1").Value = "不合格"
    End If
```

未增加缩进，所以很难区分开结构代码与实际运行代码

创建条件分支的宏

1 只输入If语句结构代码 最简单易懂的ExcelVBA.xlsm

我们将试着创建含有If语句的宏。创建Sub过程❶，输入If语句结构代码❷。

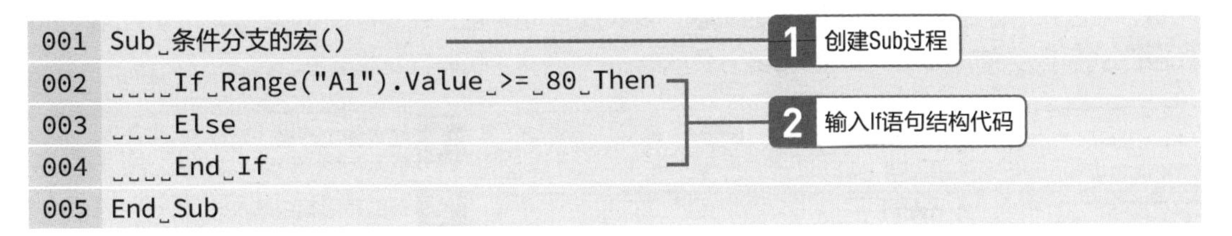

```
001 Sub 条件分支的宏()
002     If Range("A1").Value >= 80 Then
003     Else
004     End If
005 End Sub
```


2 输入实际运行的代码

接下来，输入实际运行的代码。首先从If语句结构代码开始增加缩进。

```
001 Sub 条件分支的宏()
002     If Range("A1").Value >= 80 Then
003         Range("B1").Value = "合格"
004     Else
005         Range("B1").Value = "不合格"
006     End If
007 End Sub
```

输入实际运行的代码

增加缩进

要点 输入结构代码

If语句由If起始行与Else、End If多行语句组合而成。如果单纯地按照自上而下顺序输入这样的多行语句代码，就很容易忘记结尾行的“End If”。就像运行第10节中合格与否判定的宏那样，循环控制中含有If语句的情况下，一旦忘记输入“End If”，将很难发现出错位置。编写多行语句代码时，要养成先输入结构代码的习惯。下一章学习的ForNext也是如此，同样需要先输入结构代码。

逐语句运行含条件分支的宏

1 在A1单元格中输入80后逐语句运行宏

为了确认宏代码的运行步骤，我们将逐语句运行宏。首先插入新工作表❶，在A1单元格中输入80❷，然后开始逐语句运行条件分支的宏❸。多次按F8功能键，在“If Range("A1").Value>=80 Then”代码行变成黄色后，“If Range("B1").Value>=合格”代码行变成黄色。

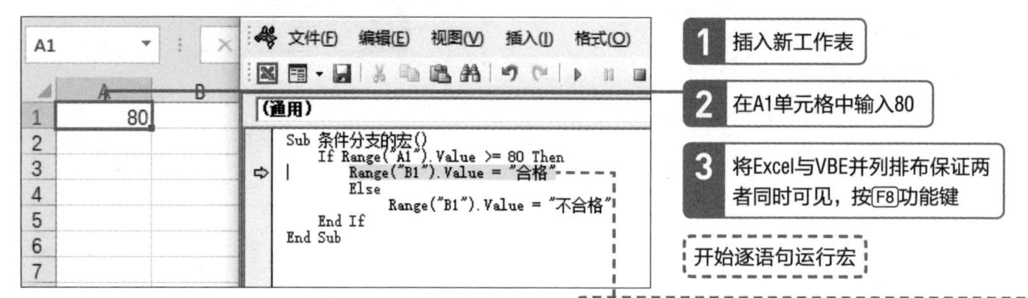

1 插入新工作表
2 在A1单元格中输入80
3 将Excel与VBE并列排布保证两者同时可见，按F8功能键
开始逐语句运行宏
在A1单元格内输入80，在“If Range("A1").Value>=80 Then”代码行变黄色后，“If Range("B1").Value>=合格”代码行变成黄色。

2 继续逐语句运行宏

按F8功能键，在B1单元格输入“合格”，“Else”“Range("B1").Value="不合格"”代码行未变成黄色，End If代码行变成黄色。

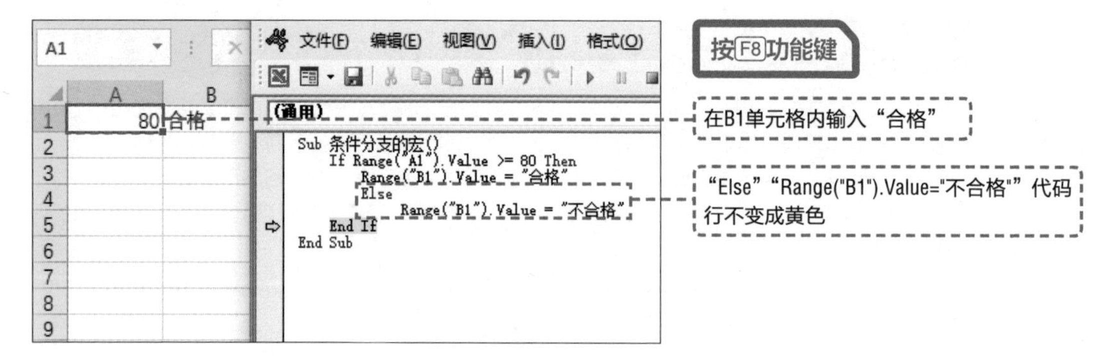

按F8功能键
在B1单元格内输入“合格”
“Else”“Range("B1").Value="不合格"”代码行不变成黄色

3 结束逐语句运行宏

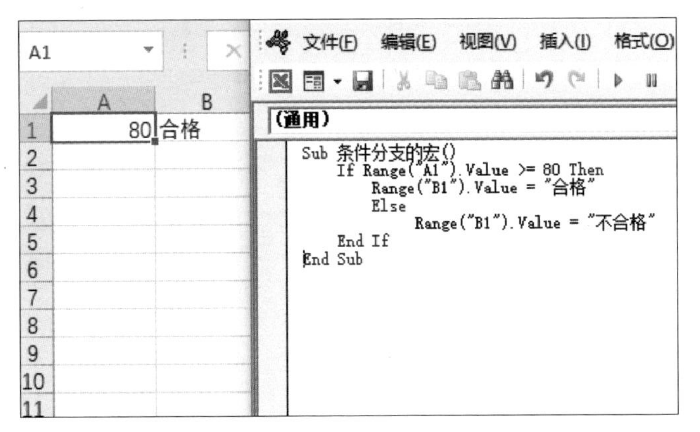

4 在A1单元格中输入79后再次逐语句运行宏

将A1单元格中的值改成79❶，删除B1单元格内的“合格”❷，然后再次按下F8功能键逐语句运行宏❸。

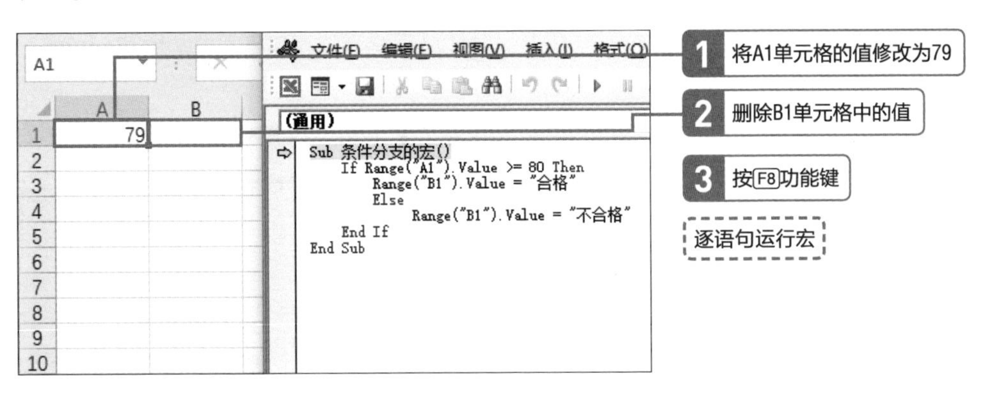

通过逐语句运行宏，可以清晰地查看If语句操作步骤。请务必反复执行逐语句运行操作，实际感受下条件分支是如何根据不同条件执行不同操作的。

5 确认变成黄色的Else代码行

“If Range("A1").Value>=80 Then”代码行变成黄色后，按F8功能键，“Else”代码行将变成黄色。由于A1单元格输入的79不符合条件表达式“If Range("A1").Value>=80”的判定条件，所以“If Range("B1").Value="合格"”代码行变成黄色。

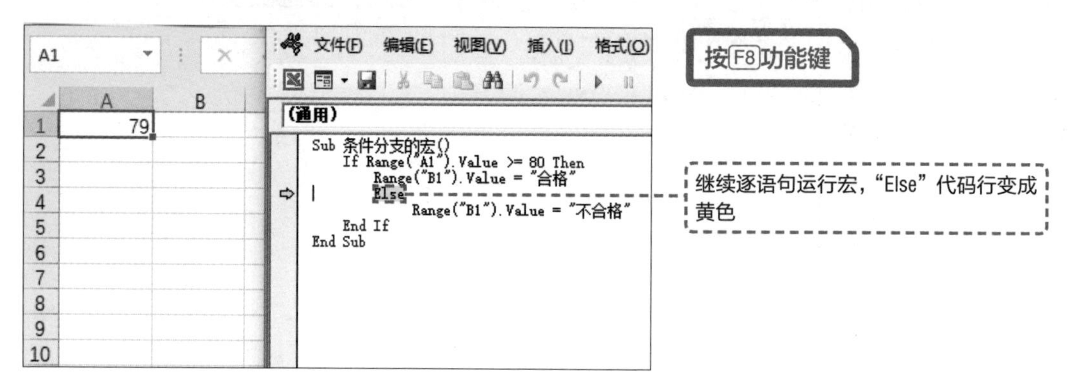
按F8功能键
继续逐语句运行宏，“Else”代码行变成黄色

6 继续逐语句运行宏

按F8功能键，“If Range("B1").Value="不合格"”代码行变成黄色，然后再按F8功能键，B1单元格中输入“不合格”。

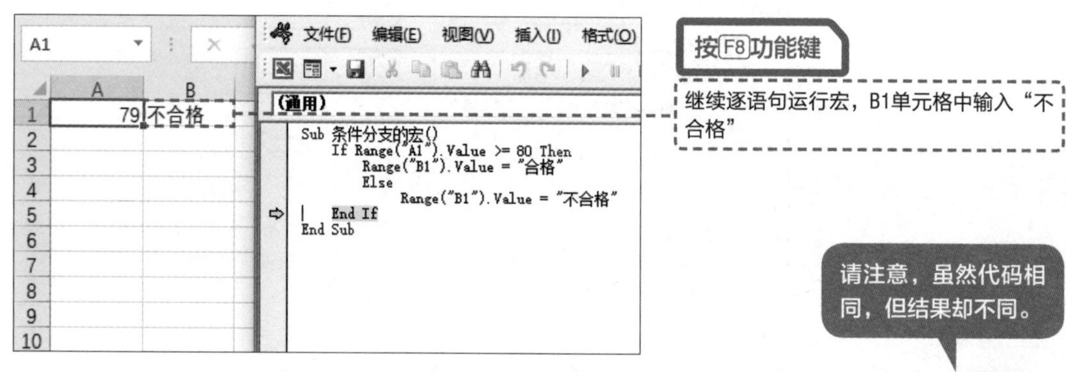
按F8功能键
继续逐语句运行宏，B1单元格中输入“不合格”

请注意，虽然代码相同，但结果却不同。

7 结束逐语句运行宏

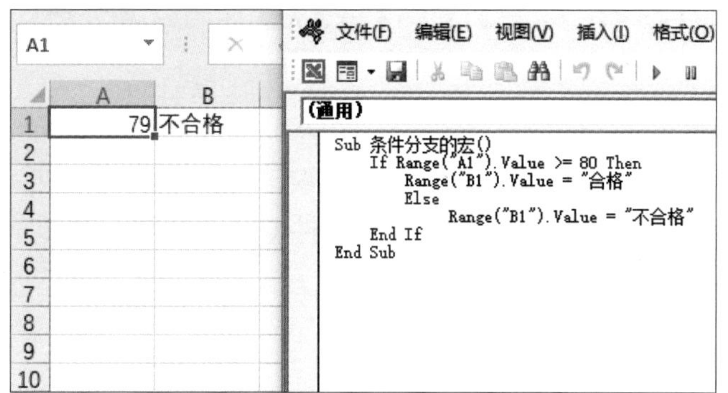

按两次F8功能键

逐语句运行宏结束

要点 编译VBA Project

编写完代码后，选择“调试”菜单栏中的“编译VBA Project”命令，可将人为写的代码翻译成计算机语言编程输出，以便在运行程序的支持下运行的操作。

选择该命令

虽然VBA本身可以自动编译，但适当地手动编译可以更快地发现编程语法错误，比如If语句与下一章要学习的For~Next语句。养成写完多行组合代码后执行编译的习惯，有助于缩短查找错误的时间。此外，如果代码中写有Option Explicit语句，还能查找出第31节中提到的变量类型错误。习惯用访问键的人也可以试着按Alt→D→L键执行操作。另外，编译运行后，若代码没有变化，“编译VBA Project”命令将显示为灰色，即处于不可使用状态，一旦代码有变化，才可以使用该命令。

[不含Else子句的If语句]

37 学习不含Else子句的If语句

我们在之前的章节中，学习过If语句的基础知识，If语句中有时候只含有“如果是0的话”条件，没有“否则”条件（Else条件)。本节我们将学习不含Else子句的If语句。

不含Else子句的If语句

If语句有时候会不含“否则”条件，也就是不含Else条件。运行以下宏，如果A2单元格的值大于等于80，B2单元格则显示“合格”，如果A2单元格的值小于80，则不执行任何语句。

不含Else子句的If语句可以直接写成1行代码。将不含Else子句的If语句写成1行代码时，不需要写“End If”子句。

▶不含Else子句的If语句

```
Sub 不含Else子句的If语句()
    If Range("A2").Value >= 80 Then
        Range("B2").Value = "合格"
    End If
End Sub
```

▶不含Else子句的If语句（1行示例）

代码写成1行时不需要写End If子句

```
Sub 不含Else子句的If语句1行()
    If Range("A3").Value >= 80 Then Range("B3").Value = "合格"
End Sub
```

程序代码易读性与文章的易读性有很多共通性，通常代码行数越多越不容易阅读。将不含Else子句的If语句写成1行，可以达到减少Sub过程代码行数的效果。

○ 创建、运行含If语句的宏，但此If语句中不含Else子句

1 创建Sub 过程 最简单易懂的ExcelVBA.xlsm

试着创建以下Sub过程。

```
001 Sub 不含Else子句的If语句()
002     If Range("A2").Value >= 80 Then
003         Range("B2").Value = "合格"
004     End If
005 End Sub
```

输入代码

2 输入79后逐语句运行宏

创建完Sub过程后，在A2单元格中输入79❶，然后逐语句运行宏❷，“Range("B2").Value="合格"”代码行不变成黄色，而且B2单元格也没有发生任何变化。

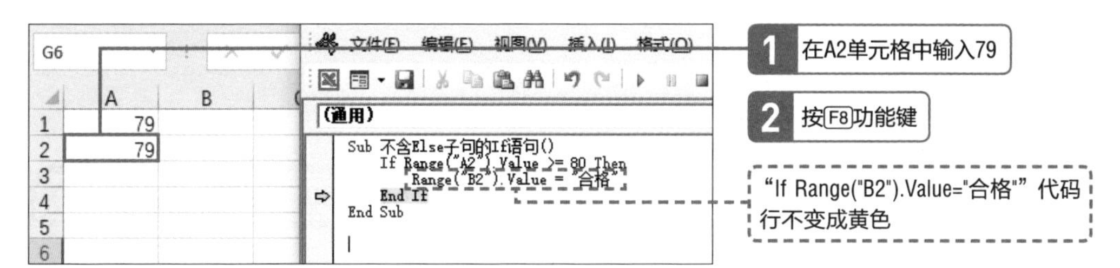

3 输入80后再次逐语句运行宏

紧接着，将A2单元格中的值改成80后再次逐语句运行宏，这次“Range("B2").Value="合格"”代码行将变成黄色，同时B2单元格被赋予“合格”。

将不含Else的If语句写成1行语句并逐语句运行时，先运行“If Range("A3").Value>=80 Then”代码，然后再运行“If Range("B3").Value="合格"”代码。

[多分支If语句]

38 学习多分支If语句

扫码看视频

学习要点

使用工作表IF()函数时，经常会在IF()函数中嵌套IF()函数，创建出含有多个分支条件的IF()函数。虽然VBA的If语句中也可以嵌套If语句，但VBA自身有配置结构相似且更容易阅读的ElseIf…Then语句以替代多层嵌套If语句。

使用ElseIf结构添加分支

通过在工作表IF()函数中添加分支条件，可以对IF()函数进行嵌套。例如，将A1单元格的值按80和60分为3个阶段，并返回"合格""保留"和"不合格"。在B1单元格内输入公式"=IF(A1>=80,"合格",IF(A1>=60,"保留","不合格"))"即可。虽然VBA可以通过嵌套If语句的方式添加分支条件，但在If语句中追加ElseIf…Then语句会更容易理解。

▶ IF()函数的嵌套

	A	B	C	D
1	80	合格		

B1: =IF(A1>=80,"合格",IF(A1>=60,"保留","不合格"))

=IF(A1>=80, "合格" ,IF(A1>=60, "保留" , "不合格"))

▶ 类似于IF()函数嵌套的宏

```
001 Sub 要进行条件分支的宏()
002     If Range("A1").Value >= 80 Then
003         Range("B1").Value = "合格"
004     ElseIf Range("A1").Value >= 60 Then…添加的分支条件
005         Range("B1").Value = "保留"…………根据添加的分支条件所运行的宏
006     Else
007         Range("B1").Value = "不合格"
008     End If
009 End Sub
```

追加ElseIf的Sub过程

当If、ElseIf、Else这3个子句构成的条件分支不满足第1个子句If条件表达式时，则执行第2个（ElseIf）条件表达式。也就是说不满足If条件表达式时，执行Else指定的操作。接下来让我们先运行左边的宏，如果A1单元格的值大于等于80，则执行第3行“Range("B1").Value="合格"”，B1单元格显示“合格”字符串。如果A1单元格的值大于等于60而小于80，则执行第5行“Range("B1").Value="保留"”，B1单元格显示“保留”字符串。如果A1单元格的值小于"60"，则执行第7行“Range("B1").Value="不合格"”，B1单元格显示“不合格”字符串。

▶ 运行条件分支的宏

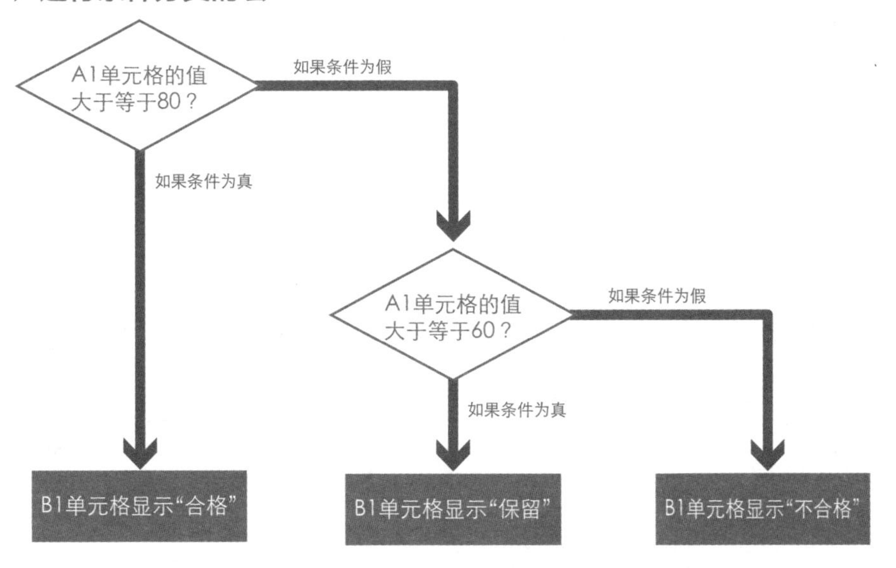

只要能看懂简单的英语就可以了，所以在很多人看来VBA If语句中的ElseIf…Then比IF()函数嵌套更容易理解。我们将在下一页进行实例操作。

创建与运行含多分支语句的宏

1 编写Sub过程 最简单易懂的ExcelVBA.xlsm

编写36节创建的Sub过程，并试着创建含多分支语句的宏。

```
001 Sub 要进行条件分支的宏()
002     If Range("A1").Value >= 80 Then
003         Range("B1").Value = "合格"
004     ElseIf Range("A1").Value >= 60 Then
005         Range("B1").Value = "保留"
006     Else
007         Range("B1").Value = "不合格"
008     End If
009 End Sub
```

输入代码

写代码时，如果在Else与If之间加入空格写成Else If，将出现21节中介绍的变红色错误提示。

2 逐语句运行Sub过程

一边变更A1单元格的值一边多次逐语句运行条件分支宏。

按F8功能键逐语句运行Sub过程

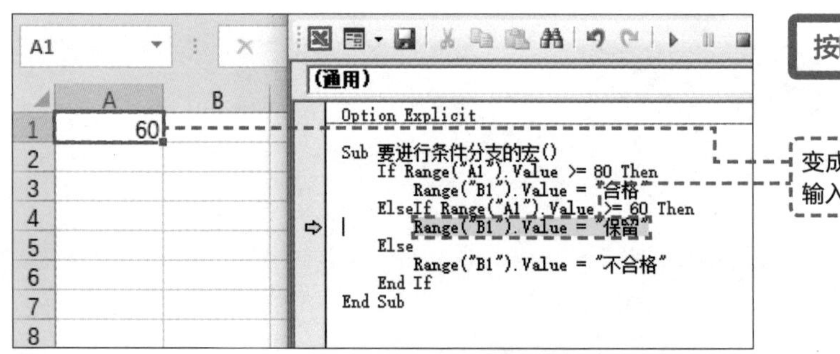

变成黄色的代码行将根据A1单元格内输入值的变化而变化

我们在写执行条件分支的Sub过程时，要仔细地测试下分支条件前后的值是否按照预想执行操作。

要点 And条件语句和Or条件语句的写法

使用IF()函数的同时再指定And条件语句，其实就是组合运用AND()函数，在VBA中要运用And运算符。当A4单元格的值大于等于60且小于80时，B4单元格显示“保留”，满足此条件的Sub过程写法如下。运行此Sub过程，只有当A4单元格的值大于等于60且小于80时，B4单元格才会显示“保留”。

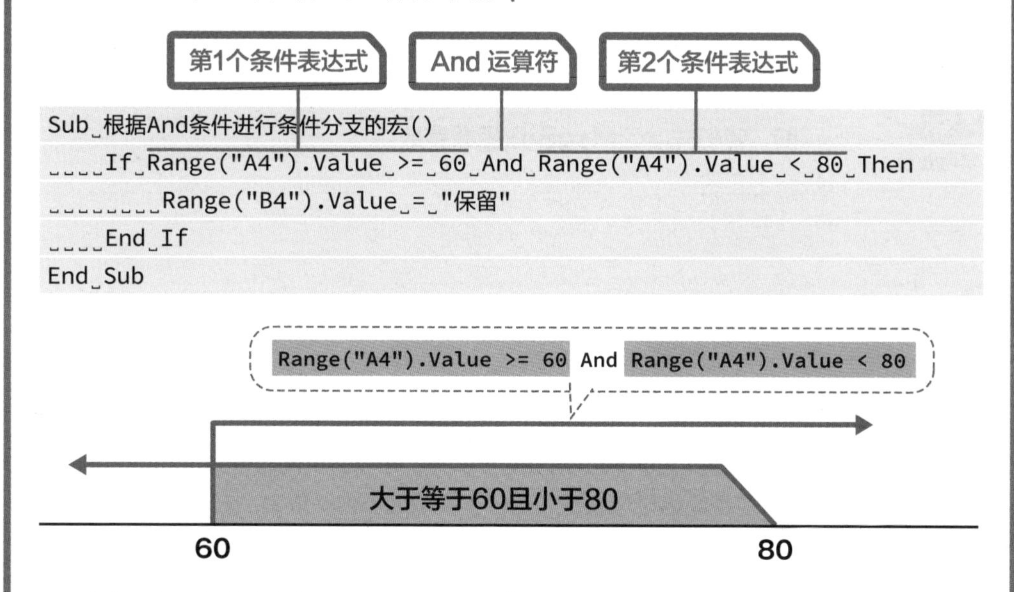

此外，条件表达式中合并部分不可以写成“If 60<=Range("A4").Value<80 Then”或者“If Range("A4").Value>=60And<80 Then”。Or条件语句同样如此，Or运算符前后的条件表达式要写成“If Range("D5").Value>=80 Or Range("E5").Value>=80 Then”，不可以写成“If Range("D5").Value Or Range("E5").Value>=80 Then”。And运算符与Or运算符都属于“逻辑运算符”。

[MsgBox函数参数]

39 设置信息提示对话框中的显示按钮

扫码看视频

学习要点

25节中学习过MsgBox函数。实际上MsgBox函数也有返回值，且还可以使用返回值执行条件分支。学习MsgBox函数条件分支前，我们先学习MsgBox函数参数。

设置显示按钮

25节中学习MsgBox宏代码运行结束后会显示“宏运行结束。”MsgBox信息提示框。实际上，MsgBox函数能指定的参数不只1个，而且还可以设置第2参数的显示按钮。运行“MsgBox "请选择按钮。", vbYesNo”代码，弹出的对话框内将显示“是”和“否”按钮。运行“MsgBox"请选择按钮。", vbOKCancel”代码，弹出的对话框内将显示“确定”和“取消”按钮。此处指定的值“vbYesNo”和“vbOKCancel”被称为常数。

▶指定MsgBox函数第2参数

```
MsgBox␣"请选择按钮",␣vbYesNo
```

Microsoft Excel
请选择按钮。
是(Y) 否(N)

将第2参数指定为“vbYesNo”

```
MsgBox␣"请选择按钮。",␣vbOKCancel
```

Microsoft Excel
请选择按钮。
确定 取消

将第2参数指定为“vbOKCancel”

MsgBox函数可以指定的常数

“常数”是可以用于设置MsgBox函数值的变量，使用“常数”可以让代码更容易阅读。常数实际上是一个数值，vbYesNo实际为数值4，因此运行代码“MsgBox"请单击按钮。", 4”时，弹出的对话框内将显示“是”和“否”按钮，但只是看到4，将不明白显示的“是”和“否”按钮所表示的含义，如果将代码写成“MsgBox"请单击按钮。", vbYesNo”，便可以很容易地推断出显示的“是”和“否”按钮。在代码中使用这些常数代替实际数值，可以更容易理解代码的含义。MsgBox函数可使用的参数如下。

▶ 可以用于MsgBox函数第2参数中显示按钮的常数

常数	实际值	显示的按钮
vbOKOnly	0	“确定”
vbOKCancel	1	“确定”和“取消”
vbAbortRetryIgnoe	2	“终止”“重试”和“忽略”
vbYesNoCancel	3	“是”“否”和“取消”
vbYesNo	4	“是”和“否”
vbRetryCancel	5	“重试”和“取消”

▶ 可以用于MsgBox函数第2参数中显示图标的常数

常数	实际值	显示的按钮
vbCritical	16	“关键信息”图标
vbQuestion	32	“询问信息”图标
vbExclamation	48	“警告消息”图标
vbInformation	64	“通知消息”图标

“vbYesNo”和“vbOKCancel”开头的“vb”是Visual Basic的意思，是除Excel VBA以外，Word VBA与PowerPoint VBA也可以运用的常数接头词。在56节、64节等章中，将出现以“xl”为接头词表示Excel相关含义的常数。

组合按钮常数和图标常数

可以用加法运算组合使用显示按钮常数与显示图标常数。运行“MsgBox"是否执行? ", vbYesNo+vbQustion”代码时，将显示“是”“否”询问消息图标。

▶按钮常数和图标常数组合后的MsgBox 函数

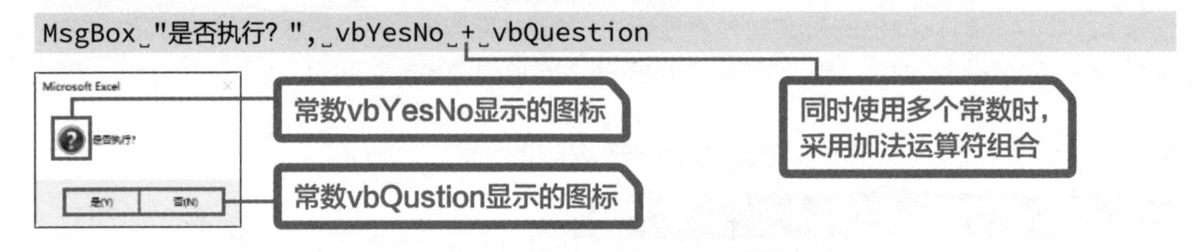

在可以用于指定MsgBox函数第2参数的常数中，除了设置按钮常数和显示图标常数以外还有其他常数。请务必试着运用帮助按钮。将光标放在代码中的MsgBox处，然后按〔F1〕功能键，即可显示MsgBox函数的帮助按钮。

创建与运行MsgBox函数宏

1 创建Sub过程 最简单的ExcelVBA.xlsm

让我们试着创建含有MsgBox 函数参数的Sub过程。

```
001 Sub␣MsgBox函数参数的确认()
002 ␣␣␣␣MsgBox␣"请选择按钮。",␣vbYesNo
003 End␣Sub
```

输入代码

2 运行Sub过程

创建好Sub过程后按F5功能键运行Sub过程，将显示“是”和“否”按钮信息提示对话框。

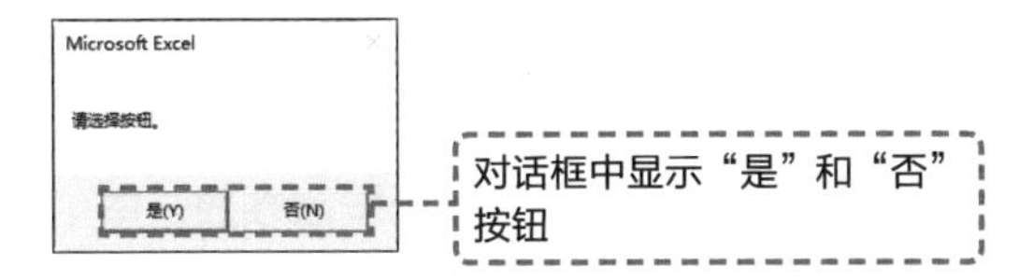

3 编写Sub过程

设置MsgBox函数第2参数为不同值，确认显示按钮的变化。下面将MsgBox函数第2参数vbYesNo设置为vbOKCancel。

```
001 Sub MsgBox函数参数的确认()
002     MsgBox "请选择按钮。", vbOKCancel
003 End Sub
```

将MsgBox函数第2参数设置为“vbOKCancel”

4 运行Sub过程

编写完Sub过程后按F5功能键运行Sub过程，显示“确定”和“取消”按钮的信息提示对话框。

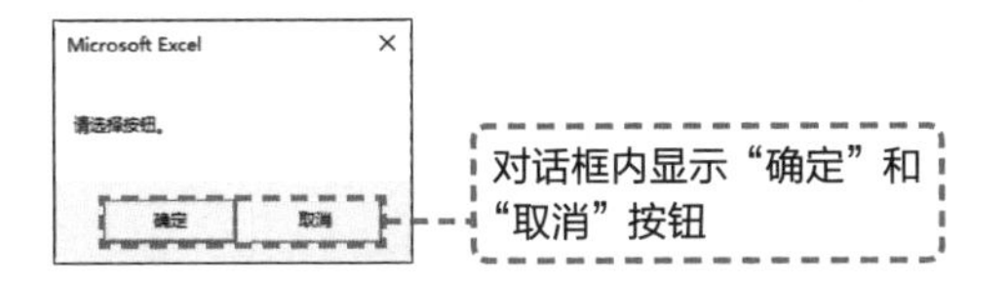

此处的Sub过程在单击按钮后不会执行任何操作，所以即使单击按钮，只要关闭对话框就不会执行任何操作。我们将在下一节中学习单击按钮后也不执行任何操作的方法。

[MsgBox函数中的条件分支]

40 学习使用MsgBox函数的条件分支

在前面的章节中，学习了如何设置MsgBox函数显示按钮参数。本节我们将学习信息提示对话框中的条件分支，也就是使用MsgBox函数返回值的分支语句。

使用MsgBox函数的条件分支

MsgBox函数可以根据单击的按钮分配数值，且将返回一个数值。如果使用If语句确认返回值，就可以判断单击了哪个按钮。在以下宏代码中，将MsgBox函数的返回值赋给变量ans，确认ans值后，便会分开执行操作。运行这个宏时，如果单击第1个对话框中的“是”按钮，则显示“单击‘是’按钮”信息提示；如果单击“否”按钮，则显示“单击‘否’按钮”信息提示。

▶ 使用了MsgBox函数条件分支的宏

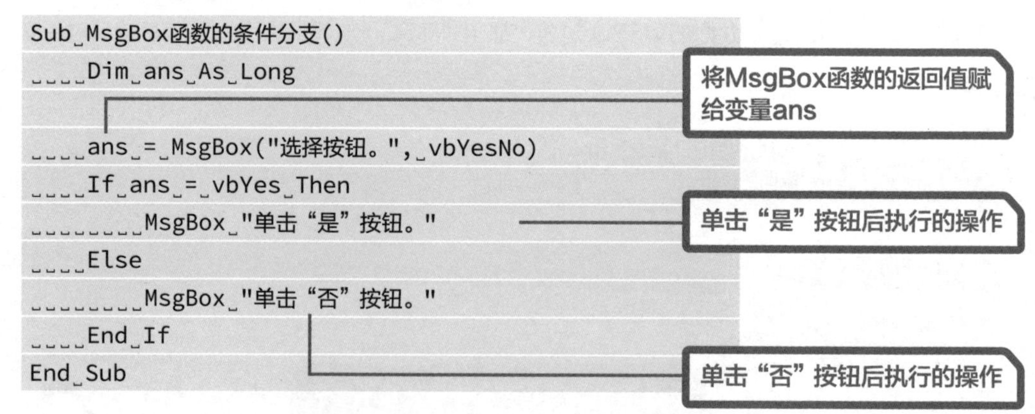

```
Sub␣MsgBox函数的条件分支()
␣␣␣␣Dim␣ans␣As␣Long

␣␣␣␣ans␣=␣MsgBox("选择按钮。",␣vbYesNo)
␣␣␣␣If␣ans␣=␣vbYes␣Then
␣␣␣␣␣␣␣␣MsgBox␣"单击“是”按钮。"
␣␣␣␣Else
␣␣␣␣␣␣␣␣MsgBox␣"单击“否”按钮。"
␣␣␣␣End␣If
End␣Sub
```

使用常数的If语句条件表达式更容易阅读

“If ans=vbYes Then”中使用的vbYes常数在前面的章节中也有学习过。单击“是”按钮，MsgBox函数的返回数值为6，所以还可以将“If ans=vbYes Then”写成“If ans=6 Then”，但是根据“If ans=6Then”代码却无法设想单击“是”按钮后的返回值。如果写成“If ans=vbYes Then”，则容易设想单击“是”按钮条件后的返回值。相较于使用返回值的条件表达式而言，使用常数的条件表达式会让代码阅读起来更容易些。

▶表示MsgBox函数返回值的常数

常数	实际值	显示的按钮
vbOK	1	“确定”
vbCancel	2	“取消”
vbAbort	3	“终止”
vbRetry	4	“重试”
vbIgnore	5	“忽视”
vbYes	6	“是”
vbNo	7	“否”

要点 MsgBox函数返回值的初始变量为vbMsgBoxResult

虽然确实是用vbMsgBoxResult变量声明MsgBox函数返回值，但因为本书主要是面向初学者所编写的，所以将使用Long声明变量。使用变量之前，首先声明变量“Dim ans As VbMsgBoxResult”，写代码时可以使用15节学习过的自动显示列表功能，这样会更方便于代码的编写。我们可以在熟悉VBA操作之后试着运用看看。

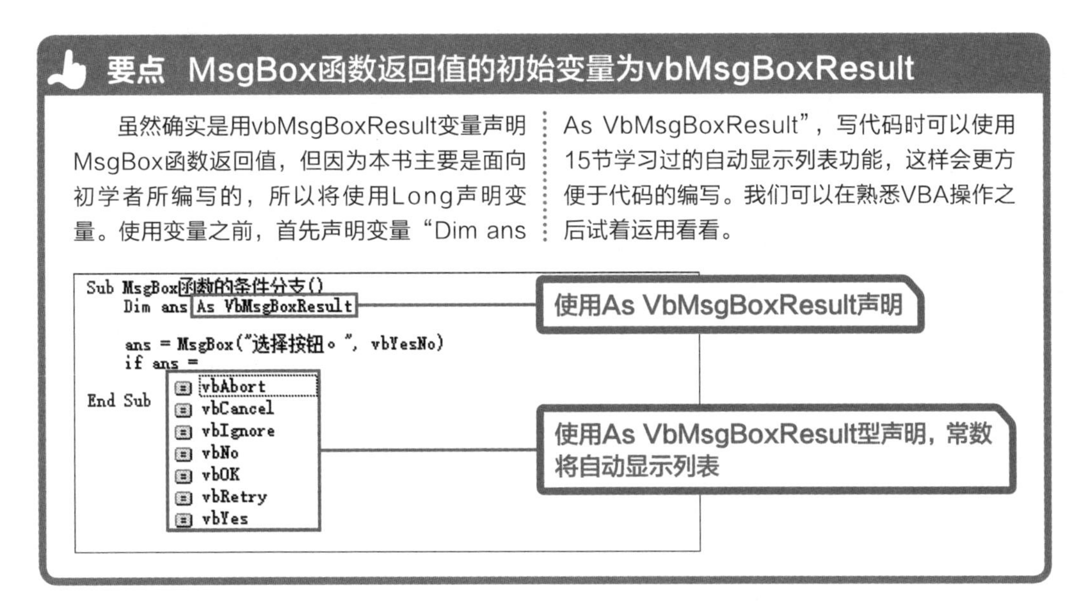

确认MsgBox函数返回值

1 确认MsgBox函数返回值代码

最简单易懂的ExcelVBA.xlsm

创建Sub过程和MsgBox函数返回值代码，然后使用本地窗口确认。

```
001 Sub MsgBox函数的条件分支()
002     Dim ans As Long
003 
004     ans = MsgBox("选择按钮。", vbYesNo)
005 End Sub
```

输入代码

2 确认MsgBox函数返回值

输入完MsgBox函数返回值代码后，显示本地窗口，然后按F8功能键逐语句运行Sub过程❶。这时，如果单击对话框中的“是”按钮，将赋值6给变量ans；如果单击“否”按钮，将赋值7给变量ans❷。

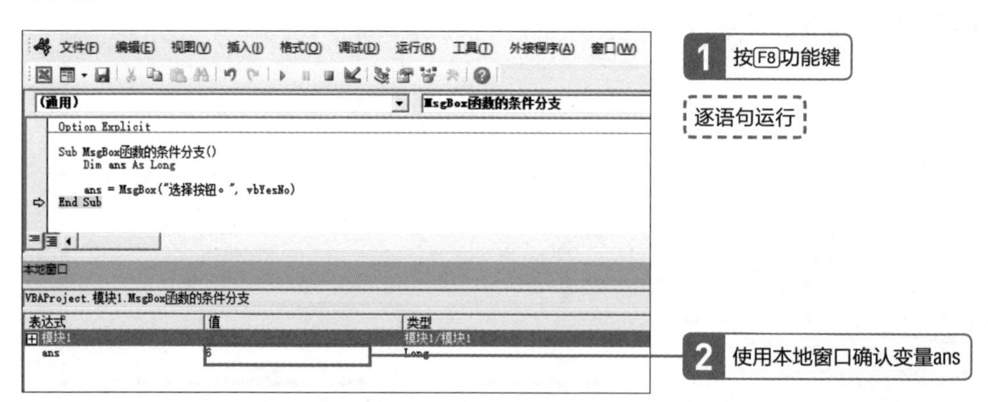

完成并运行使用MsgBox函数的条件分支宏

1 输入条件分支

确认完MsgBox函数返回值后，可以创建使用了返回值的条件分支。先输入If语句的结构代码❶，再输入显示对话框的代码❷。

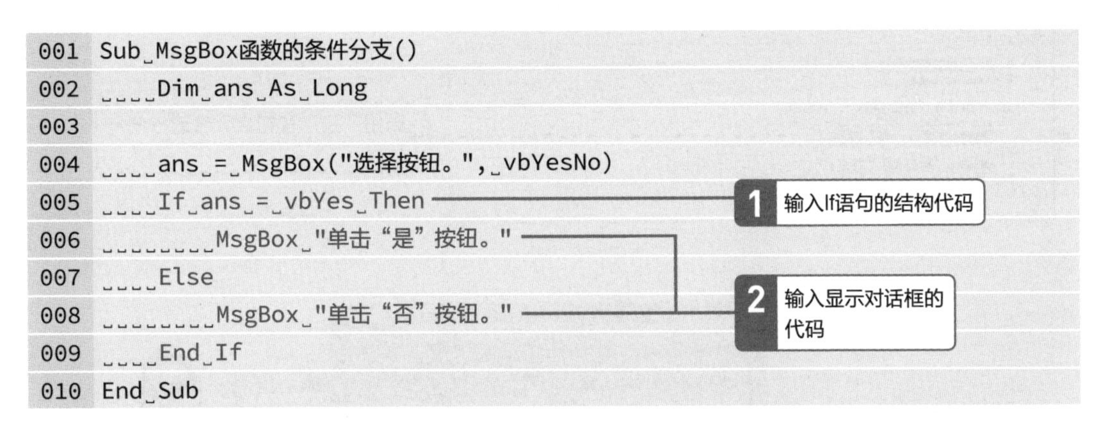

```
001 Sub MsgBox函数的条件分支()
002     Dim ans As Long
003 
004     ans = MsgBox("选择按钮。", vbYesNo)
005     If ans = vbYes Then
006         MsgBox "单击“是”按钮。"
007     Else
008         MsgBox "单击“否”按钮。"
009     End If
010 End Sub
```


要点 VBA函数不取返回值时就不需要加括号

VBA中有个规定，不取返回值时不需要加括号。运行MsgBox代码，如果单击“是”按钮，返回值应该是1（常数・vbOK），但因为不取这个返回值，所以不需要括号。尽管实际中也会存在“MsgBox单击"是"按钮。”这类代码，但仔细注意观察便会发现，MsgBox和(之间有半角空格。这个(不是MsgBox函数的括号（函数名称后的括号中没有半角空格），而是20节学习过的用于改变运算顺序的括号。不取返回值就不用加括号，这是VBA一直以来的规定。

```
    ans = MsgBox("选择按钮。", vbYesNo)
    If ans = vbYes Then
        MsgBox "单击"是"按钮。"
    Else
        MsgBox "单击"否"按钮。"
    End If
```

要取返回值所以加括号

不取返回值所以不需要加括号

2 逐语句运行Sub过程

一边使用本地窗口确认MsgBox函数返回值，一边逐语句运行“MsgBox函数的条件分支”宏。

▶单击“是”按钮后

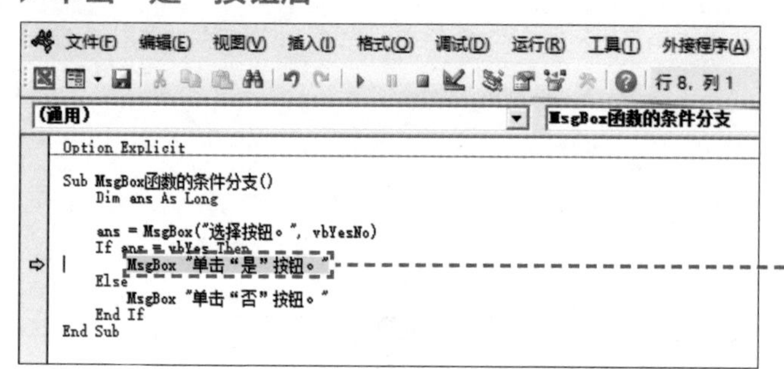

按 F8 功能键逐语句运行

单击“是”按钮后，将运行此行代码

单击信息提示对话框中的某个按钮，将返回vbYes(6)或者vbNo(7)，然后根据这个返回值执行条件分支，并显示“单击了'xx'”信息提示对话框。

要点　使用Exit Sub可以中途结束Exit Sub过程运行

使用Exit Sub指令，可以中途Exit(结束)Sub过程运行。运行以下代码时，单击信息提示对话框中的“否”按钮可以终止Sub过程，但单击“是”按钮，End If将执行如下操作。

```
    ans = MsgBox("继续处理吗? ", vbYesNo)
    If ans = vbNo Then
        Exit Sub
    End If
    做何处理
```

使用Exit Sub可以中途退出Sub过程

将上述多行代码写成1行代码的操作，11节合格与否判定的宏中“If MsgBox(是否执行合格与否判定? ", vbYesNo)=vbNo Then Exit Sub”有涉及。

```
    If MsgBox("是否进行合格判定? ", vbYesNo) = vbNo Then Exit Sub
```

第7章

学习循环控制

计算机很擅长重复多次执行同一操作。在编程中，当我们想重复执行同一个操作时可以运用循环控制，本章我们将详细讲解。

[循环控制]

41 了解循环控制

学习要点

本章要学习的“循环控制”是最后一个编程通用指令。尽管在实际学术研讨中，很多人都认为循环控制很难学，但循环控制是Excel宏当中特别常用的一个指令，所以务必要掌握。

“循环控制”能大幅度提高效率

编程通用指令的最后一个基本结构就是我们本章要学习的“循环控制”结构。一旦掌握了循环控制，当需要重复、多次执行同一操作时，只需写很少的宏语句。循环控制的操作效率远远高于手动操作的效率这一点是毋庸置疑的。反之，如果不运用循环控制，即便执行宏操作指令也不会有很高的操作效率，所以从高效率的观点出发，当需要重复执行多次操作时，建议运用循环控制编写宏代码。VBA循环控制中包含“For…Next语句”“For Each…Next语句”和“Do…Loop语句”3种循环控制语句，本书将学习“For…Next语句”。

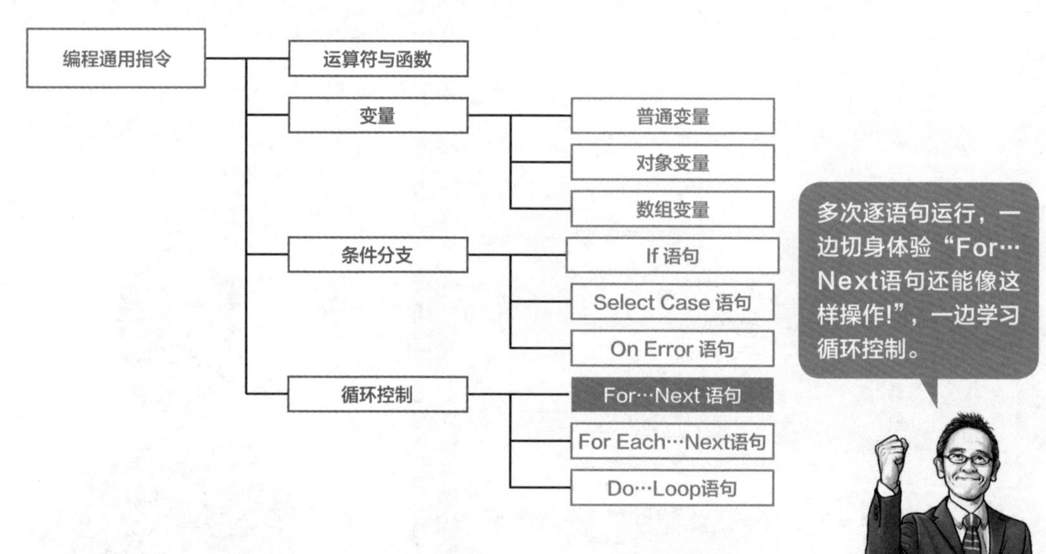

循环控制应用范围远远大于自动填充应用范围

Excel自动填充与循环控制两者功能相近。输入相同数据、等差序列数据或者类似公式时，使用自动填充可以减少数据多次输入所耗费的时间。从应用便利性上说，循环控制远超过自动填充，循环控制可以重复执行各种操作，而且还可以重复操作多个工作表和工作簿。

▶Excel自动填充

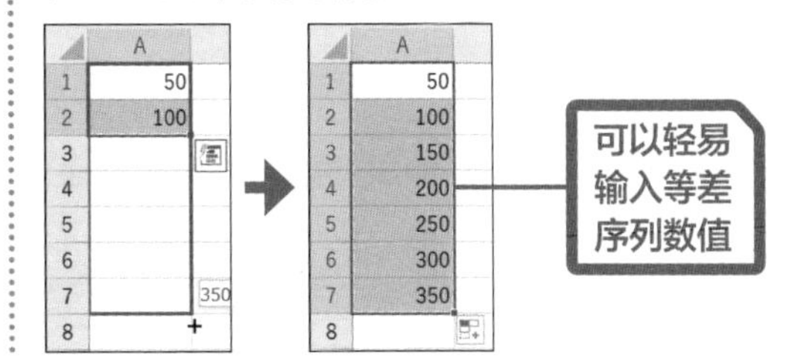

合格与否判定的宏中的循环控制

10节合格与否判定的宏当中，“For i To 5”为For…Next语句初始语句，“Next i”为结尾语句，循环控制将重复执行中间代码。以下示例中，循环控制将重复执行此条件分支。

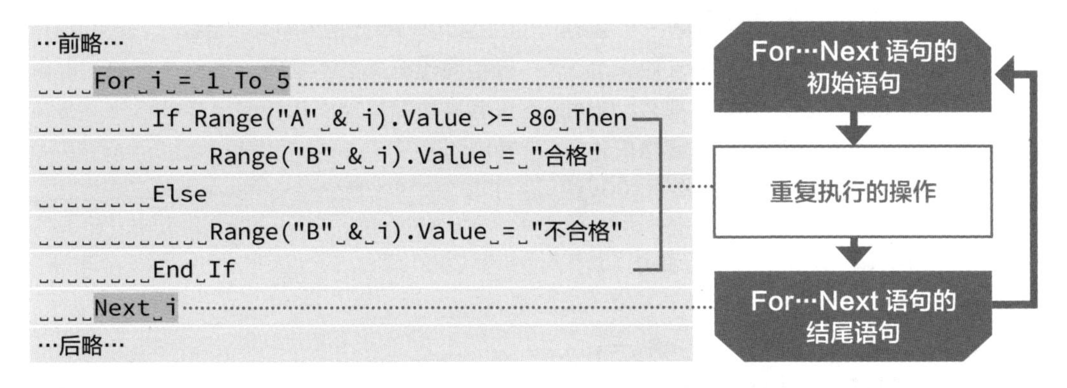

…前略…
For i = 1 To 5
If Range("A" & i).Value >= 80 Then
Range("B" & i).Value = "合格"
Else
Range("B" & i).Value = "不合格"
End If
Next i
…后略…
For…Next 语句的初始语句
重复执行的操作
For…Next 语句的结尾语句

要点　首先学习For…Next语句的理由

VBA循环控制中，Do…Loop语句的共通性最高，并且Do…Loop语句可以写所有循环控制，但For…Next语句可以在操作前指定好循环次数，而且For…Next语句比Do…Loop语句简单且更容易阅读。很多情况下需要在操作Excel VBA前先指定好循环操作次数，而且很多操作不使用Do…Loop语句就无法写代码，所以我们建议先学习循环控制中的For…Next语句，For…Next语句可以代替For Each…Next语句使用。

[For…Next语句基础]

42 学习For…Next语句基础知识

扫码看视频

学习要点

如果想要将多个工作表汇总成1个工作表，首先需要复制原工作表数据，再将数据粘贴到汇总用的工作表内，这样的复制、粘贴操作需要多次重复执行。编程中的“循环控制”就是用来重复执行这样的同一操作的结构。

当不知道循环控制写法的时候

当从未创建过Excel宏、目前为止仍在通过本书学习宏的人被要求创建一个能在B1:B5单元格内输入“合格”的宏时，毫无疑问都能编写出以下Sub过程。那么，当被要求创建一个能在B1:B1000单元格内输入“合格”的宏时，又将怎么做呢？虽然写1000行“Range("B○")="合格"”代码的确也能在B1:B1000单元格内输入“合格”，但写1000行相同代码显然不现实。类似这样的，能简单容易地编写相同代码的操作被称作“循环控制”。

▶如果不知道循环控制，就需要重复输入相同代码

```
Sub 未使用循环处理的宏()
    Range("B1").Value = "合格"
    Range("B2").Value = "合格"
    Range("B3").Value = "合格"
    Range("B4").Value = "合格"
    Range("B5").Value = "合格"
End Sub
```

需要多次写几乎相同的代码

如果只是单纯地想在B1:B5单元格内输入“合格”，实际上写成“Range(“B1:B5”).Value="合格"”就可以了，但为了在45节中使用 For…Next语句与If语句，这里，我们需要在每个单元格内都输入数据。

使用For…Next语句

当想要使用循环控制中的For…Next语句，创建能在B1:B5单元格内输入“合格”的宏时，我们可以按照以下步骤编写宏代码。“For i=1 To 5 Step 1”是For…Next语句的起始行，把这个起始行语句写成“For i=1 To 1000 Step 1”，即可在B1:B1000单元格内输入“合格”的操作。与编写1000行“Range("B○")="合格"”代码的操作相比，哪种做法更有效率显而易见。

▶使用For…Next语句能简洁地编写相同指令

```
Sub␣使用循环处理的宏()
␣␣␣␣Dim␣i␣As␣Long

␣␣␣␣For␣i␣=␣1␣To␣5␣Step␣1
␣␣␣␣␣␣␣␣Range("B"␣&␣i).Value␣=␣"合格"
␣␣␣␣Next␣i
End␣Sub
```

重复执行For行与Next行之间的指令

计数变量

循环控制中用于计算变量和数字的变量称为“计数变量”。虽然我们习惯使用i作为计数变量，但使用其他变量名也是没问题的。i的词源、语义请参照29节。

▶For…Next语句的结构语句

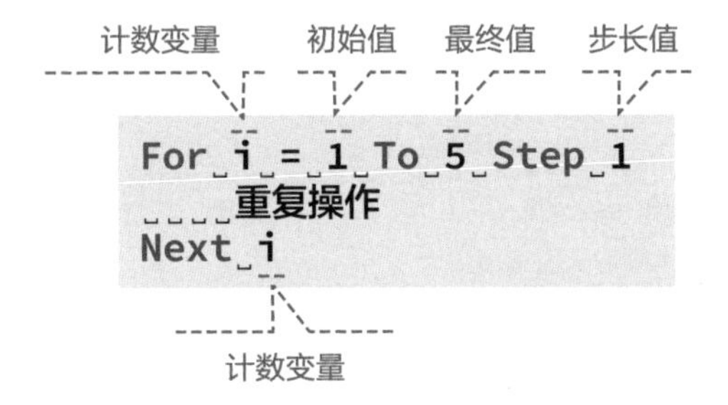

虽然Next后面的计数变量可以省略，但为了编写For…Next语句时，更容易区分出For…Next语句的结尾行，建议不要省略Next后面的计数变量。

理解“For i=1 To 5 Step1”的意思

我们来详细查看下For…Next语句的写法。使用“For i=1 To 5 Step 1”执行重复操作时，既有循环变量每次增加1、循环变量i依次为“1、2、3、4、5”的情况，也有循环变量每次循环增加2、循环变量i依次为“1、3、5”的情况。“For i=1 To 5 ”后面的“Step x”表示循环步长，一边增加变量一边指定循环赋值操作。“Step 1”表示变量i每次循环增加1的意思。也就是说“For i=1 To 5 Step 1”表示从1循环到5，循环变量变化依次为1、2、3、4、5。

To前面的值称为“初始值”，To后面的值称为“最终值”，Step后面的值称为“步长值”。我们将在后面章节中具体学习这些内容。

要点　For…Next语句也优先于自动填充

For…Next语句的重复执行单元格操作也可以通过VBA Excel自动填充功能来完成。不过，自动填充仅限于重复执行单元格操作，由此可见，自动填充通用性远低于For…Next语句。重复操作工作表、工作簿时，要写For…Next语句等循环控制。对编程初学者而言，虽然循环控制写法稍微有点难，但还是要先熟练掌握For…Next语句写法，不要依赖VBA自动填充功能。当能够熟练编写For…Next语句之后，还想进一步提高操作速度时，再运用VBA自动填充功能当然就没问题了。

循环控制宏在运行时的操作步骤

接下来，通过运行“循环控制宏”，查看循环控制的操作步骤。第1次循环操作中，首先赋值1给循环变量i，接着运行“Range("B"&i).Value="合格""。在变量i赋值为1时运行“Range("B"&i).Value="合格""，即显示“Range("B"&1).Value="合格""，所以运行“Range("B1").Value="合格""，然后B1单元格内显示“合格”字符串。在第2次循环操作中，在循环变量i为赋值2时，运行“Range("B"&i).Value="合格""。这时，“Range("B2").Value="合格""运行完成后，B2单元格内显示“合格”字符串。以上重复操作结果就是，B1:B5单元格内显示“合格”字符串。如果不满足“For i=1 To 5 Step 1”条件，也就是说当变量i超过5时，循环操作结束。

▶运行循环控制宏

```
Range("B" & i).Value = "合格"
```

第 1 次循环操作

```
Range("B" & 1).Value = "合格"
```

第 2 次循环操作

```
Range("B" & 2).Value = "合格"
```

第 3 次循环操作

```
Range("B" & 3).Value = "合格"
```

第 4 次循环操作

```
Range("B" & 4).Value = "合格"
```

第 5 次循环操作

```
Range("B" & 5).Value = "合格"
```

	A	B	C	D
1		合格		
2		合格		
3		合格		
4		合格		
5		合格		
6				
7				
8				

通过逐语句运行“循环控制宏”，即可充分理解以上操作。接下来，我们将试着实际操作。

创建循环控制宏

1 创建Sub过程 最简单易懂的ExcelVBA.xlsm

试着创建For…Next语句宏。创建Sub 过程❶，首先输入变量声明❷和For…Next语句的结构语句For i To 5 Step 1和Next i❸。

```
001 Sub␣使用循环处理的宏()
002 ␣␣␣␣Dim␣i␣As␣Long
003
004 ␣␣␣␣For␣i␣=␣1␣To␣5␣Step␣1
005 ␣␣␣␣Next␣i
006 End␣Sub
```

1 创建Sub过程

2 输入变量声明

3 输入For…Next语句的结构语句

"Step 1"中的Step和1之间必须输入半角空格。

2 结束Sub过程

输入要重复运行的"Range("B"&i).Value="合格""代码。

```
001 Sub␣使用循环处理的宏()
002 ␣␣␣␣Dim␣i␣As␣Long
003
004 ␣␣␣␣For␣i␣=␣1␣To␣5␣Step␣1
005 ␣␣␣␣␣␣␣␣Range("B"␣&␣i).Value␣=␣"合格"
006 ␣␣␣␣Next␣i
007 End␣Sub
```

输入要实际执行的操作代码

计数变量i从1到5，每次循环增加1，重复循环执行"Range("B"&i).Value="合格""操作。

○ 逐语句运行循环控制宏

1 做好逐语句运行准备

试着一边关注计数变量的变化一边逐语句运行For…Next语句。将Excel和VBE窗口并列排布，保证两者同时可见❶，然后显示VBE中的本地窗口❷。

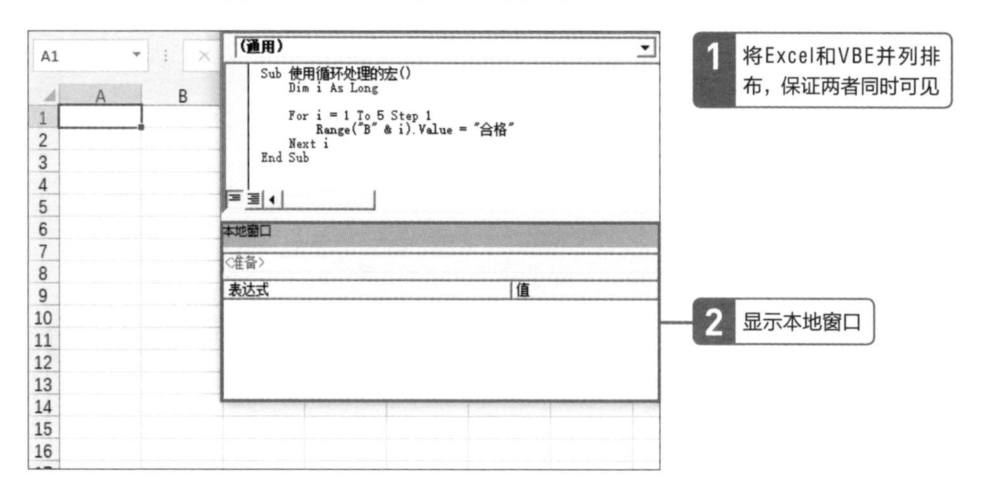

(通用)
Sub 使用循环处理的宏()
Dim i As Long
For i = 1 To 5 Step 1
Range("B" & i).Value = "合格"
Next i
End Sub
本地窗口
<准备>
表达式
值
1 将Excel和VBE并列排布，保证两者同时可见
2 显示本地窗口

2 逐语句运行

将光标放在Sub过程内❶，按F8功能键逐语句运行❷。

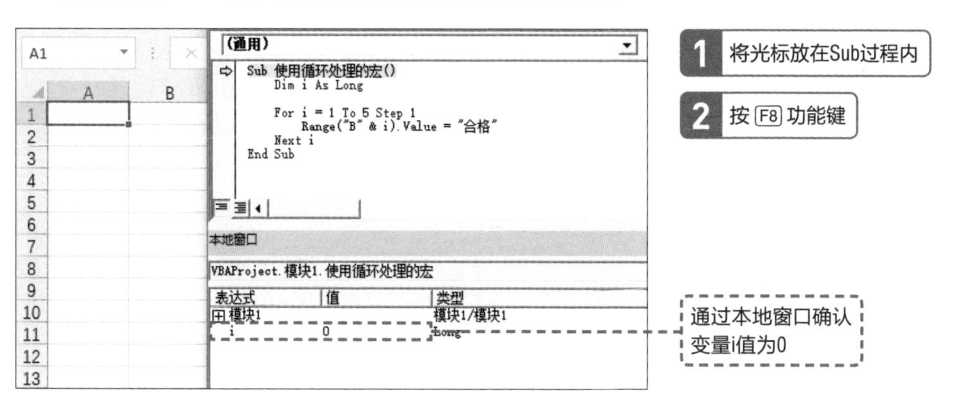

(通用)
Sub 使用循环处理的宏()
Dim i As Long
For i = 1 To 5 Step 1
Range("B" & i).Value = "合格"
Next i
End Sub
本地窗口
VBAProject.模块1.使用循环处理的宏
表达式
值
类型
模块1
模块1/模块1
i
0
Long
1 将光标放在Sub过程内
2 按F8功能键
通过本地窗口确认变量i值为0

3 一边关注计数变量的变化一边继续逐语句运行

按2次F8功能键，运行“For i=1 To 5 Step 1”行代码❶。

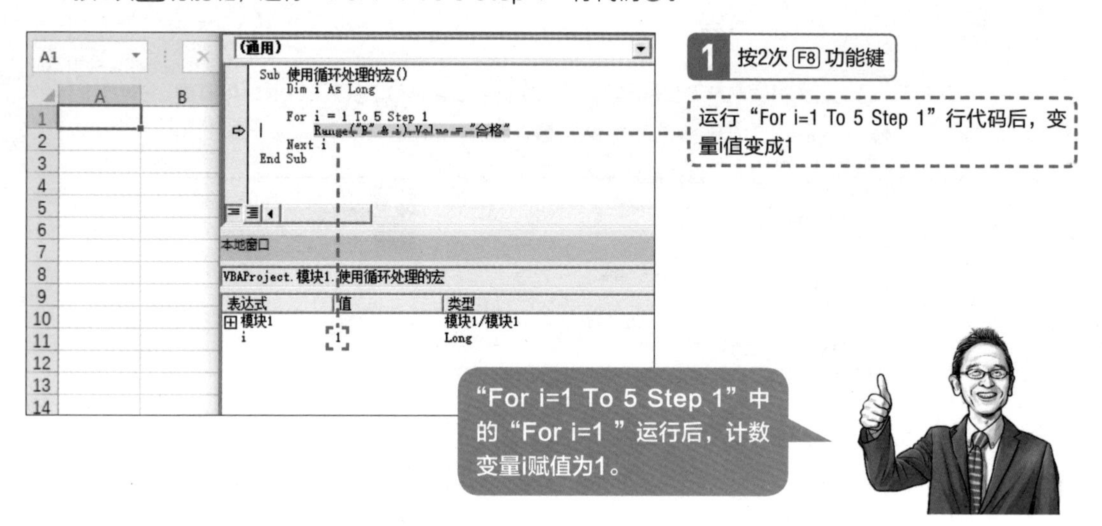

按F8功能键，运行“Range("B"& i).Value ="合格" ”❷。

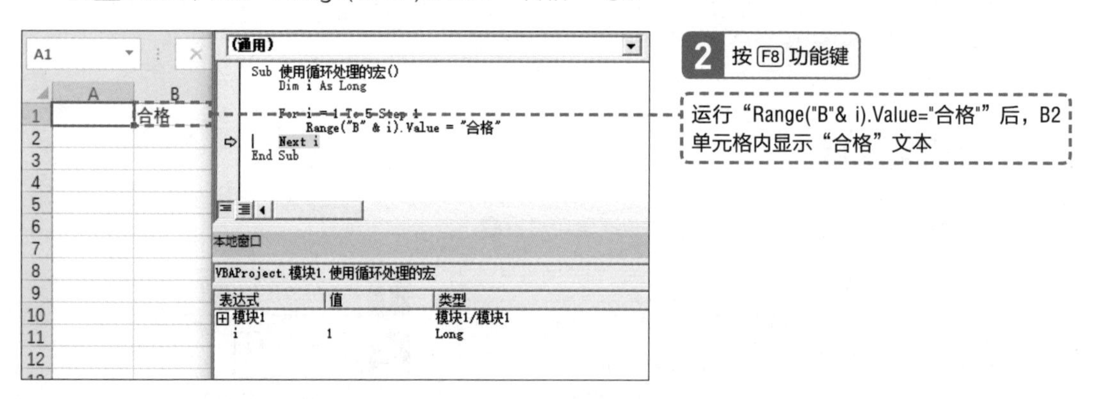

按F8功能键，运行“Next i”代码❸。

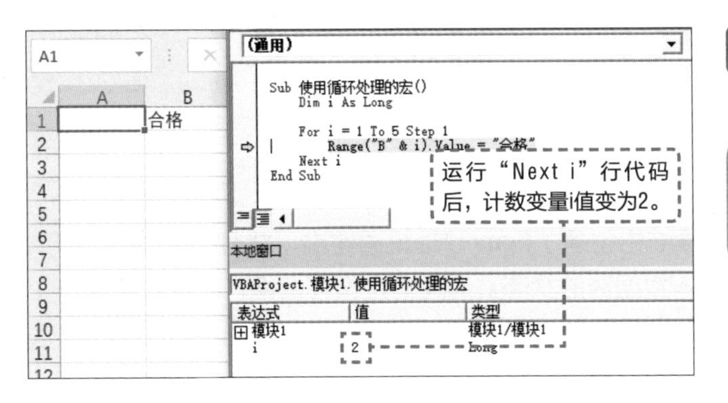

3 按F8功能键

“Next i”行代码运行后，计数变量将根据“For i=1 To 5 Step 1”行指令“Step 1”，从1增加为2。

按F8功能键，运行第2次的“Range("B"& i).Value="合格"”❹。

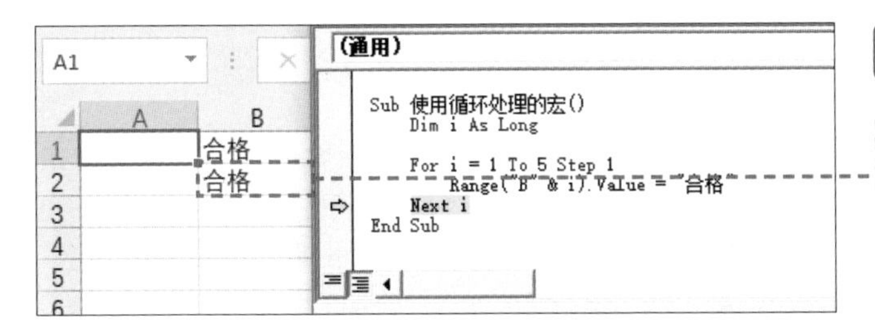

4 按F8功能键

运行“Range("B"& i).Value="合格"”代码后，B2单元格内显示“合格”。如果运行“Next i”，变量i值将变为3

4 继续逐语句运行直到操作结束

继续逐语句运行直到B5单元格内显示“合格”为止。按F8功能键，跳过“Next i”代码，在“End Sub”行代码变成黄色后查看本地窗口，可以看到变量i值变成了6。再按F8功能键结束逐语句运行。

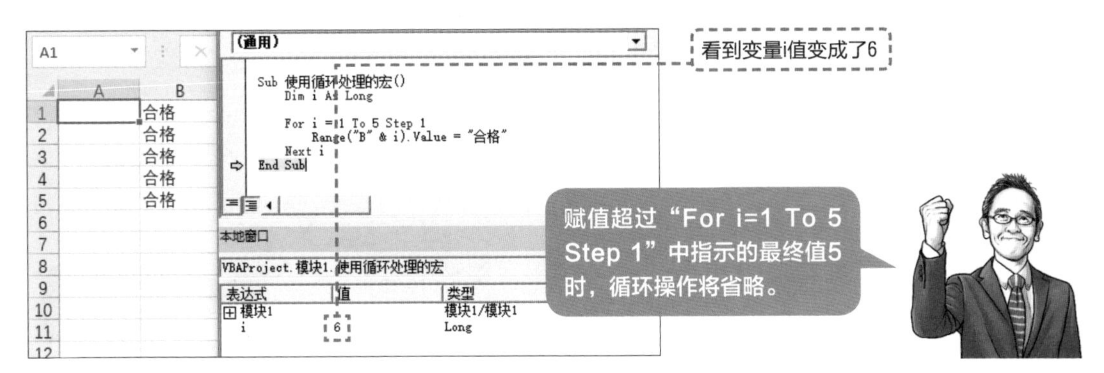

[初始值、最终值和步长值]

43 熟练掌握For…Next语句的重复条件

扫码看视频

学习要点

我们在前面的章节中创建了For…Next语句宏，并通过逐语句运行确认了重复输入数据时的状态。通过指定循环条件，可执行每隔一行输入一个数据的操作。

初始值、最终值和步长值改变，重复条件也将随之改变

“For i=1 To 5 Step 1”中To前面的数值称为初始值，To后面的数值称为最终值，Step后面的数值称为步长值。初始值为计数变量的初值，最终值为终值，步长值则指定计数变量循环执行次数。例如，以下“循环控制宏”中，“For i=1 To 5 Step 1”初始值为2时，B2:B5单元格内显示“合格”。初始值为1，最终值为4时，B1:B4单元格内显示“合格”。初始值为1最终值为5，步长值为2时，B1、B3、B5单元格内显示“合格”字符串。综上所述，通过调整初始值、最终值和步长值，可以指定For…Next语句的重复条件。

▶结果随着初始值、最终值和步长值的不同而改变

```
Sub 使用循环处理的宏()
    Dim i As Long

    For i = 1 To 5 Step 1
        Range("B" & i).Value = "合格"
    Next i
End Sub
```

For i = 2 To 5 Step 1	初始值为2时，B2:B5单元格内显示“合格”
For i = 1 To 4 Step 1	最终值为4时，B1:B4单元格内显示“合格”
For i = 1 To 5 Step 2	步长值为2时，B1、B3、B5单元格内显示“合格”

For…Next语句的结束条件经常会自动改变。07节“多表汇总”宏中的For…Next语句的结束条件也会自动改变。

省略“Step 1”，步长值将默认为1

For…Next语句的步长值“Step○”也可以省略。省略“Step○”后的步长值，For…Next 语句将默认按1的步长循环执行操作，因此，前面章节“For i=1 To 5 Step 1”中的“Step 1”通常会被省略掉，写成“For i=1 To 5”。

▶省略“Step 1”

```
Sub˽使用循环处理的宏()
˽˽˽˽Dim˽i˽As˽Long

˽˽˽˽For˽i˽=˽1˽To˽5
˽˽˽˽˽˽˽˽Range("B"˽&˽i).Value˽=˽"合格"
˽˽˽˽Next˽i
End˽Sub
```

省略“Step 1”，For…Next 语句将默认按1的步长值执行循环操作

步长值也可以为负数

步长值也可以指定为负数。这时，计数变量每循环一次则变小一次，所以最终值要小于初始值。把循环控制宏中的“For i=1 To 5 Step 1”写成“For i=5 To 1 Step-1”，然后逐语句运行，即可看到B5、B4、B3单元格内显示“合格”。

▶步长值为负数

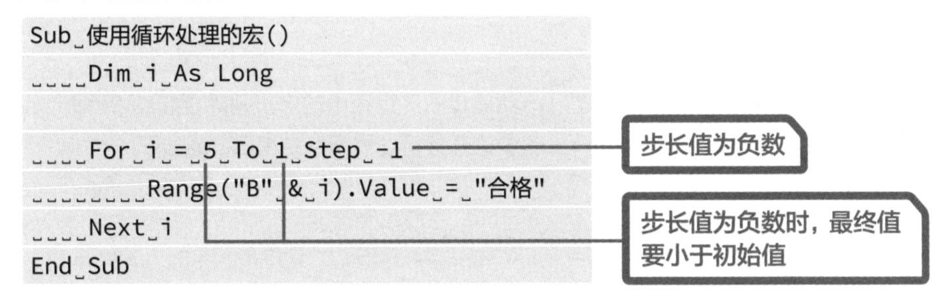

Sub˽使用循环处理的宏()
˽˽˽˽Dim˽i˽As˽Long
˽˽˽˽For˽i˽=˽5˽To˽1˽Step˽-1
˽˽˽˽˽˽˽˽Range("B"˽&˽i).Value˽=˽"合格"
˽˽˽˽Next˽i
End˽Sub
步长值为负数
步长值为负数时，最终值要小于初始值

[停止宏运行的方法]

44 了解无法停止宏运行时的处理方法

学习要点

到目前为止，应该会有很多人发现其实循环控制是很有趣的。虽然循环控制非常方便，但仍然会因弄错写法而导致无法停止宏运行。为了防止这种情况发生，我们要先记住中断和停止宏运行的方法。

为什么需要停止宏运行

虽然经常会先将For…Next语句最终值设置成可自动改变，但如果先设置好，一旦指定有误，循环控制将怎么都停止不了。为了避免这种状况的发生，我们要先牢记强制停止宏运行的方法。

我们将在64节和65节学习可以使最终值自动改变的示例。

让宏停止运行的操作

宏运行怎么也停止不了时，首先按Esc键。按Esc键宏运行还是停止不了，那就再按Ctrl+Pause Break组合键。要是上述动作都执行了，仍然停止不了运行中的宏，则需要启动Windows中的任务管理器强制结束Excel任务。

强制结束Excel任务可能会损坏Excel文件，所以在对重要文件执行循环控制操作时，以防万一需要先备份文件。

停止宏运行后的操作

按Esc键或者Ctrl + Pause Break组合键，Excel会停止宏运行，并显示“代码执行被中断”对话框。单击对话框中的“调试”按钮，代码运行将被中断，由于是运行中断状态，所以可以通过代码窗口确认哪一行会变成黄色，然后通过24节学习过的重新设置操作，找出代码错误原因并修正。不能仅仅依靠阅读书本是学习如何找出代码错误原因，要在重复创建宏的基础上慢慢熟练起来。

第7章 学习循环控制

▶ 代码执行被中断对话框

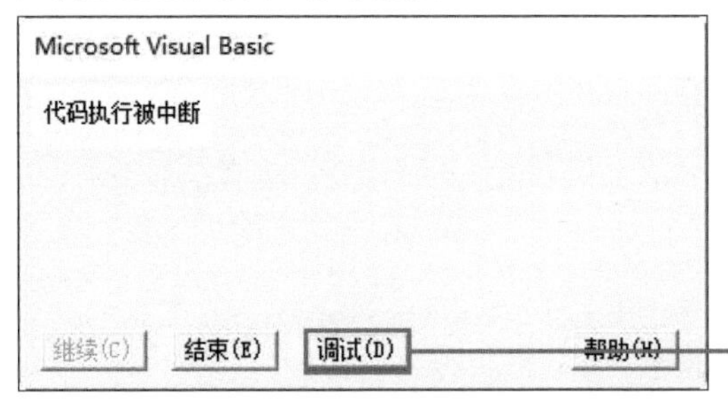

单击“调试”按钮

如果键盘上没有Pause Break键，可以组合某些快捷键代替Pause Break键。

要点 避免运行停止不了的宏

到目前为止，本书中多次执行了逐语句操作。逐语句操作可以有效避免运行停止不了的宏。尽管编写的代码不正确，但是在宏完成后立即按F5功能键运行宏，将会发生宏运行停止不了的状况。因此不要立即按F5功能键运行宏，而是先按F8功能键逐语句运行，确认操作是否正确，从而减少陷入无法停止宏运行发生的概率。

[循环控制中的条件分支]

45 试着组合For…Next语句和If语句

在第10节合格与否判定的宏内，For…Next语句中包含前面章节学习过的If语句。接下来，我们将学习Excel宏中常见的For…Next语句与If语句的组合程序。

组合使用循环控制和条件分支

Excel宏经常会将循环控制和条件分支组合在一起，然后根据条件执行相应重复操作。以下示例就是第10节中合格与否判定的宏。运行该宏，如果A列的值大于等于80，B列将显示“合格”；如果A列的值小于80，B列将显示“不合格”，将从第1行到第5行重复执行上述操作。

▶合格与否判定的宏

```
Sub␣判定合格与否()
␣␣␣␣Dim␣i␣As␣Long

␣␣␣␣For␣i␣=␣1␣To␣5
␣␣␣␣␣␣␣␣If␣Range("A"␣&␣i).Value␣>=␣80␣Then
␣␣␣␣␣␣␣␣␣␣␣␣Range("B"␣&␣i).Value␣=␣"合格"
␣␣␣␣␣␣␣␣Else
␣␣␣␣␣␣␣␣␣␣␣␣Range("B"␣&␣i).Value␣=␣"不合格"
␣␣␣␣␣␣␣␣End␣If
␣␣␣␣Next␣i
End␣Sub
```

可以将条件分支（If语句）写在循环控制（For…Next语句）中

Excel宏经常将循环控制和条件分支组合在一起使用，我们务必要熟练掌握。

通过合格与否判定的宏的运行状态

下面我们将查看上述宏是如何操作的。For…Next语句代码内容与此前一样，For…Next语句当中有写If语句，所以每次重复操作，都将执行“If Range("A"&i).Value>=80 Then”判定，并区分开运行结果。第1次循环操作时，If语句条件表达式“Range("A"&i).Value>=80”中“"A"&i”为“A1”，也就是“If Range("A1").Value>=80 Then”。如果满足上述条件，则运行“Range("B"&i).Value="合格"”代码。因为“"B"&i”表示“B1”，所以运行“Range("B1").Value="合格"”。

▶第1次循环控制操作的状态

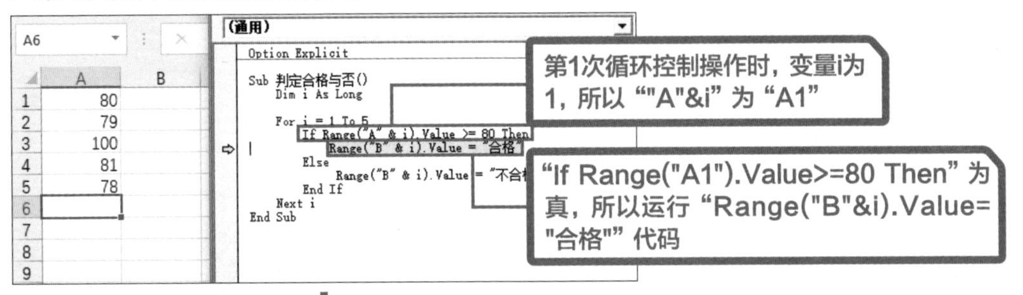

第1次循环控制操作时，变量i为1，所以“"A"&i”为“A1”
“If Range("A1").Value>=80 Then”为真，所以运行“Range("B"&i).Value="合格"”代码

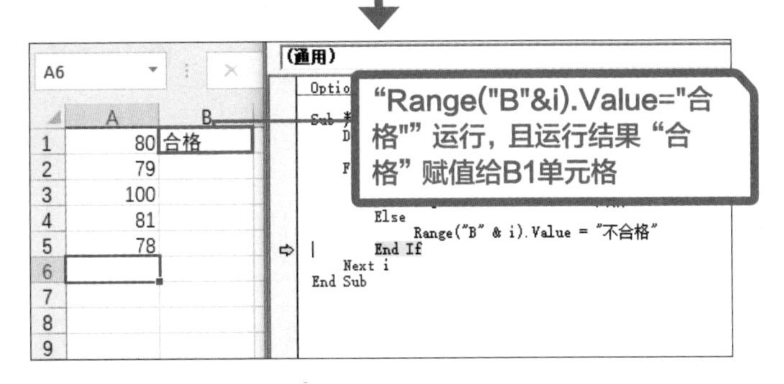

“Range("B"&i).Value="合格"”运行，且运行结果“合格”赋值给B1单元格

仅靠阅读书本，很难理解For…Next语句中执行条件分支操作时的状态。后续，我们将试着慢慢地逐语句运行。

这时，如果不满足“If Range("A1").Value>=80Then”条件，则运行“Range("B"&i).Value="不合格"”代码（也就是“Range("B1").Value="不合格"”）。循环重复以上操作5次后，B1:B5单元格内即显示“合格”或者“不合格”字符串。

创建判定合格与否的宏

1 输入For~Next语句 最简单易懂的ExcelVBA.xlsm

就像前面课程中所学习的那样，创建完Sub 过程后❶，输入变量声明❷和For…Next语句的结构语句❸。

```
001 Sub␣判定合格与否()
002 ␣␣␣␣Dim␣i␣As␣Long
003
004 ␣␣␣␣For␣i␣=␣1␣To␣5
005 ␣␣␣␣Next␣i
006 End␣Sub
```

1 创建Sub 过程
2 输入变量声明
3 输入For~Next语句的结构语句

先想象计数变量从1变化到5时的运行状态，然后再输入“Fori To 5”。

2 输入If语句的结构语句

在For~Next语句中输入If语句的结构语句。

```
001 Sub␣判定合格与否()
002 ␣␣␣␣Dim␣i␣As␣Long
003
004 ␣␣␣␣For␣i␣=␣1␣To␣5
005 ␣␣␣␣␣␣␣␣If␣Range("A"␣&␣i).Value␣>=␣80␣Then
006 ␣␣␣␣␣␣␣␣Else
007 ␣␣␣␣␣␣␣␣End␣If
008 ␣␣␣␣Next␣i
009 End␣Sub
```

输入If语句的结构语句

先想象循环控制中执行条件分支时的运行状态，再输入If语句的结构语句。

3 在If语句内输入实际操作代码

在B列单元格输入“Range("B"&i).Value="合格"”“Range("B"&i).Value="不合格"”代码。

```
001 Sub␣判定合格与否()
002 ␣␣␣␣Dim␣i␣As␣Long
003
004 ␣␣␣␣For␣i␣=␣1␣To␣5
005 ␣␣␣␣␣␣␣␣If␣Range("A"␣&␣i).Value␣>=␣80␣Then
006 ␣␣␣␣␣␣␣␣␣␣␣␣Range("B"␣&␣i).Value␣=␣"合格"
007 ␣␣␣␣␣␣␣␣Else
008 ␣␣␣␣␣␣␣␣␣␣␣␣Range("B"␣&␣i).Value␣=␣"不合格"
009 ␣␣␣␣␣␣␣␣End␣If
010 ␣␣␣␣Next␣i
011 End␣Sub
```

输入实际操作代码

要点 Sub 过程名称后面的括号作用是什么

本书中创建的第一个Sub过程的第1行是“Sub第一个宏()”，或许有人会感到不解：Sub过程名称“第一个宏”后面的括号作用是什么？这个括号会在创建参数指定的Sub过程时使用。虽然本书学习的是只有1个Sub过程且没有指定参数的宏，但当能够熟练地创建宏代码之后，将会把多个Sub过程组合在一起，从而创建出可以执行复杂操作的宏。在这时，就需要组合使用指定了参数的Sub过程。创建指定参数的Sub过程时，括号中要写清楚参数的指定内容，Sub过程名称后面的括号发挥的就是这种作用。

逐语句运行判定合格与否的宏

1 在工作表中输入数据

创建完Sub过程后，逐语句运行Sub过程，并确认运行状态。在判定合格与否的宏中，B1:B5单元格区域内数据将会随着A1:A5单元格数值的变化而变化。首先插入新工作表，然后在A1:A5单元格内输入数值。

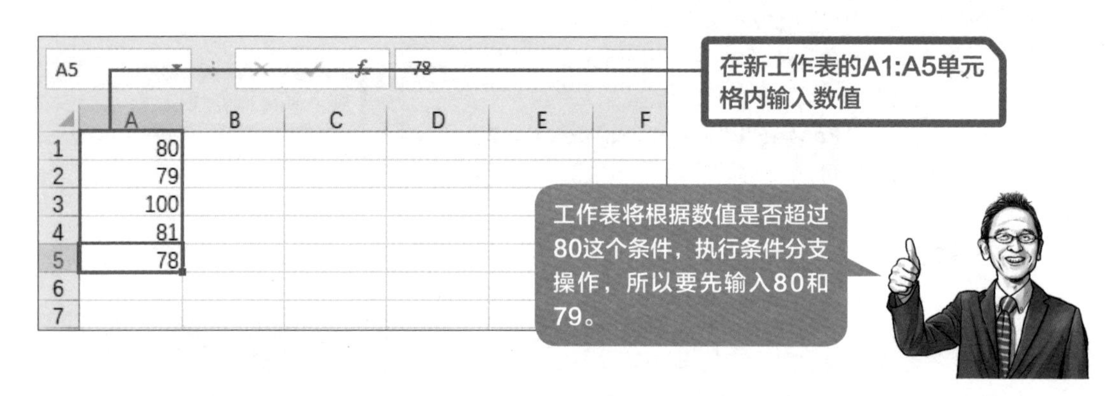

A5
78
在新工作表的A1:A5单元格内输入数值
80
79
100
81
78
工作表将根据数值是否超过80这个条件，执行条件分支操作，所以要先输入80和79。

2 逐语句运行Sub过程

将Excel和VBE并列排布，保证两者同时可见，显示本地窗口后，按F8功能键逐语句运行。

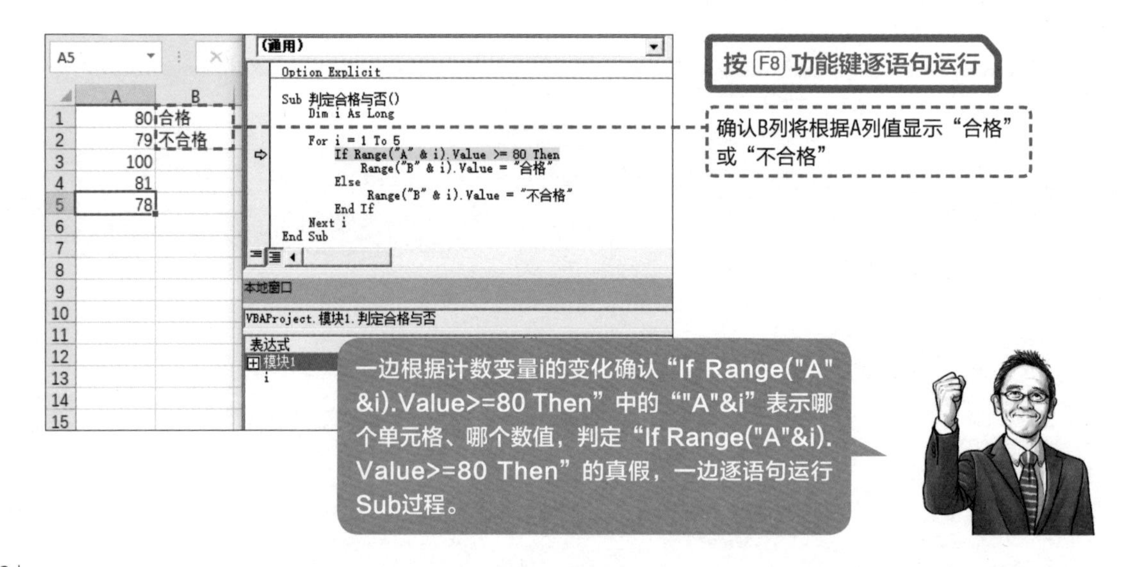

按 F8 功能键逐语句运行
80 合格
79 不合格
100
81
78
Option Explicit
Sub 判定合格与否()
Dim i As Long
For i = 1 To 5
If Range("A" & i).Value >= 80 Then
Range("B" & i).Value = "合格"
Else
Range("B" & i).Value = "不合格"
End If
Next i
End Sub
本地窗口
VBAProject.模块1.判定合格与否
表达式
模块1
确认B列将根据A列值显示“合格”或“不合格”
一边根据计数变量i的变化确认“If Range("A"&i).Value>=80 Then”中的“"A"&i”表示哪个单元格、哪个数值，判定“If Range("A"&i).Value>=80 Then”的真假，一边逐语句运行Sub过程。

46 [使用数值指定单元格的Cells] 学习可以使用数值操作单元格的Cells

扫码看视频

学习要点

我们通过前面的内容，学会了创建第10节中判定合格与否的宏。在此之前，我们是使用Range代码指定单元格，接下来将学习应用更高效的Cells代码指定单元格。

Range难以横向执行循环控制

运用For…Next语句可以对工作表纵向执行循环控制，如果想对工作表横向执行循环控制，要如何做呢？使用以下For…Next语句可以纵向执行循环控制，例如“Range("A1")”“Range("B1")”“Range("C1")”这种，可以根据工作表中大写字母A、B、C的变化，横向执行循环控制，对于学习到现在的各位来说，这应该可以想象出来吧。For…Next语句中，虽然大写字母A、B、C可以横向变化，但一旦想从第26列（Z列）开始将会变成AA、AB、AC……就会觉得有点麻烦，所以在这种情况下，使用Cells代码会比较方便。

▶ 如果想横向执行循环控制

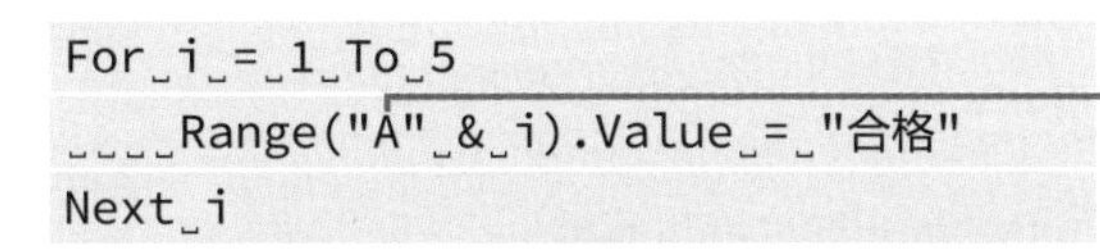

```
For i = 1 To 5
    Range("A" & i).Value = "合格"
Next i
```

虽然把A变成B、C、D，也可以横向执行循环控制，但是……

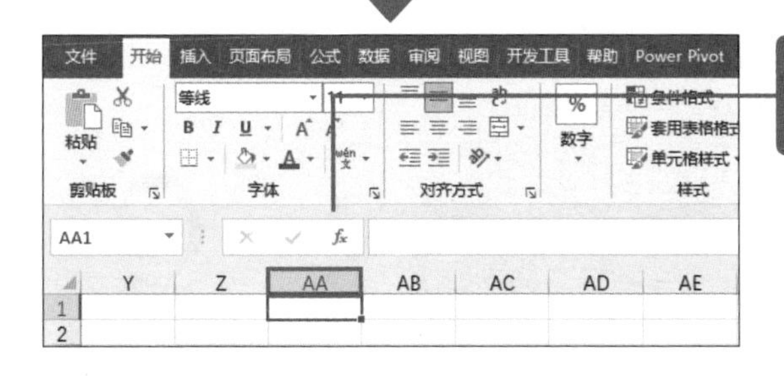

Z列后接着是AA、AB、AC，创建这些字符串会比较难

运用Cells可以使用数值指定单元格

运用Cells代码，就可以使用数值操作单元格。首先，让我们通过简单的Sub过程确认下Cells的操作步骤。运行以下两种Sub 过程，均可以在A5单元格内输入“合格”字符串，也就是说“Range("A5").Value="合格"”运行结果与“Cells(5,1).Value="合格"”运行结果是相同的。

▶以下代码可以执行相同操作

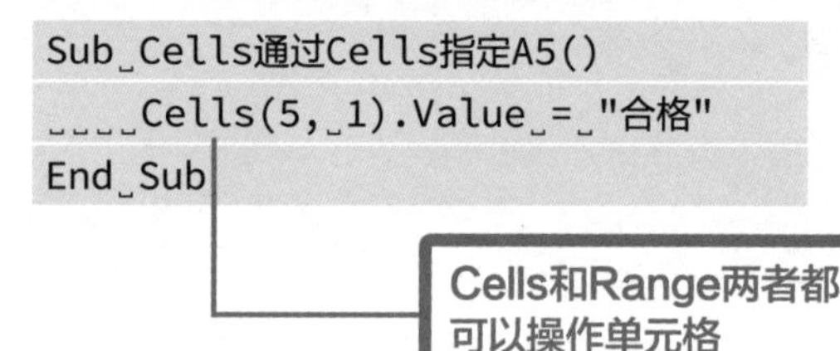

```
Sub Cells通过Cells指定A5()
    Cells(5, 1).Value = "合格"
End Sub
```

```
Sub Range通过Range指定A5()
    Range("A5").Value = "合格"
End Sub
```

Cells和Range两者都
可以操作单元格

Cells参数中的第1参数表示行号，第2参数表示列号

Cells中的两个参数通常用于指定行号和列号。第1参数表示行号，第2参数表示列号，也就是说“Cells(5,1) ”表示第5行第1列单元格。此前学习的Range代码“A5”是按照“列・行”的顺序指定。而Cells中的顺序是反过来的，顺序是“行・列”，所以在熟练运用代码之前有可能会一直困惑，但要想弄清楚这两个参数的哪一个表示行哪一个表示列，只要重复编写代码，就会变得熟练起来了。

▶Cells的写法

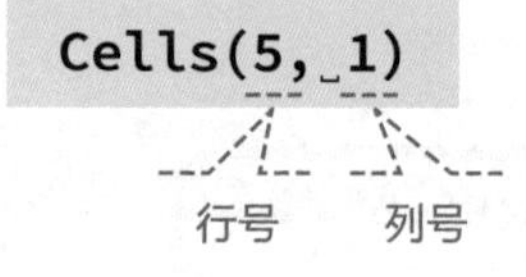

Cells(5, 1)
行号
列号

虽然将工作表中的混合引用理解为绝对引用和相对引用，很难理解。但是，要知道行和列的哪一个是固定的，与此同时，再通过重复创建公式应该就能够理解了。同样地，使用Cells写代码时，重复仔细了解行・列的顺序，慢慢地将不困惑哪个参数表示行、哪个参数表示列了。

使用Cells编写横向循环控制

使用Cells编写以下For…Next语句，就可以在A1:A5单元格内输入“合格”。纵向执行操作时，输入“Range(“A”&i)”使用计数变量表示行号，即指定单元格位置。横向执行操作时，输入Cells(1,i)使用计数变量表示列号。

▶ 横向循环控制

```
Sub 通过Cells横向循环()
    Dim i As Long

    For i = 1 To 5
        Cells(1, i).Value = "合格"
    Next i
End Sub
```

使用计数变量表示列号

要点　想要让Cells自动显示列表时

使用Cells时，即使输入“Cells(1,i)”，也不会自动显示列表，但输入“Cells.”则可以自动显示列表，因此想要让Cells自动显示列表，就需要推迟指定参数。

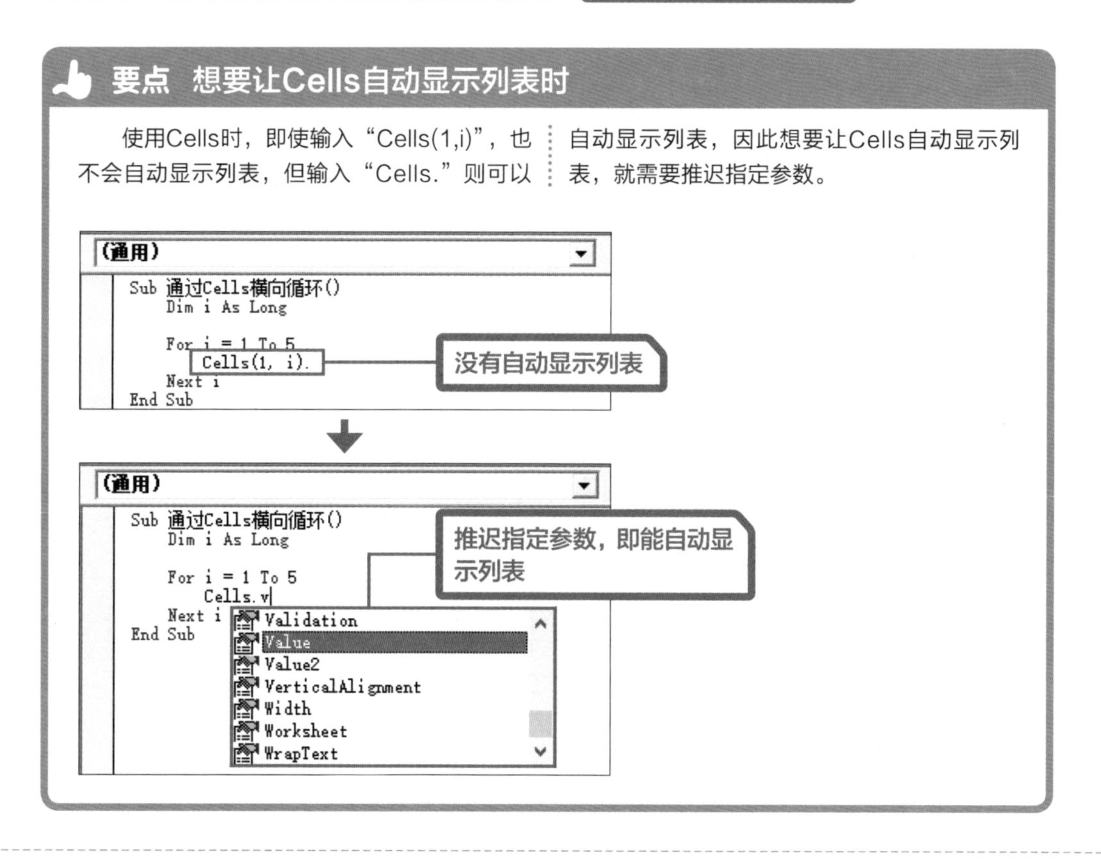

使用Cells的横向循环控制宏创建与运行

1 创建Sub过程 最简单易懂的Excel VBA.xlsm

我们先实际使用一下Cells的横向循环控制。与此前的操作一样，创建Sub过程❶，输入变量声明代码和For…Next语句结构代码❷，然后输入通过Cells赋值“合格”的代码❸。

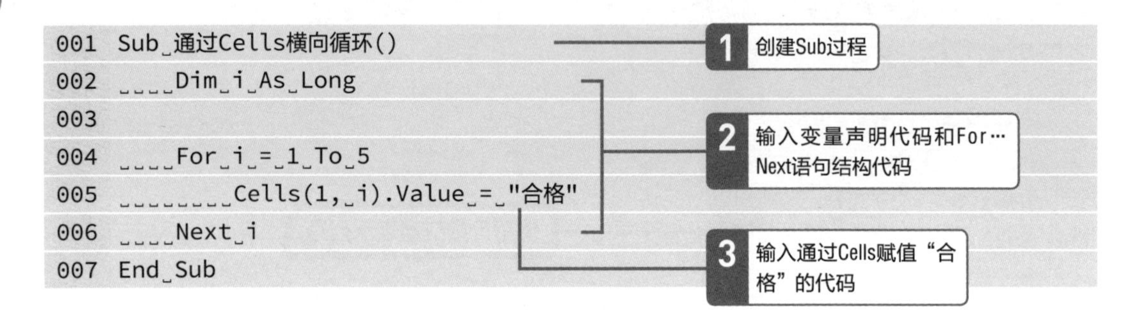

```
001 Sub 通过Cells横向循环()
002     Dim i As Long
003
004     For i = 1 To 5
005         Cells(1, i).Value = "合格"
006     Next i
007 End Sub
```

1 创建Sub过程
2 输入变量声明代码和For…Next语句结构代码
3 输入通过Cells赋值“合格”的代码

2 逐语句运行Sub过程

输入完Sub过程之后，逐语句运行Sub过程，并确认横向循环操作❶❷❸。

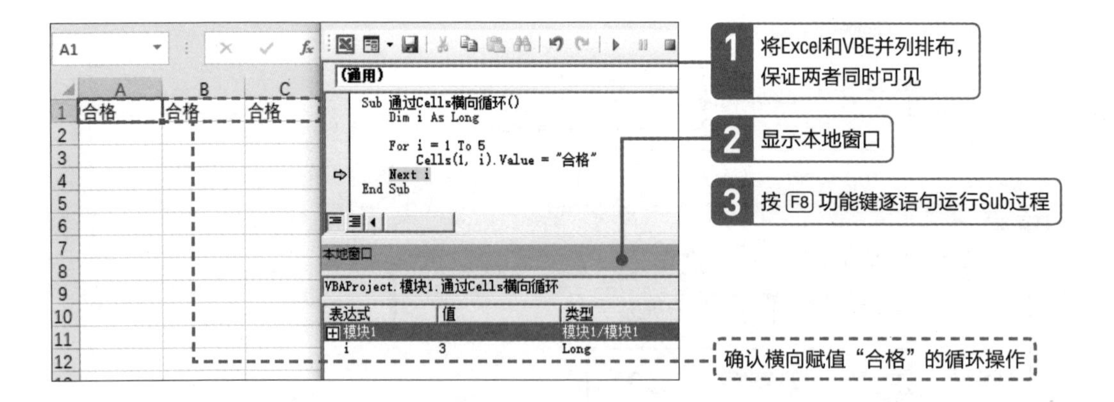

A1
合格
合格
合格
(通用)
Sub 通过Cells横向循环()
Dim i As Long
For i = 1 To 5
Cells(1, i).Value = "合格"
Next i
End Sub
本地窗口
VBAProject.模块1.通过Cells横向循环
表达式
值
类型
模块1
模块1/模块1
i
3
Long
1 将Excel和VBE并列排布，保证两者同时可见
2 显示本地窗口
3 按 F8 功能键逐语句运行Sub过程
确认横向赋值“合格”的循环操作

[使用Cells的纵向循环控制操作]

47 可以使用Cells编写判定合格与否的宏

扫码看视频

学习要点

在前面的章节中，我们使用Cells执行了横向循环控制操作，此外Cells也能应用于纵向循环控制操作。第45节中使用Range编写的判定合格与否的宏，本节我们将使用Cells来进行编写。

操作结果相同的程序可以有各种各样的写法

运行结果相同的程序可以有各种各样的写法。我们平常写的报告、企划书等文件，即使内容相同，写法却各式各样，程序也一样。在45节中我们已经学习过使用Range将判定合格与否的宏写成以下格式，还可以使用Cells编写这个Sub过程。

▶ 使用Range编写的判定合格与否的宏

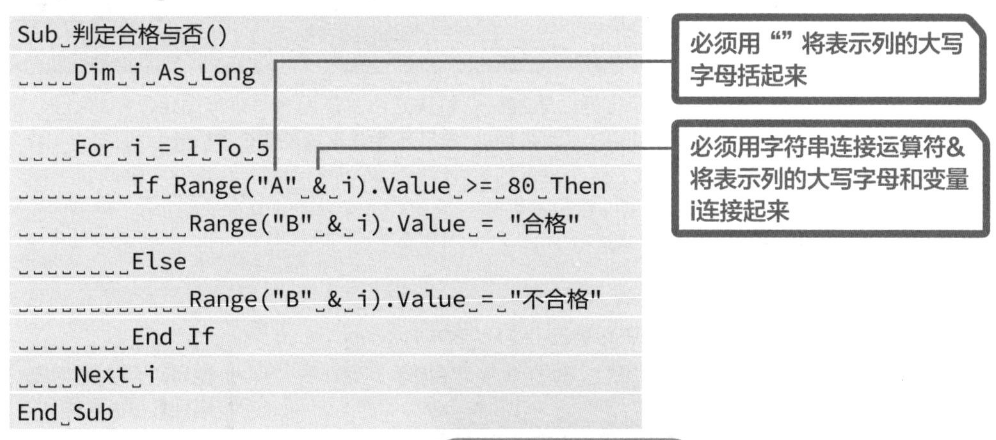

```
Sub 判定合格与否()
    Dim i As Long

    For i = 1 To 5
        If Range("A" & i).Value >= 80 Then
            Range("B" & i).Value = "合格"
        Else
            Range("B" & i).Value = "不合格"
        End If
    Next i
End Sub
```

必须用“”将表示列的大写字母括起来
必须用字符串连接运算符&将表示列的大写字母和变量i连接起来

我们试着仔细对比查看这个Sub过程和下一页的Sub过程有哪些不一样。

使用Cells代替Range编写纵向循环控制

使用Range时，需要用“”将大写字母括起来，再用“&”把大写字母和变量i连接起来，代码看起来会显得比较杂乱。而使用Cells时，由于Cells的第1参数与第2参数之间只有“，”(逗号)，所以Cells代码比Range代码更简练些。

▶使用Cells的判定合格与否的宏

```
Sub 使用Cells判定合格与否的宏()
    Dim i As Long

    For i = 1 To 5
        If Cells(i, 1).Value >= 80 Then
            Cells(i, 2).Value = "合格"
        Else
            Cells(i, 2).Value = "不合格"
        End If
    Next i
End Sub
```

Cells代码比Range代码简练

虽然操作结果相同的程序可以有各式各样的写法，但还是要优先考虑易懂性。要是觉的Range代码比Cells代码更容易理解，那就先熟悉Range代码吧。

要点 Cells的第2参数要使用大写字母

因为Cells中的第1参数表示行号，第2参数表示列号，所以在不熟悉Cells时，就必须要稍微想想其中参数表示的含义。这个缺点的解决方法就是用大写字母指定Cells列号，这样就不会弄不清楚哪个参数表示列了。

▶用大写字母指定Cells列号

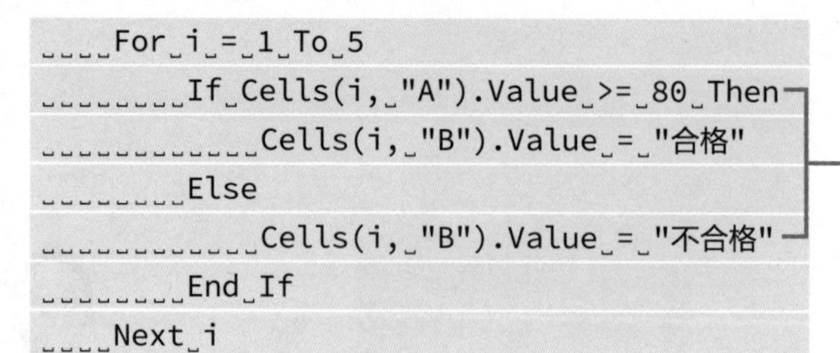

```
    For i = 1 To 5
        If Cells(i, "A").Value >= 80 Then
            Cells(i, "B").Value = "合格"
        Else
            Cells(i, "B").Value = "不合格"
        End If
    Next i
```

也可以用大写字母指定Cells列号

第8章

学习对象相关语法

在本章中，我们将学习此前一直都被当作英语来阅读的“获取操作对象的代码”语法。

48 对象的相关语法

扫码看视频

学习要点

Excel VBA必学项目中的“获取操作对象的代码”，无论如何都要花时间学会。我们先确认接下来要学习的内容属于Excel VBA必学项目中的哪部分内容。

前面学习过的内容和今后将要学习的内容

第1章中介绍过Excel VBA的学习内容概况。首先，确认前面学习过的内容和今后将要学习的内容，前7章学习了“VBE用法”和“编程通用指令”，从第8章开始，将学习“获取操作对象的代码”。第8章中将学习“获取操作对象的代码”也就是学习对象相关语法。如果不一边想象获取对象和数据的代码，一边反复熟读代码，就无法学会获取操作对象的代码，第10、11、13章将会展示大量的代码读取图例和实例。此外，第9章将会对获取操作对象的代码提示工具宏录制进行说明。

▶ Excel VBA必学项目

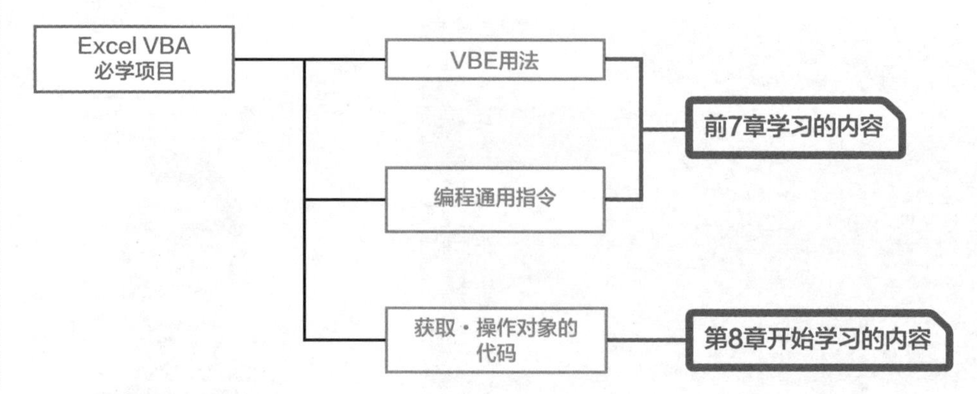

前面章节中涉及的与对象有关的代码

第10节判定合格与否的宏中的以下内容属于获取操作对象的代码。虽然此处有获取设置单元格的值，但格式设置、工作表插入与删除之类的操作，均可以利用VBA实现Excel自动化操作。

▶ 在判定合格与否的宏中所处的位置

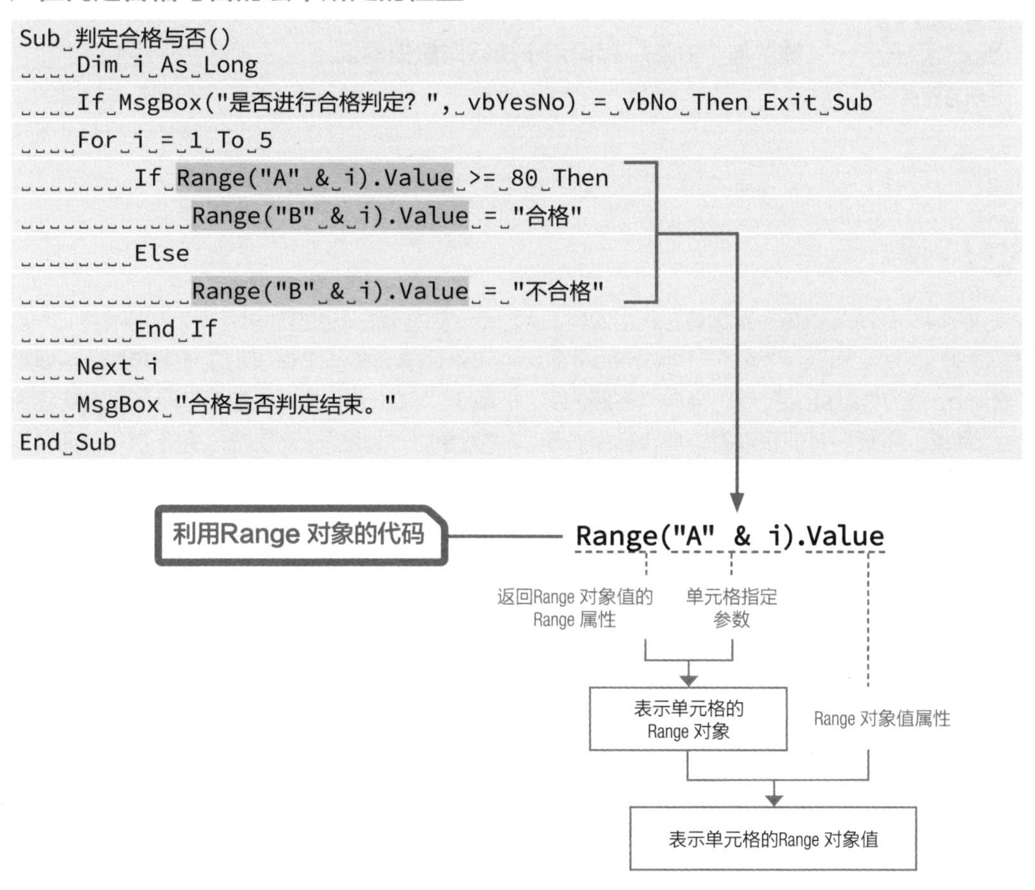

```
Sub 判定合格与否()
    Dim i As Long
    If MsgBox("是否进行合格判定? ", vbYesNo) = vbNo Then Exit Sub
    For i = 1 To 5
        If Range("A" & i).Value >= 80 Then
            Range("B" & i).Value = "合格"
        Else
            Range("B" & i).Value = "不合格"
        End If
    Next i
    MsgBox "合格与否判定结束。"
End Sub
```


虽然学会获取操作对象的代码语法需要时间，但如果能够真正地理解，就可以更深入地了解Excel的功能。

[对象、属性和方法]

49 知道对象和属性指令

根据VBA指令执行一系列操作的Excel要素统称为“对象”。“属性”与“方法”代码用于执行对象指令。

对象

在14节~15节中第一次创建Excel宏时，建议把“Range("A1").Value”“Range("B1").Value”代码当作“省略的英语”阅读。本章，我们将查看这些代码所表示的含义。Excel宏是能让Excel自动执行一系列操作的作业指导书。通常，作业指导书会按照时间顺序写入“做什么”“请做xx”的指令。在能让Excel自动执行一系列操作的Excel宏中，单元格、工作表、工作簿等Excel要素属于“做什么”指令。这些Excel要素就称为“对象”。“属性”和“方法”用于执行“请做什么”的指令命令。Excel要素作为对象时，可以将写有“请做什么”指令的作业指导书叫作Excel宏。

仅重复以下工作表数量
选取单元格
选取单元格并复制
切换工作表
选择要粘贴的单元格并粘贴

宏=VBA写的作业指导书

在学习英语的过程中，某种程度上，充分理解词类对英语学习非常有用，但如果过于讲究，则容易陷入为了学习语法而学习的无意义的学习状态中。所以在初学阶段，我们先粗略地理解Excel VBA属性与方法，然后再接触大量实例。

属性

获取对象数据、对象要素的代码称为“属性”。属性前面的“.”可以翻译成“的”（第14节介绍的可以把“.”翻译成“的”，指的就是这个）。虽然不能断言说绝对可以这样做，但大部分情况下，属性都为名词。以下Sub过程中的Range、Value、Font、Color均为属性。此外还可以设置一部分属性的数据。

▶ 属性运用示例

```
Sub␣属性确认()
␣␣␣␣Range("B1").Value␣=␣"合格"……………………在B1单元格中输入“合格”
␣␣␣␣Range("B1").Font.Color␣=␣vbRed…………设置B1单元格字体颜色为“vbRed”
␣␣␣␣MsgBox␣Range("B1").Value ……………………将B1单元格中的值指定为函数参数
End␣Sub
```

方法

指示对象执行操作的代码叫作“方法”。方法前面的“.”可以翻译成“把”或者“在”。大部分属性为名词，而方法却不同（虽然这个规则不是绝对的），大部分方法为动词。以下Sub过程中的Delete、Select均为方法。与属性一样，有一部分方法可以用来获取数据或者对象。

▶ 方法运用示例

```
Sub␣方法确认()
␣␣␣␣Range("A1:A5").Delete␣Shift:=xlToLeft………将A1:A5单元格删除向左移动
␣␣␣␣Range("A1").Select ……………………………………选择A1单元格
End␣Sub
```

对象有很多种

单元格、工作表、工作簿等Excel要素均为“对象”。每个Excel要素对象都有固定名称。例如，表示单元格的对象叫作Range对象、表示工作表的对象叫作Worksheet对象、表示工作簿的对象叫作Workbook对象。Excel本身也是一个对象，叫作Application对象。除了上面提到的Range、Worksheet、Workbook、Application对象以外，还有许多其他对象。创建能让电子表格计算软件自动化操作的宏时，这4个对象是最基本的对象，我们需要根据想要执行的操作去理解对应的对象（本书第10章将学习Range、第11章将学习Worksheet、第13章将学习Workbook)。

▶ Range、Worksheet和Workbook对象示意图

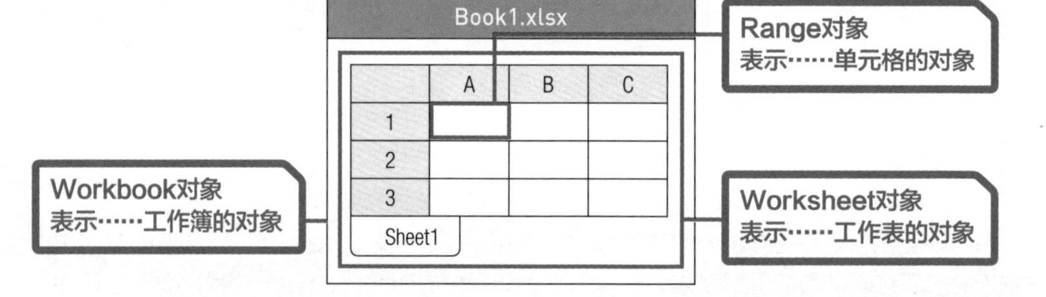

要点　根据自动显示列表功能区分属性与方法

15节中学习过自动显示列表。如果仔细观察就会发现自动显示列表关键字前面显示的图标有两种类型，这两种类型实际分别表示属性与方法。看起来像用手捏着什么东西的图标表示属性，看起来像盒子飞出去的图标表示方法。

▶ 自动列出成员

[对象相关语法]

50 理解对象相关语法

学习要点

即便是Excel工作表函数，不同的函数在理解上需要花的时间也大不相同。与Excel VBA前7章节学习的内容相比，理解对象相关语法需要花的时间会更多些。

理解对象相关语法需要更多时间

开始学习对象相关语法时，有些内容一开始就需要知道。也就是说正确理解对象相关语法需要花费更多的时间。例如，SUM函数()和VLOOKUP()函数，虽然这两者都属于Excel函数，但理解这两个函数所需要的时间却大不相同。SUM()函数很快就能够理解，然而要想达到能自行输入VLOOKUP()函数的水平，则还要再花点时间。理解对象相关语法时的体验与理解VLOOKUP()函数时的体验很接近。自行输入公式并思考VLOOKUP()函数中各个参数表达的含义，反复多次这样的操作之后，逐渐地就能理解VLOOKUP()函数了。理解对象相关语法和理解VLOOKUP()函数一样，如果不反复多次编写代码，将很难能够彻底理解对象相关语法。本书作为Excel VBA学习的入门级书，会涉及对象相关语法，对毫无编程经验的人来说，最快也要花费几个月的时间才能完全理解后面的内容，关于这一点，请先知晓。

即便是Excel函数……

SUM()函数

很快就能理解！

VLOOKUP()函数

需要花时间理解……

我们建议在达到不查看For…Next语句也能从零开始自行编写语法的水平，再真正地学习对象相关语法。

想象代码表示哪些要素

要想理解对象相关语法，必须要做的事情就是“想象”。为了变得会应用英语，需要做的不是硬背诵所有英语含义，而是需要想象英语本身所要表示的含义。同样的道理，理解对象时，也需要这么做。我们查看对象相关的代码时，需要想象代码指示哪个Excel要素。例如，查看“Range("A1").Value”“Cells(1,1).Value”代码时，请想象A1单元格的值，并想象“Range("A1")”和“Cells(1,1)”代码表示A1单元格本身。在进一步学习宏的过程中，还将会出现新的对象属性与方法，我们要在理解并牢记原有对象的基础上再去理解牢记新的属性和方法。如此反复，对对象的理解将逐渐清晰明确。

	A	B	C	D
1	80			
2	79			
3	100			
4	81			
5	78			
6				

A1单元格值

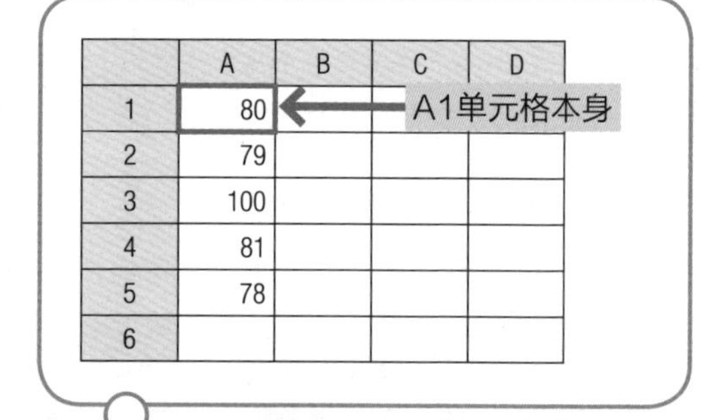

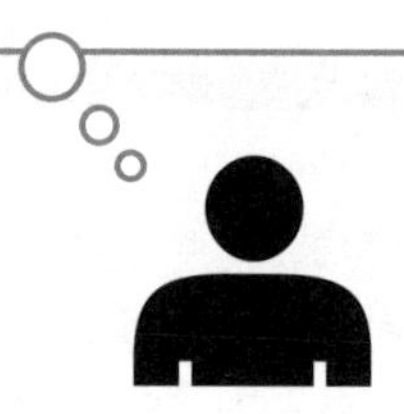

Range("A1").Value

Range("A1").Value

无论是手动操作Excel，还是使用VBA操作Excel，都应该知道所要操作的对象是什么。

要点　代码中很少会出现对象名

虽然在某些书本中也会使用“对象名.属性”与“对象名.方法”这样的格式解释Excel VBA对象代码。对于这种解释，也有代码写成“对象名.属性”“对象名.方法”这种格式，但标准模块中的常见代码很少会写成这种格式。假设可以在代码中编写对象名，换言之也就是说46节学习过的Cells对象与59节将学习的ActiveCell对象也都是存在的，但Excel中其实并不存在名称为Cells与ActiveCell对象。Cells与ActiveCell是用于获取Range 对象的属性，使用Cells属性或ActiveCell属性均可以返回Range对象。

▶46节学习过的Cells代码

```
Cells(5,␣1).Value␣=␣"合格"
```

不存在Cells对象。代码中的Cells表示代码属性（用于获取Range对象）。

大部分情况下，都是按照“属性.属性”“属性.方法”格式编写代码，即按照“（用于获取对象的）属性.（仅用于获取数据的）属性”“（用于获取对象的）属性.方法”格式编写代码。但即使按照“属性.属性”“属性.方法”格式解释代码，仍很难理解代码含义，所以，凡是对对象有着充分理解的作者在其所编写的书本中，通常都是按照“属性.属性”“属性.方法”格式编写代码。一旦将对象代码的编写格式误认为是“对象名.属性”“对象名.方法”，再想正确地理解对象相关语法，就会变得非常辛苦。读者也可以通过“帮助”功能了解“属性与方法”。

[对象的层级关系]

51 理解对象的层级关系

在我们使用的计算机中，文档和文件夹应该都有层级管理。文件系统设置层次结构的目的是为了方便批量化管理信息，同样地Excel对象之间也存在层级结构。

Excel中主要的对象层级关系

Excel对象之间存在层级结构。例如，单元格无法单独存在，必须包含在某个工作表中（Excel VBA中，表示工作表的Worksheet对象属于表示单元格的Range对象的父对象）。工作表也无法单独存在，必须包含在某个工作簿中（表示工作簿的Workbook对象属于表示工作表的Worksheet对象的父对象）。工作簿是在Excel应用程序中打开的，所以表示Excel的Application对象属于表示工作簿的Workbook对象的父对象，也就是说，Excel的常用对象Application、Workbook、Worksheet、Range之间存在下图的层级关系。通过VBA指定Excel对象时，源代码就是遵循自上而下的规则编写的，从层级结构的父对象开始逐级指定。正式学习对象的时候，也需要理解这些对象之间的层级关系。

▶ 4个对象之间的层级结构

```
Application对象
 └ Workbook对象
    └ Worksheet对象
       └ Range对象
```

目前，我们要记住Application、Workbook、Worksheet和Range这4个对象之间的层级关系。

常用对象不需要逐级指定

虽然我们写对象代码时，需要遵循自上而下的规则，从层级结构中的父对象开始逐级指定。但是每次都逐级描述比较麻烦，因此，有一部分常用对象，不遵循从上而下的顺序也可以指定。之前，处理单元格数据时就没有逐级描述Range与Cells，省略父对象时，可以看作是指定活动Workbook工作簿中活动Worksheet工作表的Range对象。

▶ 省略父对象的代码写法和没有省略父对象的代码写法

这部分可以看作已省略
Range("A1").Value
||
Application.ActiveWorkbook.ActiveSheet.Range("A1").Value

必须逐级编写的对象代码示例

相反，操作非活动Worksheet中的Range时，必须要先明确描述Range属于哪个Worksheet对象。具体来说，即运行以下代码时，对话框会显示活动工作簿最左边工作表中的A1单元格值。我们将在第11章学习"Worksheet(1)"的具体描述。操作非活动Workbook中的Range时，需要逐级描述Range属于哪个Workbook对象、哪个Worksheet对象以及哪个单元格。

▶ 表示活动工作簿最左边工作表中的A1单元格值

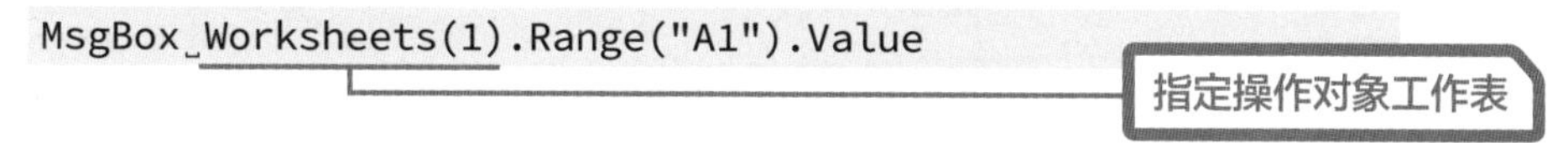

MsgBox Worksheets(1).Range("A1").Value
指定操作对象工作表

▶ 表示SAMP.xlsx工作簿中最左边工作表中的A1单元格值

MsgBox Workbooks("SAMP.xlsx").Worksheets(1).Range("A1").Value
指定操作对象工作簿
指定操作对象工作表

[两种属性类型]

52 了解两种属性类型

获取对象数据、对象要素的代码属性大致可以分成两类，分别是仅获取对象数据的属性和获取对象的属性。

仅获取数据的属性

这两类属性中的仅获取数据的属性会更容易理解些。前面章节中多次出现的“Range("A1").Value”和“Cells(1,1).Value”中的Value，既是用于获取对象数据的代表性属性，又可以用于设置获取数据属性中的一部分数据。

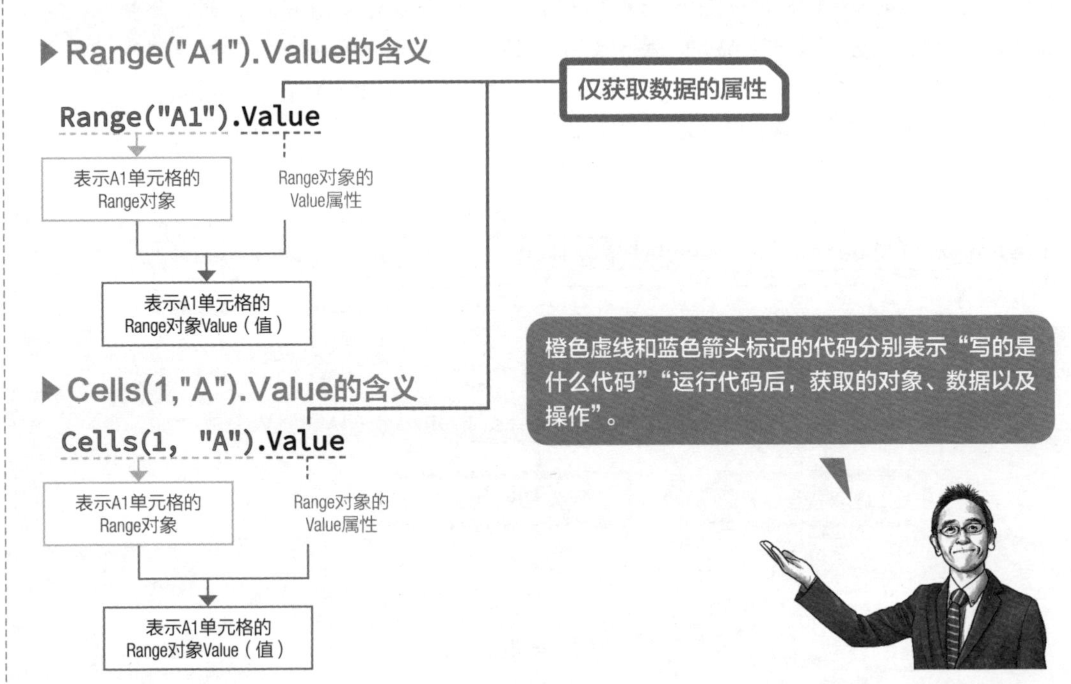

属性有两类，但是方法却可以分成“不获取任何内容的方法”“仅获取数据的方法”“获取对象的方法”这3种类型。我们建议今后正式学习对象相关语法时，先理解这两类的属性后再学习方法。

获取对象的属性

虽然获取对象的属性有点难理解，但是本书出现的“Range("A1").Value”“Cells(1,"A").Value”中的Range、Cells都是属于获取对象的属性。Range是用于获取Range对象的代表性属性，使用“Range("A1")”可获取表示A1单元格的Range对象。在Range对象中添加Value属性后的代码为“Range("A1").Value”。Cells也是获取Range对象的代表属性。使用“Cells(1,"A")”也可获取表示A1单元格的Range对象。

▶ Range("A1").Value的含义

获取对象的属性

```
Range("A1").Value
```

返回Range对象的Range属性　　指定A1单元格的参数

↓

表示A1单元格的Range对象

▶ Cells(1，"A").Value的含义

```
Cells(1,"A").Value
```

返回Range对象的Cells属性　　指定第1行的参数　　指定A列的参数

↓

表示A1单元格的Range对象

这个是左边一页中做了浅色标记的“表示A1单元格的Range对象”拆分后的图例。请一边查看Range("A1").Value和Cells(1,"A").Value代码，一边想象活动工作表中的A1单元格内的运行状态。

两类属性的用法

如前面章节所述，运行以下代码，对话框会显示SMAP.xlsx工作簿最左边工作表中的A1单元格值。这个代码中出现的Workbooks、Worksheets、Cells、Value都是属性。其中，只有最后的Value属于仅获取数据的属性，其他的Workbooks、Worksheets、Cells均属于用于获取对象的属性。只有后面无法用“.”连接描述的属性属于“仅获取数据的属性”，其他属性均属于“获取对象的属性”。

▶ 两类属性的具体示例

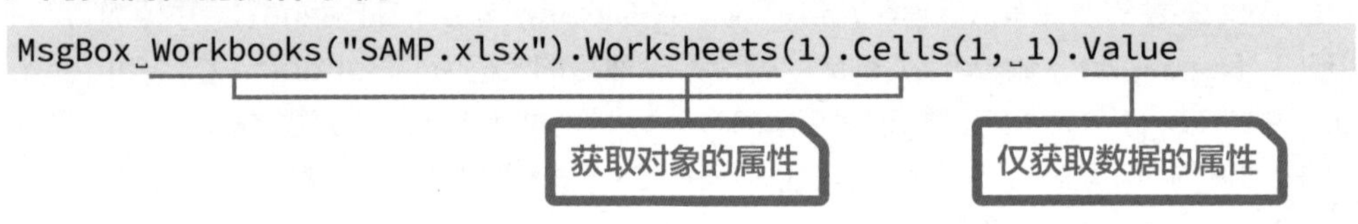

45节判定合格与否的宏中有出现过仅获取对象数据的属性与获取对象的属性。

▶ 判定合格与否的宏中的两类属性

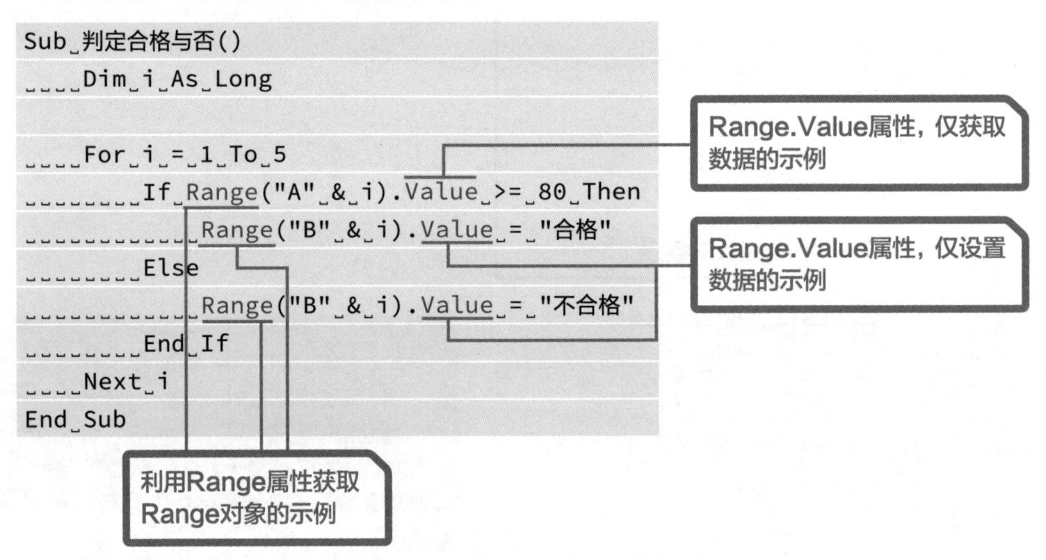

Sub 判定合格与否()
    Dim i As Long

    For i = 1 To 5
        If Range("A" & i).Value >= 80 Then
            Range("B" & i).Value = "合格"
        Else
            Range("B" & i).Value = "不合格"
        End If
    Next i
End Sub
Range.Value属性，仅获取数据的示例
Range.Value属性，仅设置数据的示例
利用Range属性获取Range对象的示例

[集合对象]

53 学习集合对象

集合对象指的是把相同类型的对象组合在一起，进行集中处理的对象。我们可以从集合对象中获取单独对象以及包含的单独对象个数。

集合对象

把相同类型的对象组合在一起，进行集中处理的对象叫作“集合对象”或简称为“集合”。例如，使用Worksheet对象指示1张工作表，使用Worksheets对象指示所有工作表，使用Workbook对象指示1个工作簿，Workbooks集合对象指示打开的所有工作簿。

▶ 集合对象和集合对象中包含的单独对象示意图

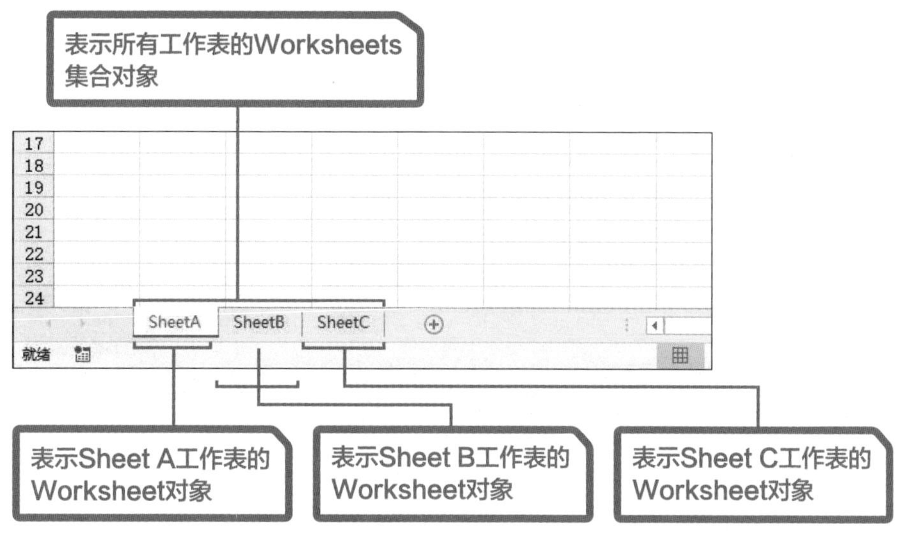

属性、集合以及单独对象之间的关系

Workbooks属性可用于获取Workbooks集合对象的属性(我们将在第13章中详细学习)，很多获取集合对象的属性名称与集合对象名称相同，不过也有很多例外。还有，Workbooks集合对象中包含的单独对象与Workbook对象一样，很多集合对象名称是集合对象中包含的单独对象的复数形式。

从集合对象中获取单独对象

从集合对象中可以获取所包含的单独对象。例如，可以使用“Worksheets(1)”代码获取最左边的Worksheet对象（将在第11章详细学习）。还有，使用“Workbooks(1)”代码可以获取所有已打开的工作簿中第一个打开的Workbook对象（将在第13章详细学习）。

▶ Worksheets(1)的含义

▶ Workbooks(1)的含义

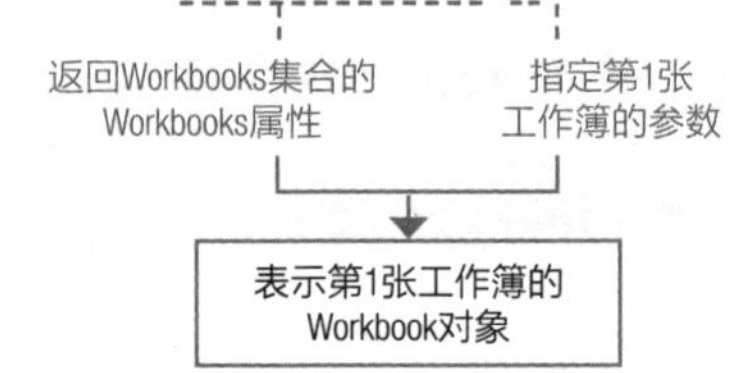

严格意义上来说，集合对象中有配置用于获取单独对象的“Item”属性（或者方法），但我们最好能在省略“.Item”的条件下编写出代码。

要点 集合也是一种对象

虽然大部分Excel VBA书籍中将集合对象简写成集合，但也会因为这个原因，一部分有Excel宏经验的人会误认为对象中的集合与对象是不一样的。因此，本书中我们将清楚明确地写成“集合对象”，但可能由于排版或者标题区域空间不足的关系而写成“集合”。

集合中的Count属性是用于获取单独对象个数的属性

集合对象中配置的Count属性是用于获取集合对象中包含的单独对象个数的属性。例如，表示所有工作表的Worksheets集合对象中有配置Count属性，用于表示Worksheets集合对象包含几个Worksheet。同样地，在表示所有打开工作簿的Workbooks集合对象中有配置Count属性，用于表示Workbooks集合对象包含几个Workbook。

▶ Worksheet.Count的含义

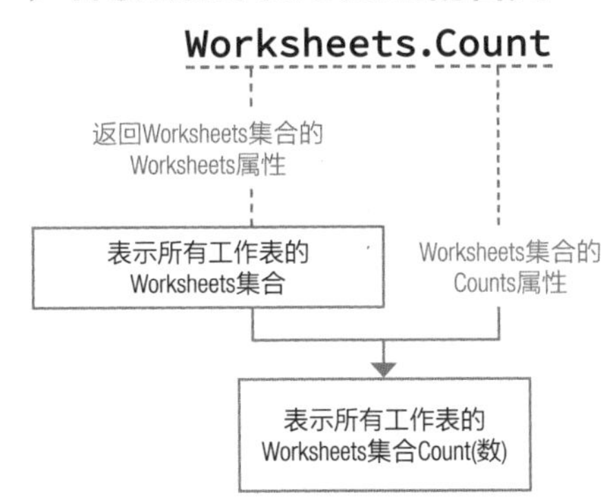

▶ Workbooks.Count的含义

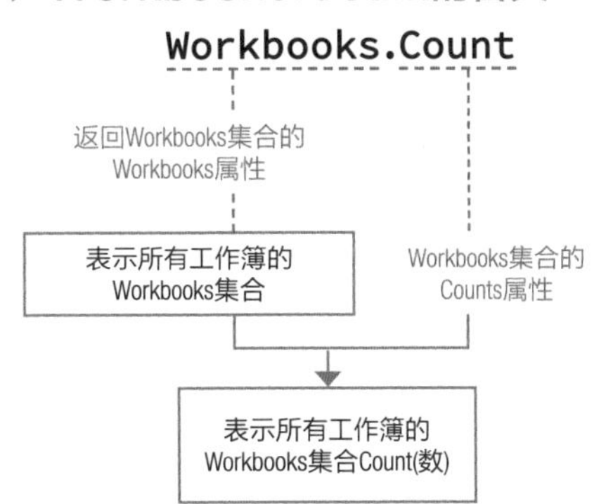

大部分情况下，集合对象与其所包含的单独对象中配置的属性和方法完全不同。

要点　Excel VBA、Word VBA以及PowerPoint VBA之间有何不同

01节中介绍过Word和PowerPoint中也可以使用VBA创建宏。Excel VBA与Word VBA、PowerPoint VBA之间有何不同呢？“VBE的用法”与“编程通用指令”这两部分内容实际上是相同。本书中学习的Excel VBA知识可以直接应用在Word VBA以及PowerPoint VBA中。不同的是“获取、操作对象的代码”这部分内容，尽管Excel与Word、PowerPoint都属于Microsoft Office，但是由于应用程序不同，从VBA中获取、操作的对象也不同。为了创建Word宏与PowerPoint宏，就需要理解Word与PowerPoint对象之间存在的层级关系。

知道集合和单独对象之间的不同点

很多集合对象与单独对象中配置了不同的属性与方法，但也有配置相同的属性与方法，Worksheets集合对象与Worksheet对象都有配置Select方法。运行“Worksheets.Select”代码将选中所有工作表，运行“Worksheets(1).Select”代码将选中最左边的工作表。根据上述差异描述，我们就能够理解集合对象与单独对象之间的不同点。

▶ Worksheets.Select和Worksheets(1).Select运行结果

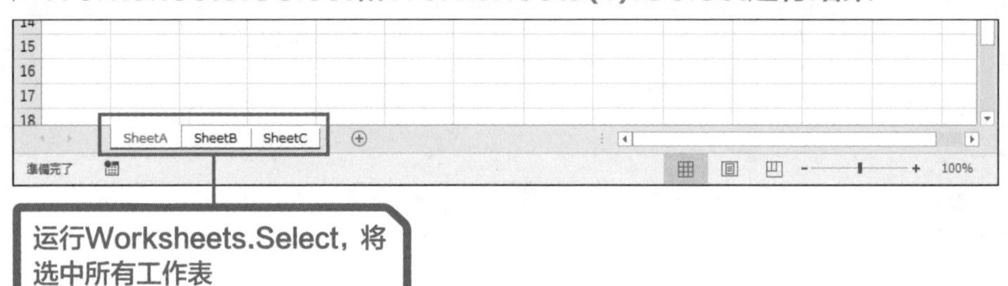

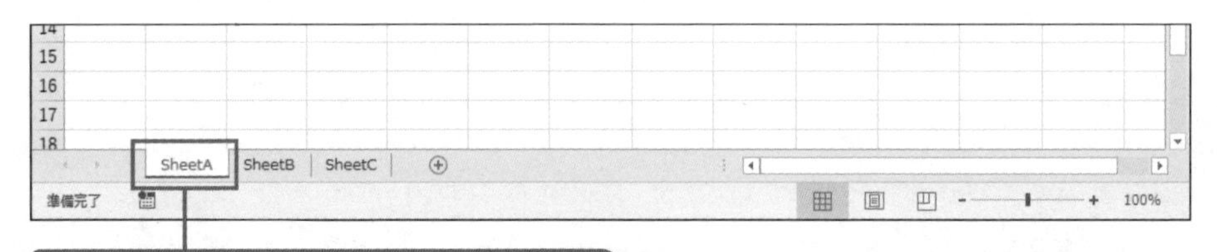

要点　VBA函数与属性、方法之间有何不同

刚开始学习Excel VBA的时候，可能经常会弄不清楚第4章学习的VBA函数与本章学习的属性、方法之间的不同点。第4章学习的函数与Excel没有关系，它们只是用于处理某些数据的代码，而本章学习的属性与方法必须是与Excel有关系的代码。在以后的Excel VBA学习过程中，除了要会编写书本上面看到的代码，还要知道这些代码所表示的含义。如此重复，渐渐地就能弄清楚函数和属性、方法之间的不同了。

第9章

活用宏录制

在本章，我们将把宏录制功能当作“获取与设置对象的代码”提示工具，一起学习宏录制的实际用法。

[宏录制的活用方法]

54 了解宏录制功能的活用方法

扫码看视频

学习要点

虽然宏录制功能可以将Excel执行的操作转变成VBA代码，以便可以重复执行这些操作。但由于输出的代码缺乏共通性，无法完全照搬应用，所以我们建议将宏录制功能作为获取对象相关代码提示的工具。

运用宏录制获取对象相关提示

在50节中介绍过需要在可以自行编写For…Next语句之后再真正学习对象相关的语法。但是只要创建Excel宏，就需要写Excel操作对象。Excel中存在很多对象，每个对象所配置的属性与方法各不相同。因此，经常会不知道使用哪个属性获取哪个对象比较好，以及使用对象的哪个属性与方法发出指示比较好。在遇到这种情况的时候，就可以使用宏录制功能将Excel执行的操作转变成VBA代码。

▶宏的录制方法

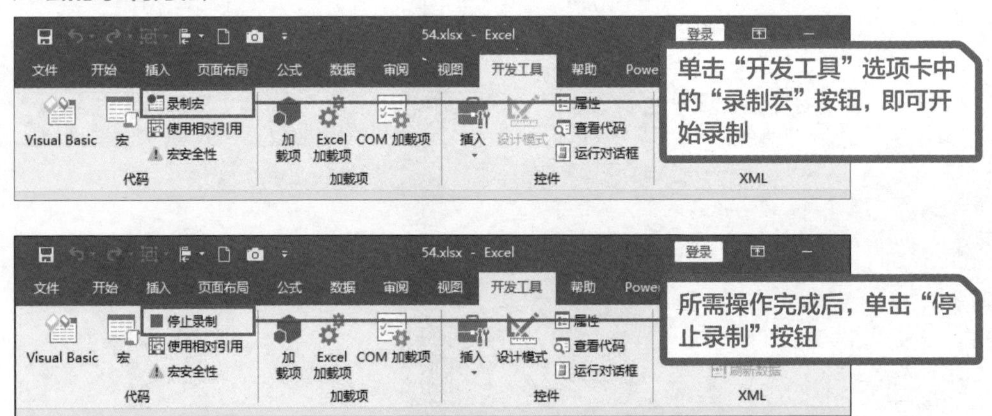

宏录制的方法

虽然宏录制功能生成的代码本身不具有共通性，但是很多时候生成的代码的一部分是有效的，所以我们可以把宏录制功能当作获取提示的工具使用。我们建议把宏录制功能与通过宏录制生成的代码中包含的关键字搜索帮助获取信息提示的工具区分开。

▶宏录制生成的代码示例

```
Range("A1").Select
With␣Selection.Font
␣␣␣␣.Name␣=␣"宋体"
␣␣␣␣.Size␣=␣14
␣␣␣␣.Strikethrough␣=␣False
End␣With
```

这个是录制单元格格式设置操作的一部分代码，可以用来获取所需操作的属性与方法

如第1章所述，Excel中的宏录制功能无法创建前面7章中的VBA函数、变量、条件分支、循环控制代码。宏录制功能只能创建第8章学习的对象相关代码。

录制一部分操作

将宏录制功能当作获取VBA提示工具使用时，我们需要在用法上花费更多的精力。使用宏录制执行操作时，会生成大量代码。特别是在尚未熟悉Excel VBA的阶段，很难读懂宏录制中生成的那些代码。因此，可以试着将编写某些代码时的提示操作录制下来，这样可以编写出阅读起来不会那么辛苦的代码。

宏录制功能可以自动确认生成的代码，接下来，让我们一起试着实际操作吧。

一边操作一边确认宏录制如何创建代码

1 将Excel和VBE并列排布 新工作簿

启动宏录制功能，一边操作一边确认宏录制如何创建代码。首先，新建Excel工作簿❶，将Excel和VBE并列排布，保证两者同时可见❷。

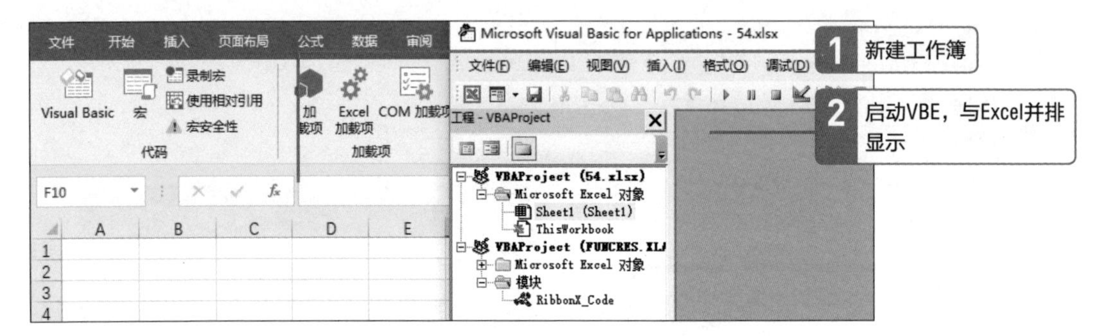

2 开始宏录制

开始宏录制❶。输入合适的宏名称❷，单击“确定”按钮❸。

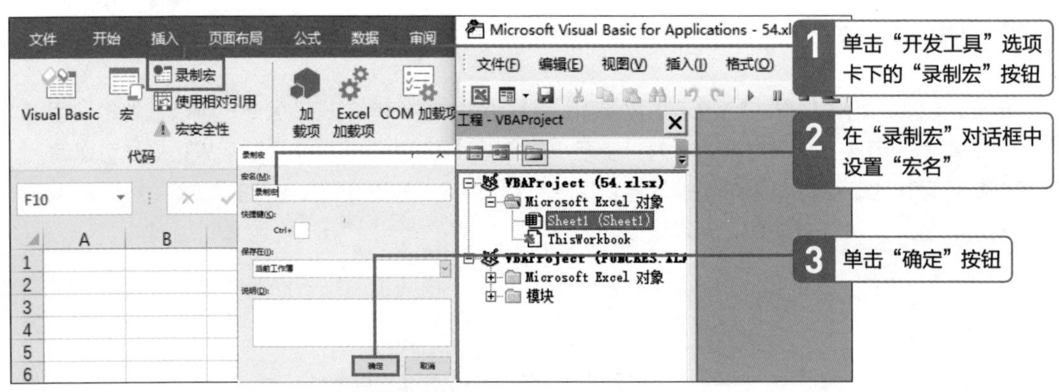

虽然与获取提示的工具区分开的情况下，不需要改变宏名，但是为了方便确认指定的宏名为Sub过程名，所以此处有作改变。

第9章 活用宏录制

3 确认模块已创建

开始宏录制，在工程资源管理器中插入模块。

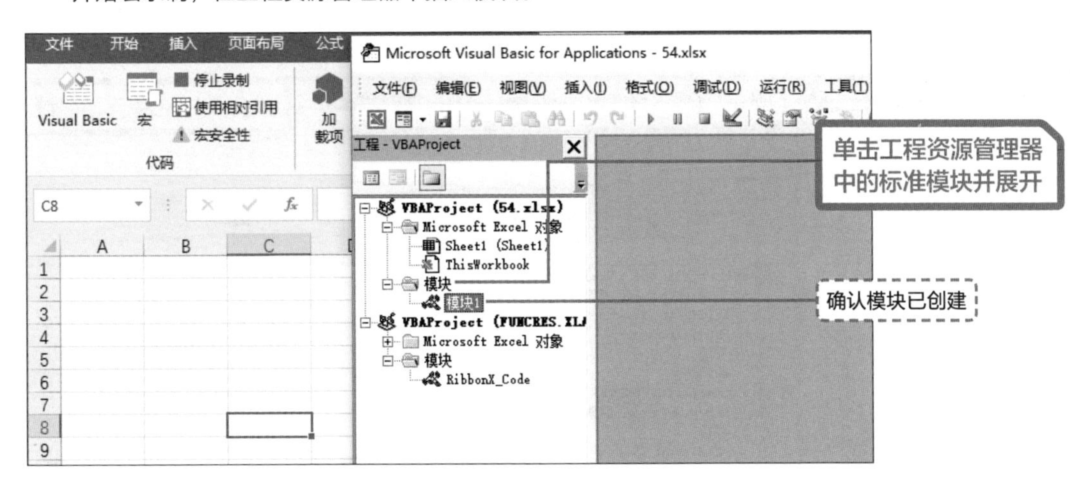

4 确认Sub过程已创建

确认模块中Sub过程已创建。

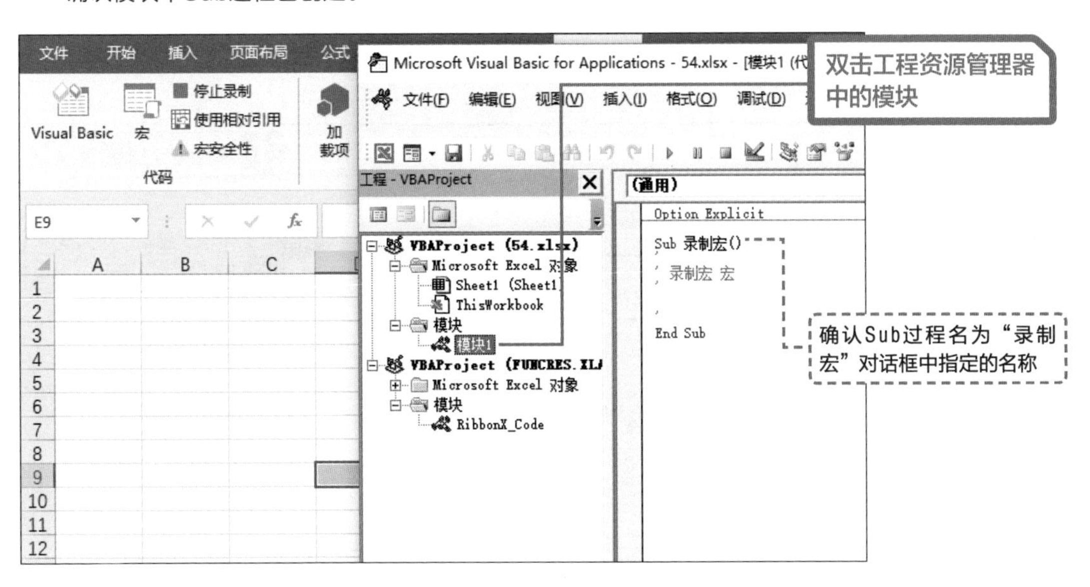

5 选择A1:A5单元格区域并确认Sub过程

之后，每执行一次操作，确认一下Sub过程内的代码追加状况，选择A1:A5单元格区域后，通过右侧单元格左移删除选择的单元格。

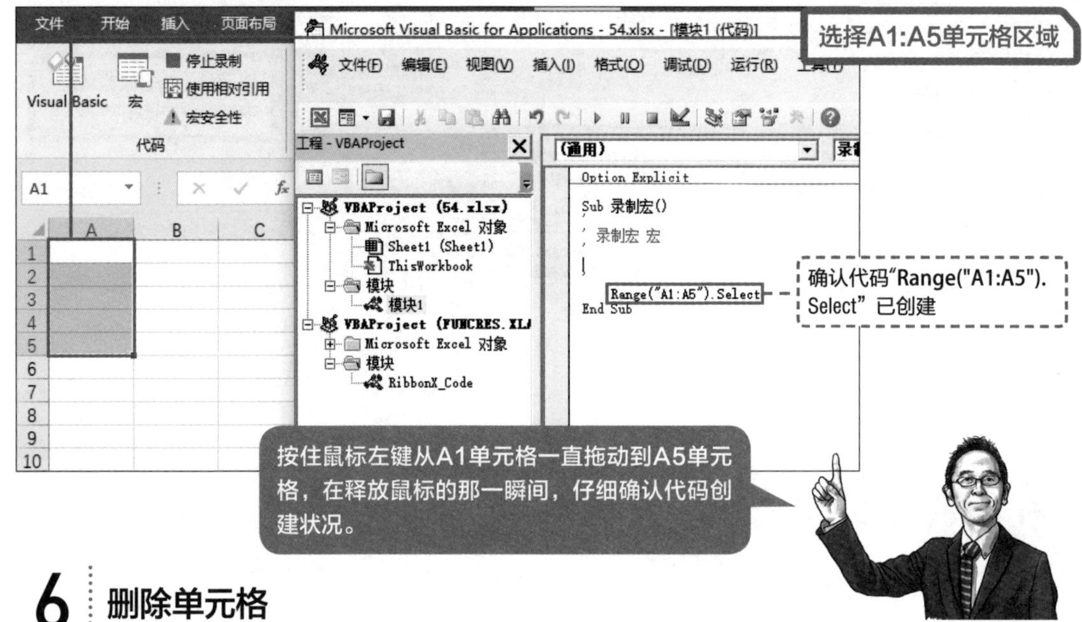

选择A1:A5单元格区域
确认代码"Range("A1:A5"). Select" 已创建
按住鼠标左键从A1单元格一直拖动到A5单元格，在释放鼠标的那一瞬间，仔细确认代码创建状况。

6 删除单元格

删除选择的单元格区域❶❷。

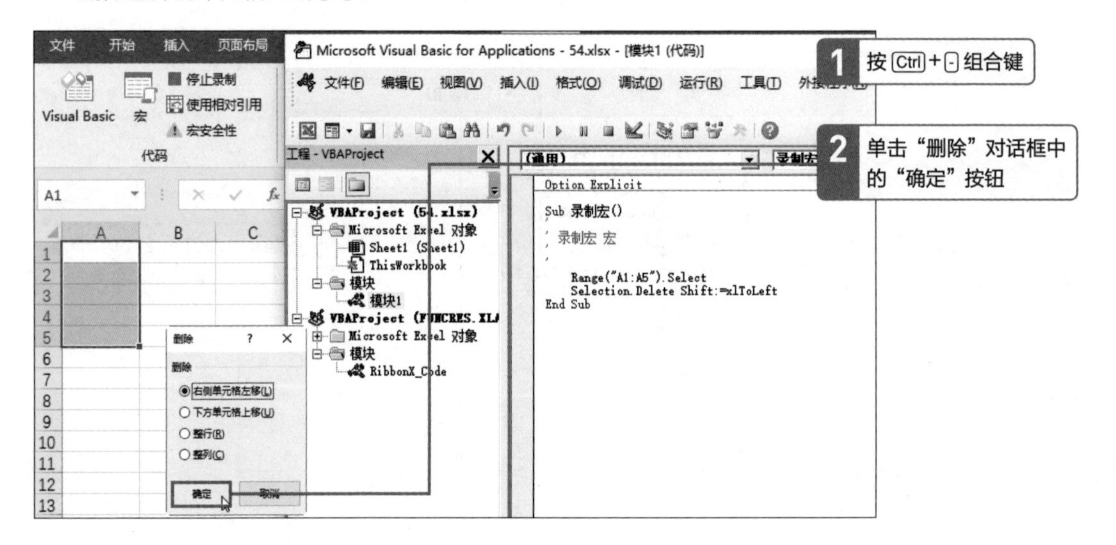

7 确认Sub过程

关闭“删除”对话框并确认代码创建状况。

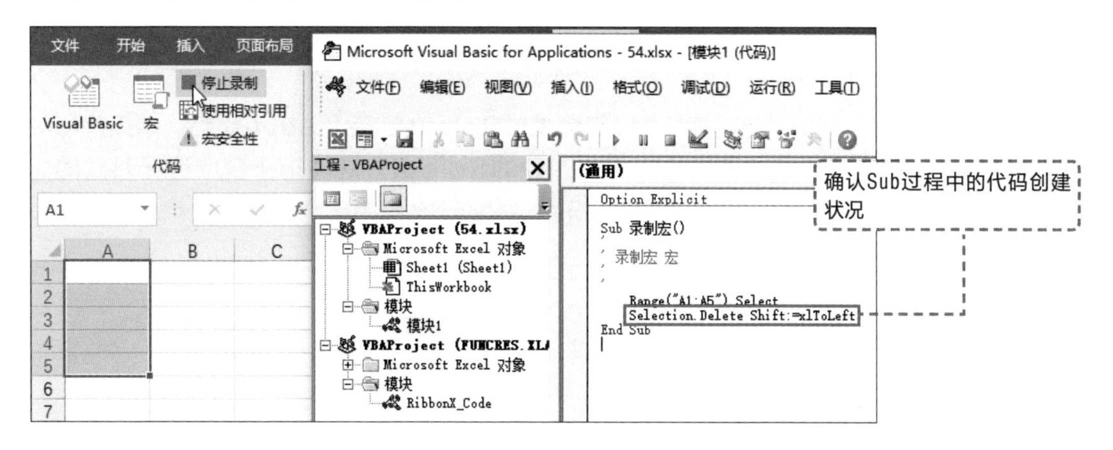
确认Sub过程中的代码创建状况

8 停止宏录制

执行宏录制，每操作一次追加一次代码。确认完成后，停止宏录制。

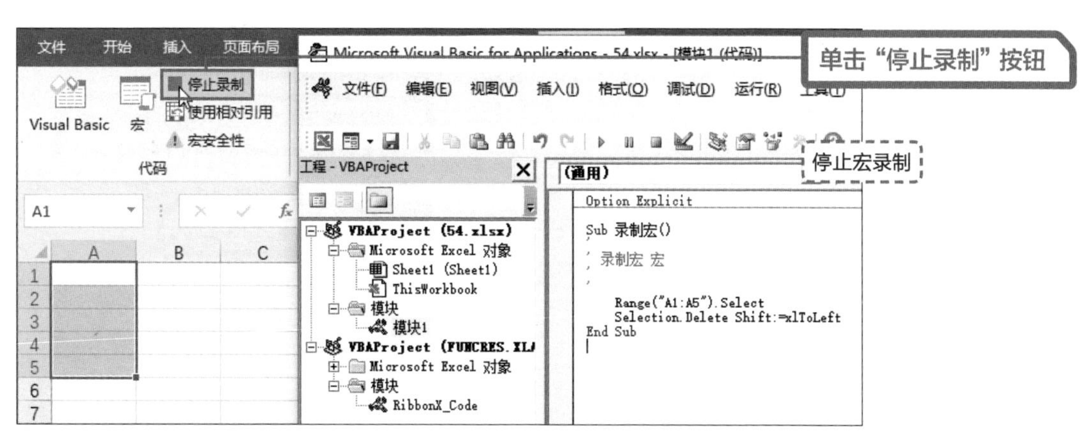
单击“停止录制”按钮
停止宏录制

执行宏录制时，出现了前面章节中没有涉及的代码类型，我们将在55节~58节中学习这些代码。

[Select方法与Selection属性]

55 学习宏录制时使用的Select和Selection

执行宏录制时，经常会生成Select与Selection代码。本页我们将学习用于选择操作对象的Select方法与用于获取选择对象的Selection属性的应用。

宏录制时经常会使用Select和Selection

执行Excel宏录制时，经常会使用到“xx.Select”“Selection.xx”之类的代码。例如，在54节的实际演练中，运用宏录制选择A1:A5单元格区域，删除选择的A1:A5单元格区域并指定右侧单元格左移，生成的代码如下。

▶删除A1:A5单元格

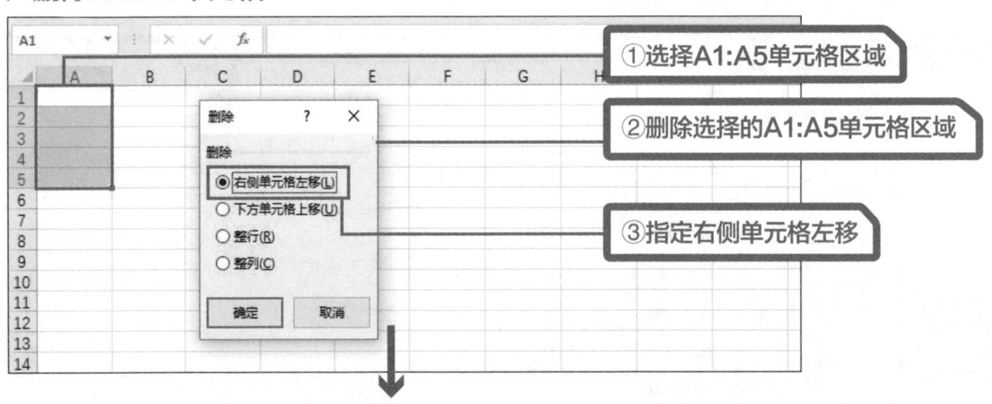

▶宏录制生成的代码

```
Range("A1:A5").Select
Selection.Delete Shift:=xlToLeft
```

①Range对象的Select方法

②③Range对象的Delete方法

选择操作对象用的Select与获取选择对象用的Selection

此代码中的Select是大部分对象中都会配置的方法，常用来选择操作对象。Selection是用来获取选择对象的属性（即52节提到的有点难的属性）。选择对象为单元格时，可以使用Selection获取Range对象。宏录制单元格操作时，Selection属性几乎都是获取单元格，所以需要将使用Selection写的代码改写成获取Range 对象的代码，这是创建通用性Excel宏的第一步。下面我们将刚才宏录制生成的两行代码改写成1行代码“Range("A1:A5").Delete Shift:=xlToLeft”。

▶ 将宏录制功能生成的代码重新写成1行代码

```
Range("A1:A5").Select
Selection.Delete Shift:=xlToLeft
```

```
Range("A1:A5").Delete Shift:=xlToLeft
```

在尚未熟悉宏创建的阶段，使用Select会更有利于理解代码。但是也有缺点，那就是如果使用Select，宏运行的速度会比较慢。所以，我们需要一边创建能够实际应用的宏，一边逐步熟悉不含Select的代码。

要点　要逐步习惯查看和阅读“帮助”信息

同不查英汉词典或英英词典就不能恰当地读写英语的人一样，为了能够自主编写Excel VBA代码，就必须要使用“帮助”功能。但事实是，有的人不习惯查看“帮助”或者认为“帮助”不容易理解。从一开始遇到困难的时候就要认真阅读“帮助”信息，所以前提是要先习惯查看“帮助”。将光标放在代码窗口内想要查找的语句上，按F1功能键，即可显示“帮助”信息。若按了F1功能键，不显示想要的“帮助”信息，我们可以在理解52节学习的获取对象的属性的基础上，通过“对象.属性”“对象.方法”格式进行搜索。

[命名参数]

56 学习宏录制时使用的“命名参数”

扫码看视频

学习要点

我们在执行宏录制时，有时会使用“命名参数”创建代码。“命名参数”是用来指定属性与方法的参数。

给参数命名

前面章节中出现过“Shift:=xlToLeft”代码，这是将常数xlToLeft指定给Range.Delete方法的Shift参数的代码。很多属性、方法、VBA函数中的参数都可以被命名。“:=”（冒号和等号）左边写的是参数名，右侧写的是指定给参数的值。使用名称的参数叫作“命名参数”，未使用名称的参数叫作“标准参数”。指定属性和方法参数时，可以使用参数名称指定，也可以不使用参数名称指定，“Range("A1:A5").Delete Shift:=xlToLeft”不使用命名参数时，可以写成“Range("A1:A5").Delete xlToLeft”。

▶ 宏录制功能生成的使用命名参数的代码

Range 对象的Delete方法的参数名

```
Range("A1:A5").Delete Shift:=xlToLeft
```

返回Range对象的Range属性

指定A1:A5单元格的参数

表示A1:A5单元格的Range对象

Range对象的Delete方法

指定Range .Delete参数，指示删除后单元格左移的常数

Delete(删除)表示A1:A5单元格的Range对象删除后是xlToLeft(左移）

39节中介绍过，表示Excel相关常数中，也有以xl为接头词的常数。这个xlToLeft就是其中一个示例。

 根据“帮助”和提示信息查找参数名

我们可以按F1功能键，在显示的“帮助”窗口中查找参数名，还可以从输入代码时显示的提示中知道参数名。

▶ 通过“帮助”窗口查找参数名

▶ 输入代码时显示参数名提示

```
Range("A1:A5").Delete
        Delete [Shift])
```

15节的自动下拉列表功能可以从显示的提示中选择要输入的参数名，由于系统本身没有配置这个功能，所以需要一边查看提示一边手动输入参数名。此外，即使参数名有拼法，也无法自动切换大小写字符。

区分使用命名参数与标准参数

可能有人会对如何区分使用命名参数和标准参数存在疑问。后续阅读代码时，我们将根据哪个代码的意思更容易理解、哪个代码更容易阅读来区分命名参数与标准参数。例如，之前多次出现的“Range("A1")”，使用命名参数后可以写成“Range(Cell:="A1")”，但平时经常使用ExcelVBA的人，应该很少有人会写成“Range(Cell:="A1")”这种格式。因为使用标准参数写成“Range("A1")”这种格式，也能理解代码的含义，使用命名参数写成的“Range(Cell:="A1")”代码反而不容易阅读。

在67节中，我们将学习使用命名参数的代码明显变得容易阅读的示例。

[行接续字符]

57 学习宏录制时使用的“行接续字符”

扫码看视频

学习要点

当使用宏录制很长的代码时，需要在代码中输入“ _”(半角空格和下划线)。本节中，我们将实际学习如何把1行代码分成多行代码时使用的行接续字符“ _”。

使用行接续字符“ _”(半角空格和下划线)把1行代码分成多行代码

使用宏录制“设置选中的单元格超链接”操作时，生成的代码如下一页所示。该代码其实也就是下一页所示的1行代码(1行字符太多不容易读取)。无论是VBA还是一般的文章，如果1行字符太多，代码就会变得不容易阅读。因此，当宏录制的代码达到某个长度，通过输入“ _”(半角空格和下划线)，可以把1行代码分成多行代码(在VBA代码行尾处输入“ _”，可以将代码换行)。

▶ 设置超链接的操作

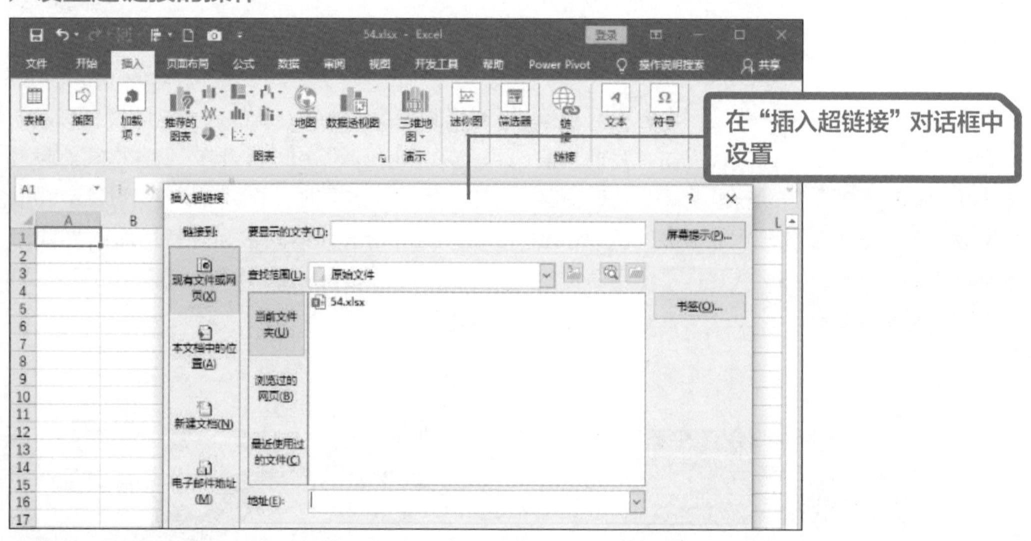

▶ 设置超链接的宏

```
ActiveSheet.Hyperlinks.Add Anchor:=Selection, Address:="", SubAddress:= _
    "Sheet1!A1", TextToDisplay:="Sheet1!A1"
```

在代码行尾处输入“_”，可以将代码换行

▶ 设置超链接的宏

```
ActiveSheet.Hyperlinks.Add Anchor:=Selection, Address:="", SubAddress:="Sheet1!A1", TextToDisplay:="Sheet1!A1"
```

如果不将代码换行，1行代码过长，代码会难以阅读

重新输入行接续字符

虽然代码写成了简短的1行，但也绝对不可以说这个代码就容易阅读，我们需要将这个代码重新换行，写成以下格式。在代码的哪个位置换行比较好呢？我们是在原始代码中添加半角空格的位置追加“_”行接续字符换行。请再回忆下前面章节学习过的内容，VBA与英语相同，凡是含有意思的单词、符号或数字前后都需要添加半角空格。最后，将代码窗口中的Hyperlinks Add 方法的4个参数：Anchor、Address、SubAddress、TextToDisplay换行，并让这4个参数并排显示。

▶ 设置超链接的宏

```
ActiveSheet.Hyperlinks.Add _
    Anchor:=Selection, _
    Address:="", _
    SubAddress:="Sheet1!A1", _
    TextToDisplay:="Sheet1!A1"
```

在每个半角空格处重新输入“_”，代码会变得容易阅读

第一次阅读本书的时候，或许并不会觉得重新输入“_”的代码更容易阅读，当熟练运用Excel VBA代码后，就会发现输入“_”的代码远比宏录制功能生成的原始代码更容易理解。

[With…End With语句]

58 学习宏录制时使用的With…End With语句

在不同的宏录制操作中，有时候会生成With…End With语句。这个语句是省略获取对象代码后的写法。运行代码时，我们要一边想象获取的对象，一边逐渐去熟悉运行状态。

宏录制中使用的With…End With语句

通过“设置单元格格式”对话框中的“字体”选项卡变更字体大小，使用宏录制操作时，生成的代码如下(实际生成的代码行数远多于此，为了方便解说，缩短了代码)。就像55节所学的那样，这个代码不使用Select与Selection，而是按照以下格式编写。With行与End With行缩进位置一致，中间代码行的缩进比With行和End With行缩进更深一点，各位从这一点应该可以发现With…End With是一个组合吧。

▶ 变更录制字号……

```
Range("A1").Select
With␣Selection.Font
␣␣␣␣.Name␣=␣"宋体"
␣␣␣␣.Size␣=␣14
␣␣␣␣.Strikethrough␣=␣False
End␣With
```

With…End With语句的读法

这里希望大家注意的是，写在With…End With之间的代码和Name、Size一样，均以“.”开头。“.”开头的关键字前面，With后面用于获取对象的代码被省略了。由于With后面写了“Range("A1")).Font”，所以Name表示“Range("A1").Font.Name”，Size表示“Range("A1")).Font.Size”。也就是说，使用With…End With语句时，同一对象的重复描述是可以省略的。

▶ With…End With语句的结构语句

```
With␣获取对象的属性和方法
␣␣␣␣.属性␣=␣设置值
␣␣␣␣.方法
End␣With
```

▶ 重新编写后的宏录制代码

```
With␣Range("A1").Font
␣␣␣␣.Name␣=␣"宋体"
␣␣␣␣.Size␣=␣14
␣␣␣␣.Strikethrough␣=␣False
End␣With
```

删除Range对象中的Select方法并将Selection属性变成Range属性

▶ 未使用With…End With时的代码

```
Range("A1").Font.Name␣=␣"宋体"
Range("A1").Font.Size␣=␣14
Range("A1").Font.Strikethrough␣=␣False
```

反复执行“Range("A1").Font”代码

虽然使用With…End With语句有很多优点，但如果不熟悉对象相关的代码的话，有时候也会很难读懂代码的意思。在这种情况下，不要勉强使用With…End With语句，而是首先使用自己更容易理解的格式编写代码。

要点 关于个人宏工作簿

▶个人宏工作簿

应该很多人都有发现“录制宏”对话框中的“保存在”下拉列表中有“个人宏工作簿”选项。个人宏工作簿是用来保存经常使用的宏，是一种特殊的具有右侧特征的工作簿。

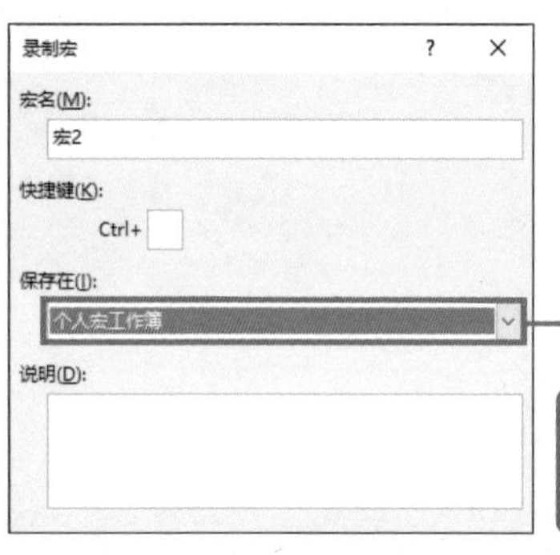

实际是名称为PERSONAL.XLSB的文件

个人宏工作簿的特征

- 是保存在XLSTART文件夹的PERSONAL.XLSB文件。
- 在“录制宏”对话框中将保存位置设置成“个人宏工作簿”，宏录制时即可自动创建。
- 个人宏工作簿在Excel程序打开时将自动启动。
- 由于此文件进行了隐藏设置，所以普通的Excel用户很难发现个人宏工作簿处于启动状态。

▶XLSTART文件夹

在Excel程序打开时自动启动的原因不是因为个人宏工作簿本身，而是因为XLSTART文件夹中保存了PERSONAL.XLSB文件。XLSTART文件夹的特征如右侧所示。

XLSTART文件夹的特征

- 从Excel读取XLSTART文件夹内的工作簿时开始启动。
- 实际密码为“C:¥Users¥<用户名>¥AppData¥Microsoft¥Excel¥XLSTART¥”等(也可以改变)。
- 打开XLSTART文件夹内的工作簿时，即使工作簿内包含宏也不会显示06节学过的警告提示。

虽然个人宏工作簿有方便的一面，但是作为个人来说，管理上的缺点远大于方便性。

第10章

学习Range对象

Excel VBA最常见的处理对象是单元格，本章我们将学习表示单元格的Range对象。

[Range、Cells和ActiveCell]

59 学习用于获取Range对象的属性

学习要点

VBA操作单元格时，需要使用Range对象。本节我们将学习获取Range对象中最常用的Range、Cells和ActiveCell属性。

Range属性用于获取Range对象的属性

正如52节所述，本书中多次出现的Range是用于获取单元格对象的属性。Range是Worksheet对象配置的属性，因为是很常用的属性，所以就像51节所学习的那样，这些是不按照层级顺序也能编写代码的属性。省略上位层级编写Range代码时，可以看作是指定活动Worksheet对象的Range属性。本书前面章节中学习过使用“Range("A1")”表示单个单元格，同时Range对象也可以指定单元格区域。例如，运行“Range("A1:A5").Select”代码，即可选中A1:A5单元格区域。

▶Range(“A1:A5”).Select的含义

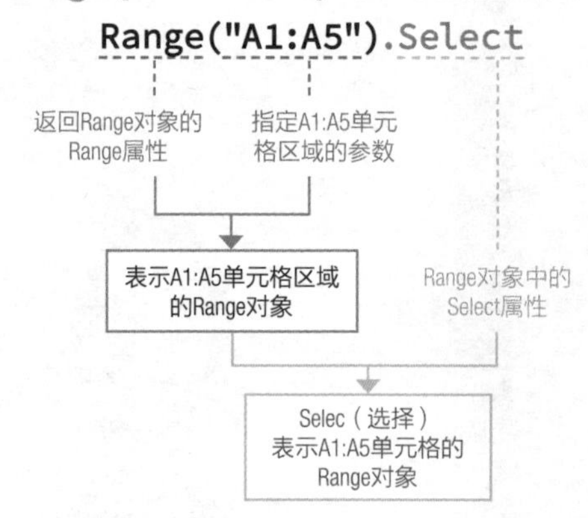

如果仅获取对象就会很难理解代码的含义，所以本节将介绍执行选择操作的代码。为了能让大家注意到获取Range对象的代码，我们把获取对象属性以外的代码颜色均设置成了浅色。

可以指定Range属性中的两个参数

Range属性中的两个参数可以被指定。指定Range属性中的两个参数，即可以获取表示单元格区域的Range对象。例如，运行“Range("A1,A5").Select”代码，即可选中A1:A5单元格区域。

▶ Range("A1,A5").Select的含义

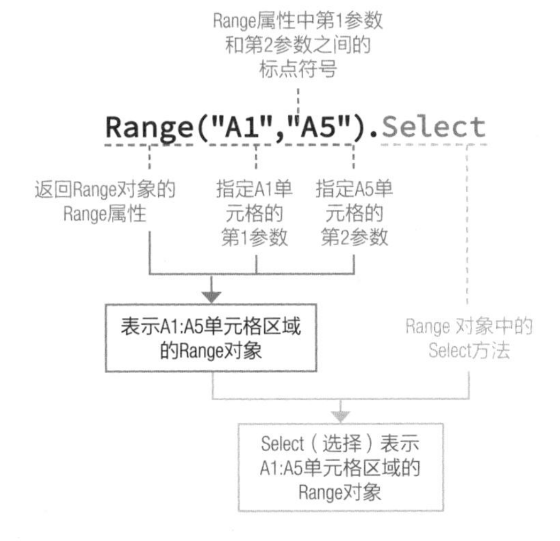

请注意，“Range("A1,A5").Select”代码不是用于获取表示“A1单元格到A5单元格”的Range对象，而是用于获取“从A1到A5的单元格区域”的Range对象。

▶ Range("A1:A5").Select和Range("A1,A5").Select运行结果

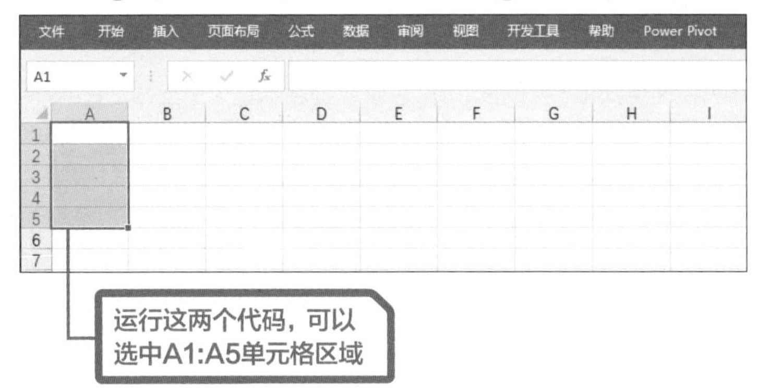

运行这两个代码，可以选中A1:A5单元格区域

Cells属性用于获取Range对象的属性

在46节中出现的Cells也是Worksheets对象等配置的属性，运行代码，即可获取表示单元格的Range对象。Cells属性与Range属性相同，均是不按照层级顺序也能编写代码的属性，省略上位层级编写Cells代码时，可以看作是指定活动Worksheet对象的Cells属性。正如46节~47节所学习的那样，使用数字或字母指定表示行号的第1参数与表示列号的第2参数。运行“Cells(1,"A").Select”，即可选中A1单元格。

▶Cells(1,"A").Select的含义

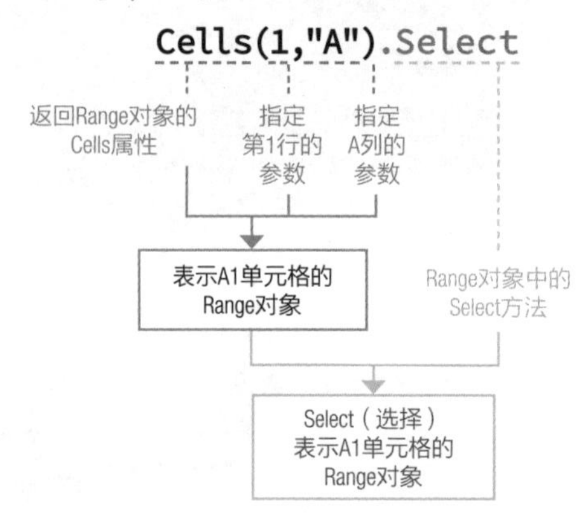

Cells是不指定参数也可以使用的属性，用于获取表示所有单元格的Range对象。例如，运行“Cells. Select”代码，即可选中活动工作表中所有单元格。

有了Cells属性，还需要Range属性吗

使用Cells属性时，可以使用数字获取Range对象，而且方便执行循环控制结构。所以有人会认为：既然有Cells属性，应该就不需要Range属性了。这种想法是不对的，单独使用Cells属性，只能获取表示所有单元格的Range对象或者表示单个单元格的Range对象。然而Range属性可以获取表示单元格区域的Range对象，仅使用Cells属性，很难获取表示单元格区域的Range对象，所以需要与Range属性组合使用。

▶Range属性与Cells属性的不同点

- Range属性可以获取“单元格区域”。
- Cells属性可以获取“单个单元格”或者“所有单元格”，但是“无法获取单元格区域”。

ActiveCell是用于获取表示活动单元格的Range对象

与Range属性、Cells属性一样，如果不指定单元格区域或者也不使用行号与列号指定单元格，只是想要返回活动单元格的时候，我们需要使用到ActiveCell属性。使用ActiveCell属性，可以获取表示活动单元格的Range对象。ActiveCell属性、Range属性以及Cells属性都是常用属性，不顺着层级结构也能编写代码。运行“MsgBoxActiveCell.Value”代码，活动单元格的值将显示在弹出的对话框中。当活动单元格为A1单元格时，“ActiveCell”“Range("A1")”“Cells(1,1)”代码都将返回表示A1单元格的Range对象。

▶ MsgBoxActiveCell.Value运行结果

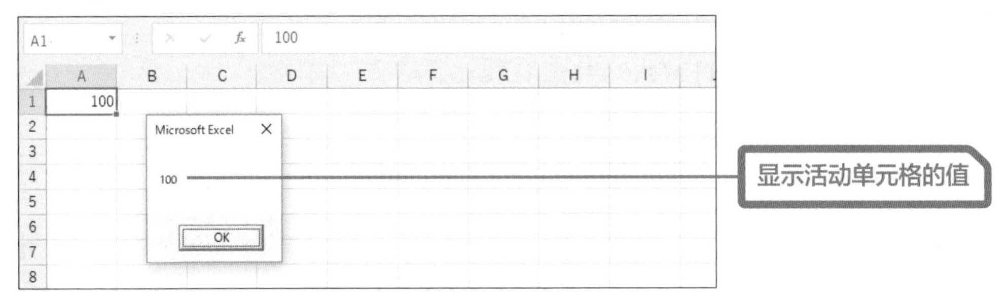

▶ ActiveCell.Value的含义

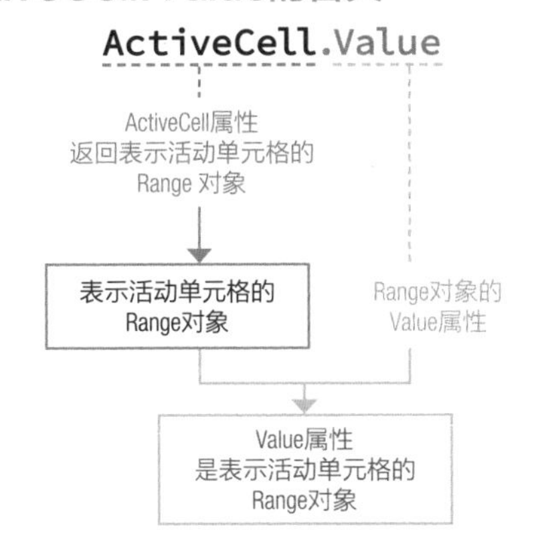

除此以外，还有很多可以用于获取Range对象的属性。我们将在本书后续的63节介绍Rows属性和Columns属性，在64节~65节介绍Range对象中的End属性。

要点 组合使用Range属性与Cells属性

除了可以指定Range属性中的两个“Range("A1","A5")”字符串参数以外，还可以指定获取Range对象的代码。例如，运行“Range(Cells(1,"A"), Cells(5,"A")).Select”代码，即可选中A1:A5单元格区域。指定Range属性中的第1参数“Cells(1,"A")”代码是返回表示A1单元格的Range对象、指定Range属性中的第2参数“Cells(5,"A")”代码是返回表示A5单元格的Range对象。也就是说，从结果上看，这个代码与“Range("A1","A5").Select”代码含义相同。此处是用字母A指定Cells属性中的第2参数，当然，如果使用数值1写成“Range (Cells(1,1), Cells(5,1)).Select”，含义也是一样的。Range属性与Cells属性的组合使用将会增加指定单元格区域的自由度。

▶Range属性与Cells属性组合使用后的代码含义

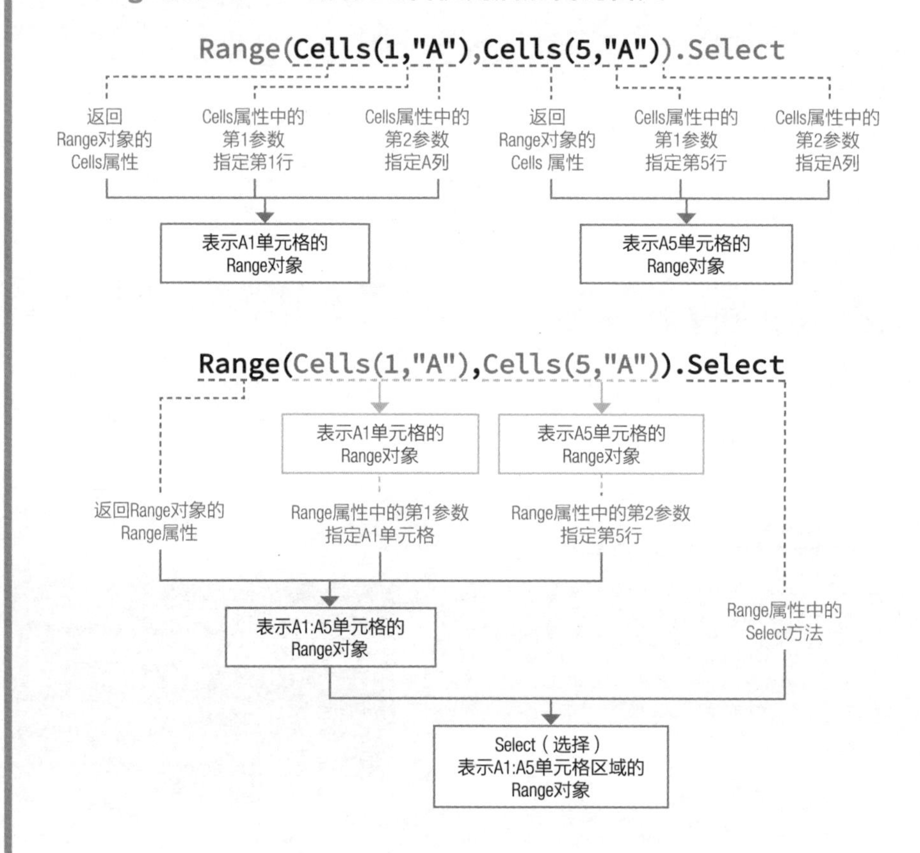

[Range对象的属性]

60 理解仅获取数据的Range对象的属性

学习要点

Range对象中配置了很多属性，本节我们将学习仅获取数据的属性，即52节所介绍的更容易理解的属性。

获取与设置单元格格式的属性

为了能够熟练操作Excel，我们必须要理解单元格格式。Excel VBA获取与设置单元格格式时，我们是利用Range对象中的NumberFormatLocal属性。运行“Range("A1").NumberFormatLocal="\#,##0"”代码，A1单元格格式将被设置成“\#,##0”。在Range("A1").NumberFormatLocal属性指定的字符串中，选择“设置单元格格式”对话框中的“数字”选项卡，然后选择“自定义”选项，即可指定所需的单元格格式。不获取单元格数值，而想要获取适用的格式(单元格内显示的数据)时，我们是利用Range对象中的Text属性。运行“MsgBox Range("A1").Text”代码，A1单元格中输入的数据将显示在弹出的对话框内。

▶ Range对象中的NumberFormatLocal、Value和Text属性

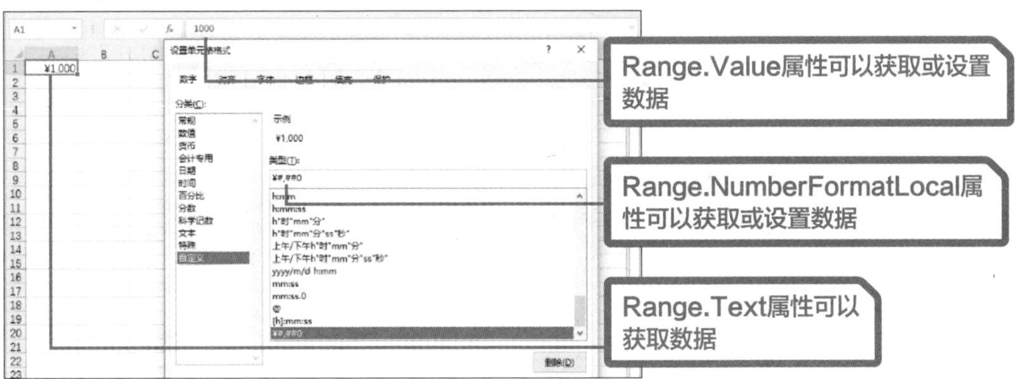
Range.Value属性可以获取或设置数据
Range.NumberFormatLocal属性可以获取或设置数据
Range.Text属性可以获取数据

▶ Range("A1").NumberFormatLocal="￥#,##0"的含义

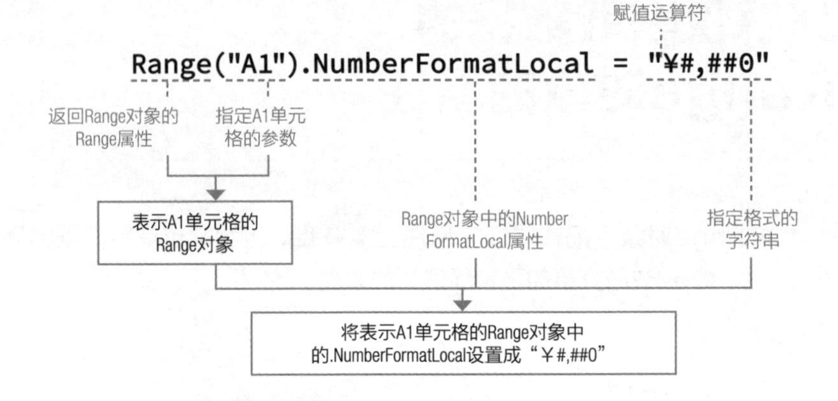

获取·设置公式的Formula属性

我们可以用Range对象中的Formula属性获取单元格公式。运行"Range("C1").Formula="=A1+A8""代码，C1单元格内将输入"=A1+A8"公式。运行"MsgBoxRange("C1").Formula"代码，C1单元格内的公式将显示在弹出的对话框内。

▶ Range("C1").Formula="=A1+B1"的含义

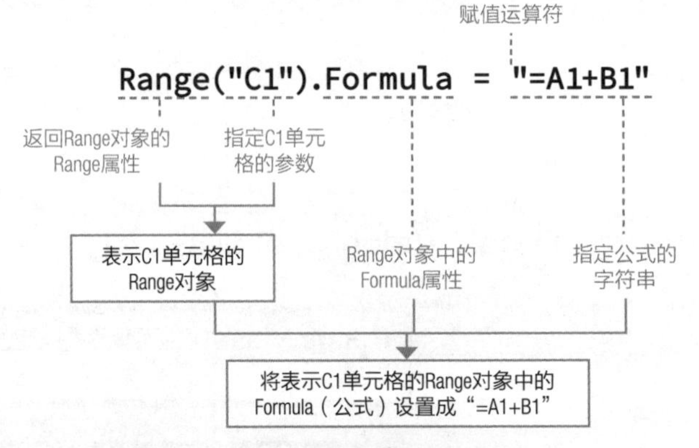

▶ Range对象中的Formula和Value

使用Row属性和Column属性分别获取行号和列号

使用Range对象中的Row属性可以获取单元格的行号。运行“MsgBoxActivecell.Row”代码，活动单元格行号将显示在弹出的对话框内。使用Range对象中的Column属性可以获取列号。运行“MsgBoxActivecell.Column”代码，活动单元格列号将显示在弹出的对话框中。

▶ ActiveCell.Row与ActiveCell.Column可以获取的值

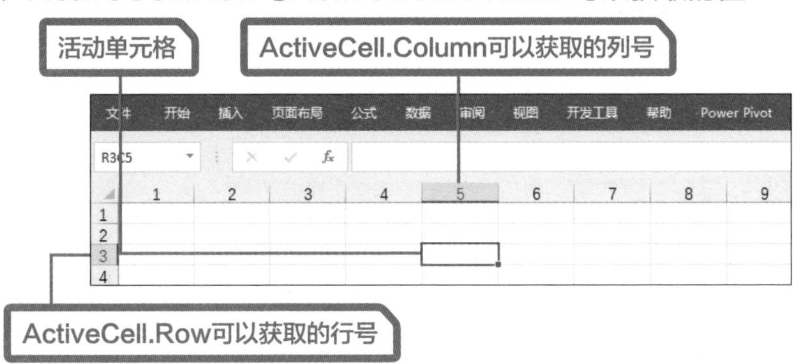

▶ ActiveCell.Row的含义

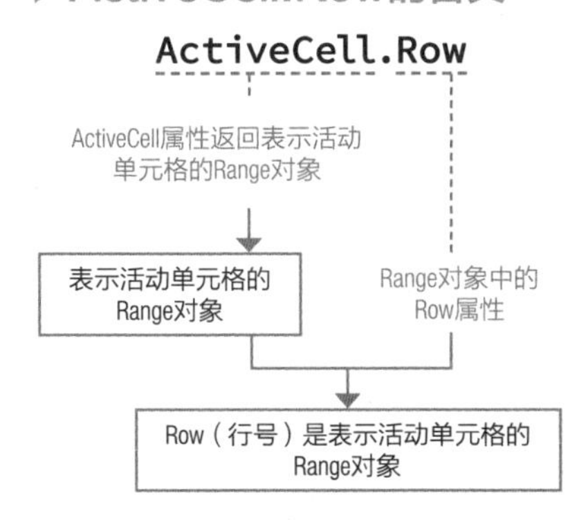

▶ ActiveCell.Column的含义

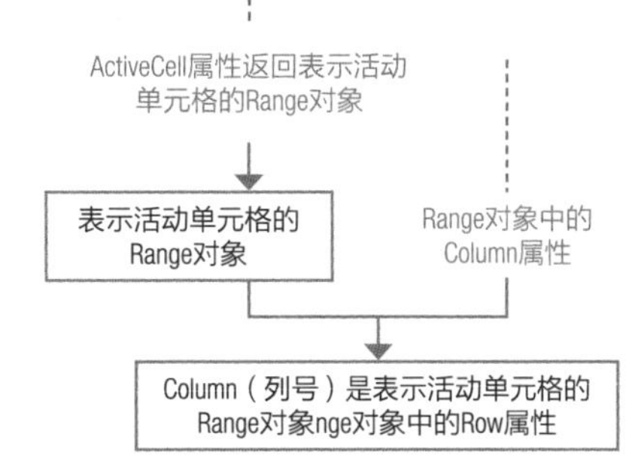

64节~65节中介绍利用Range对象中的Row属性获取输入数据最后一行的行号。

[Range对象的子对象]

61 学习Range对象的子对象

学习要点

Range对象中含有设置字体和填充的子对象。本节我们将学习Range对象中的Font对象。请理解并牢记Range对象的子对象。

层级结构对象的子对象

前面的章节中，我们学习了Range对象中用于获取各种Excel单元格数据的属性(也可以用于设置一部分属性)。我们将试着批量设置相同单元格格式，例如，在“设置单元格格式”对话框中的“字体”选项卡中进行批量字体设置。通过Excel VBA获取与设置含有多个设置项目的对象时，我们需要用到Range对象的子对象。

▶“设置单元格格式”对话框的“字体”选项卡

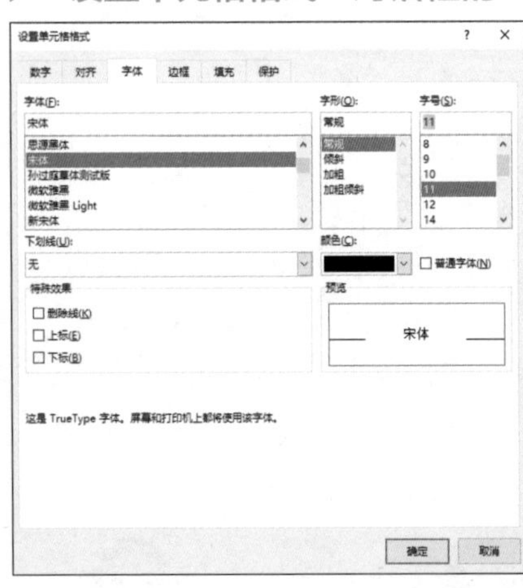

利用Range对象的子对象不仅可以设置字体，还可以设置边框和填充效果。

Font对象

通过Excel VBA设置单元格字体时，我们需要用到Range对象的子对象，即Font对象的属性。从Excel中最高层级Application对象来看，Font对象与Application对象间的层级关系如下。利用Range对象中的Font属性可以获取表示单元格字体的Font对象。运行以下代码，A1单元格的字体类型将被设置为“宋体”、字号为14、字形为加粗。

▶ Font对象前面的层级结构

▶ 设置Font对象的属性

```
With␣Range("A1").Font
␣␣␣␣.Name␣=␣"宋体"
␣␣␣␣.Size␣=␣14
␣␣␣␣.Bold␣=␣True
End␣With
```

▶ 用于获取或设置Font对象数据的部分属性

属性	含义
Name	字体名
Size	字号
Bold	加粗
Italic	倾斜
Underline	下划线
Strikethrough	删除线
Subscript	下标
Superscript	上标
Color	颜色
ColorIndex	颜色索引

我们首先需要知道的是：前面章节中的Value、NumberFontLocal、Text等属性都是属于Range对象层级的属性，而Font对象则是Range对象的子对象。

[Range对象的方法]

62 学习Range对象的方法

学习要点

60节~61节学习过Range对象中配置的几个属性。此外Range对象还配置了很多方法，本节我们将学习其中的几个代表方法。

使用Range.ClearFormats方法清除单元格格式

60节学习了Range对象中用于获取设置单元格格式的NumberFormatLocal属性，61节学习了用于设置字体的Font对象。集中清除（格式化）单元格格式时，我们可以通过执行“开始-清除-清除格式”命令来完成。VBA是利用Range对象中的ClearFormats方法执行格式清除操作。运行“Range.ClearFormats”代码，A1:A5单元格区域数据将保留，格式将被清除。

▶“清除格式”命令

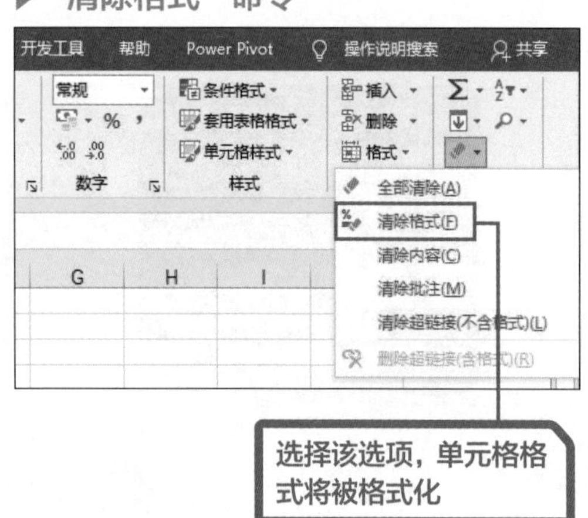

▶ Range("A1:A5").ClearFormats的含义

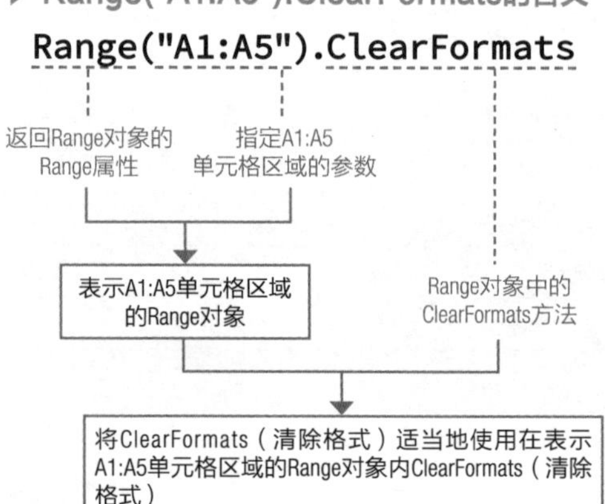

使用Range.Copy方法复制单元格

对单元格进行复制操作时，我们需要用到Range对象中的Copy方法。例如，运行“Range("A1:A5").Copy”代码，A1:A5单元格区域将被复制（利用Range对象中的PasteSpecial方法等粘贴）。

▶ Range("A1:A5").Copy的含义

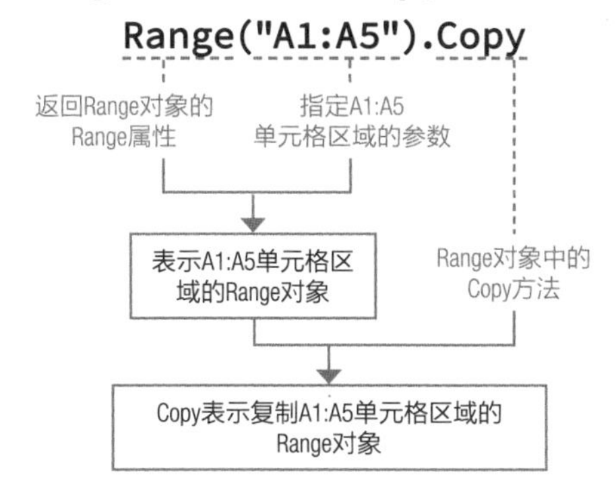

使用Range.PasteSpecial方法粘贴单元格

对单元格进行粘贴操作时，我们需要用到Range对象中的PasteSpecial方法。例如，运行“Range("A1:A5").Copy”代码后，再运行“Range("B1").PasteSpecial”代码，复制好的A1:A5单元格区域将以B1为起点粘贴在B1:B5单元格内。

▶ Range("B1").PasteSpecial的含义

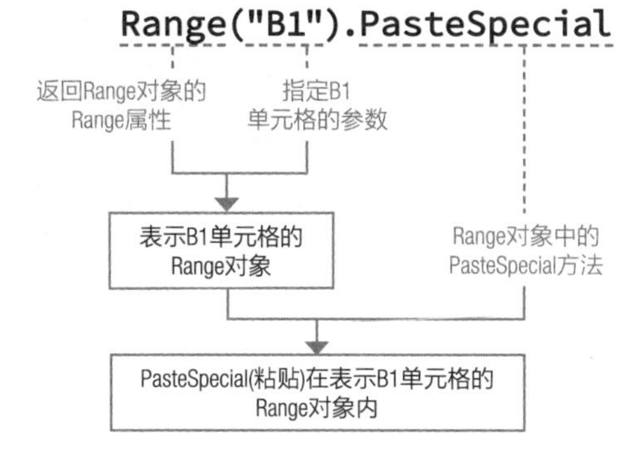

在72节创建多表汇总的宏时，我们将会组合使用Range.Copy方法和Range.PasteSpecial方法。

使用Range.PasteSpecial参数执行选择性粘贴

Range对象中的PasteSpecial方法的操作效果与“选择性粘贴”命令的操作效果相同。运行“Range("A1:A5").Copy”代码后，再运行“Range("B1").PasteSpecialxlPasteFormat”代码，复制的A1:A5单元格格式将以B1为起点粘贴在B1:B5内。

▶ Range("B1").PasteSpecialxlPasteFormats的含义

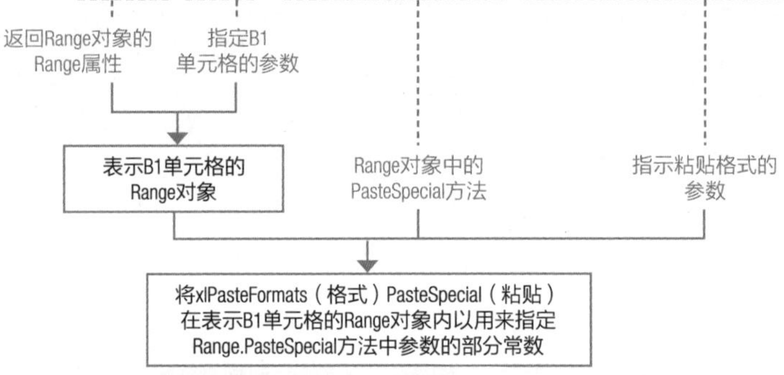

▶ 以下是可以用来指定Range.PasteSpecial方法中参数的部分常数

常数	含义	值
xlPasteAll	所有	-4104
xlPasteFormulas	公式	-4123
xlPasteValues	值	-4163
xlPasteFormats	格式	-4122
xlPasteComments	注释	-4144
xlPasteValidation	输入规则	6
xlPasteColumnWidths	列宽	8
xlPasteFormulasAndNumberFormats	公式和数字格式	11
xlPasteValuesAndNumberFormats	值和数字格式	12

60节~62节只介绍了Range对象中一小部分属性与方法。正如英语词汇量将会在英语学习过程中不断增加，同样的道理，我们可以一边使用Excel VBA创建宏一边不断地学习相应的属性方法。

通过指定Range.Copy参数可以复制单元格

除了使用Range.PasteSpecial以外，指定相应Range对象中的Copy方法参数，也可以实现复制单元格的操作。运行“Range("A1:A5").Copy Destination:=Range("B1")”代码，将以B1为起点复制A1:A5单元格区域。

▶ Range("A1:A5").Copy Destination:=Range("B1")的含义

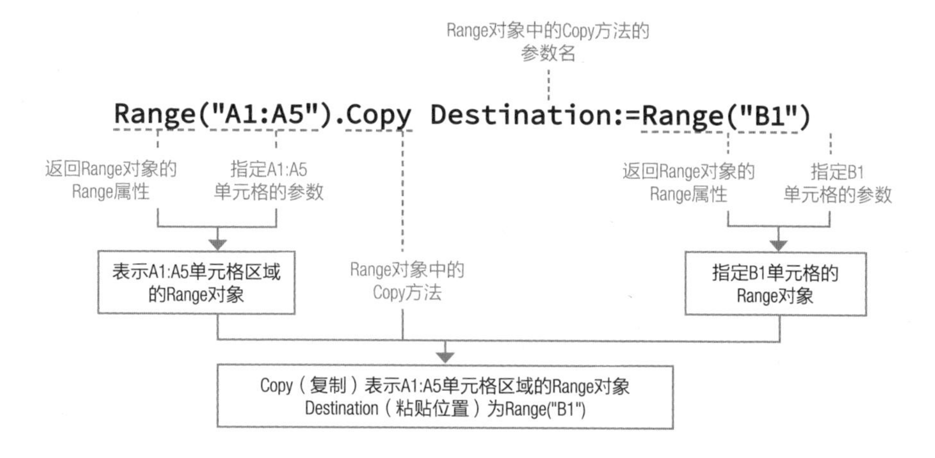

我们将在73节的多表汇总宏中对Range.Copy方法的参数进行指定并应用。

[表示整行与整列的Range对象]

63 学习表示整行整列的Range对象

学习要点

Excel操作单元格区域与操作矩形单元格区域、整行和整列不一样。VBA在操作单元格区域时运用Range对象与操作整行或整列时运用的Range对象不一样。

宏录制整行或整列的选择操作并生成代码

宏录制拖动Excel行号选择整行的操作后，将生成“Rows("1:5").Select”代码。使用此处的Rows属性，可以获取表示整行的Range对象。此外，宏录制拖动列号选择整列的操作，将生成“Column("A:C").Select”代码，使用Column代码，可以获取表示整列的Range对象。

▶宏录制选择整行的操作

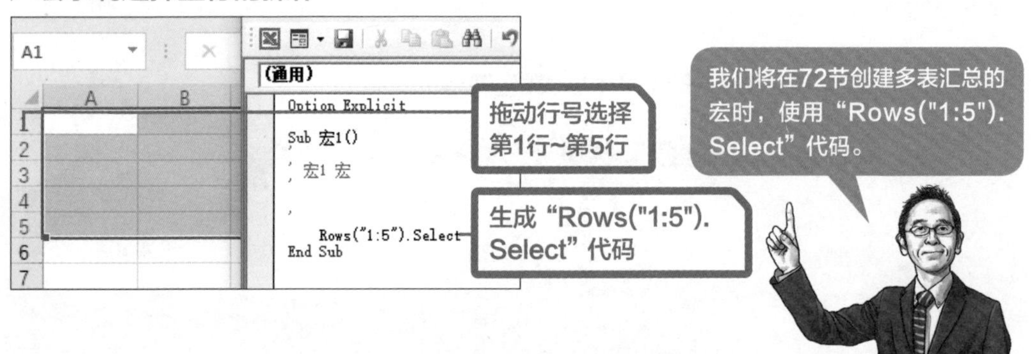
A1
A
B
(通用)
Option Explicit
Sub 宏1()
' 宏1 宏
Rows("1:5").Select
End Sub
拖动行号选择第1行~第5行
生成“Rows("1:5").Select”代码
我们将在72节创建多表汇总的宏时，使用“Rows("1:5").Select”代码。

使用Rows和Columns获取Range对象

使用Rows属性可以获取表示整行的Range对象，使用Columns属性可以获取表示整列的Range对象。宏录制生成的“Rows("1:5").Select”代码含义如下图所示。也可以使用数字指定Rows属性的参数，运行“Rows("5").Select”代码，第5行整

第10章 学习Range对象

行将被选中。Columns属性的写法与Rows属性的写法相似，写入“Columns("A:C").Select”代码并运行，即可选中A:C列整列，写入“Columns(3).Select”代码，即可选中第3列（C列）。

▶ Rows("1:5").Select的含义

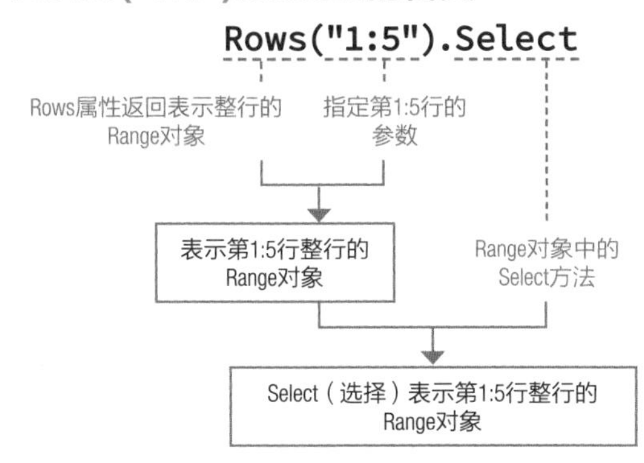
Rows("1:5").Select
Rows属性返回表示整行的Range对象
指定第1:5行的参数
表示第1:5行整行的Range对象
Range对象中的Select方法
Select（选择）表示第1:5行整行的Range对象

Range属性中的“Range("1:2")”“Range("A:B")”代码看上去也可以获取整行或整列，但因为Count属性的返回值会发生变化，所以严格意义上来说这两者是有所不同的。

使用Rows.Count获取行数、使用Columns.Count获取列数

Rows属性、Columns属性与59节所学习的Cells属性相同，即便不指定参数也能使用。这两个属性均可用来获取表示整行整列的Range对象。运行“MsgBoxRows.Count”代码，活动工作表的所有行数“1048576”将显示在弹出的对话框中。运行”MsgBoxColumns.Count”代码，活动工作表的所有列数“16384”将显示在弹出的对话框中。

▶ Rows.Count的含义

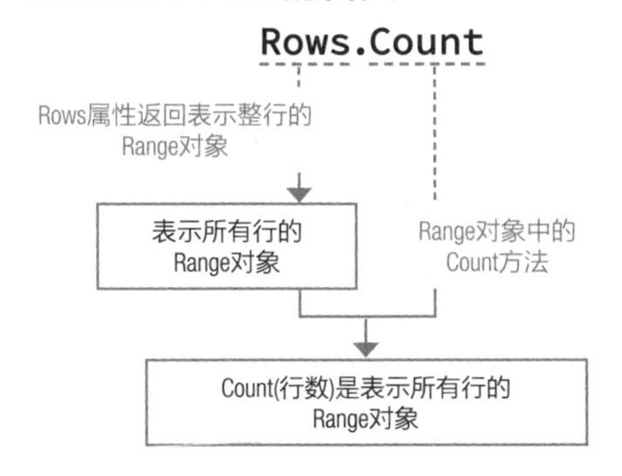
Rows.Count
Rows属性返回表示整行的Range对象
表示所有行的Range对象
Range对象中的Count方法
Count(行数)是表示所有行的Range对象

运用Excel97~2003版本的工作簿，Rows.Count“65536”的返回值为“256”。

[获取末端单元格1]

64 理解获取末端单元格的代码

扫码看视频

学习要点

想要运用Excel宏对所有数据行执行处理时，通过将连续单元格区域尾端的数据单元格（末端单元格）行号指定为For…Next语句的最终值即可。

增加数据单元格数量仍能执行末端数据单元格操作

根据47节确认的宏来看，判定合格与不合格的数据可以执行到第5件。那么，当工作表中的数据增加到50件时又是如何操作呢？如果是仅自己使用的宏，只要在运行宏之前，将“For i=1 To 5”中的“To”后面的数字改成50就可以了，即使将件数增加到50也不会有问题。但如果是与其他人共用的宏，就会很难每次都对照件数修改相应的VBA代码。所以需要事先创建好相关代码。

▶ 47节判定合格与否的宏

```
Sub 判定合格与否()
    Dim i As Long

    For i = 1 To 5
        If Cells(i, "A").Value >= 80 Then
            Cells(i, "B").Value = "合格"
        Else
            Cells(i, "B").Value = "不合格"
        End If
    Next i
End Sub
```

5件

	A	B	C
1	80		
2	79		
3	100		
4	81		
5	78		
6			

50件

	A	B	C
1	80		
2	79		
3	100		
4	81		
5	78		
…			
50	42		
51			

想要程序自动对照件数数据并修改重复的次数

使用Ctrl+↓组合键可以选中末端单元格

想要处理最后一个数据单元格时，可以组合使用Ctrl+↓组合键。例如，在A1:A5单元格内输入数据，A1单元格为活动单元格时，按Ctrl+↓组合键，即可选中A5单元格。这是在连续数据区域范围内Excel 可以识别应用的快捷键。我们将这个连续单元格区域尾端的数据单元格叫作“末端单元格”。

▶ 按Ctrl+↓组合键

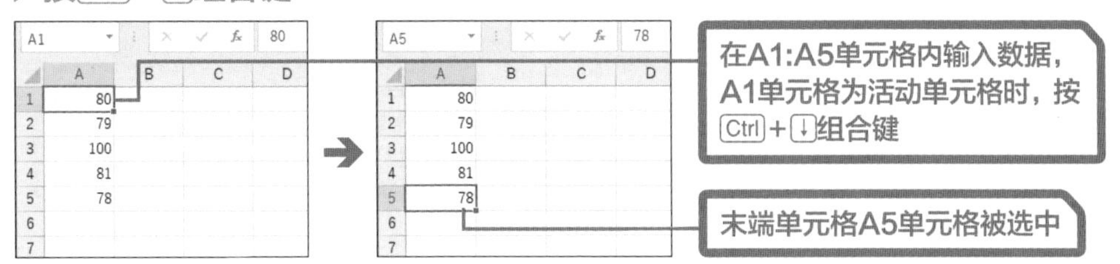

使用Range对象中的End属性可以获取末端单元格

通过Ctrl+↓组合键可以选中末端单元格，VBA执行该操作时，我们将会使用Range对象中的End属性和Select方法。使用End属性，可以获取表示末端单元格的Range对象。当A1:A5单元格内输入数据的情况下，运行组合使用了Select方法的“Range("A1"). End(xlDown).Select”，即可选中A5单元格。

▶ Range("A1").End(xlDown).Select的含义

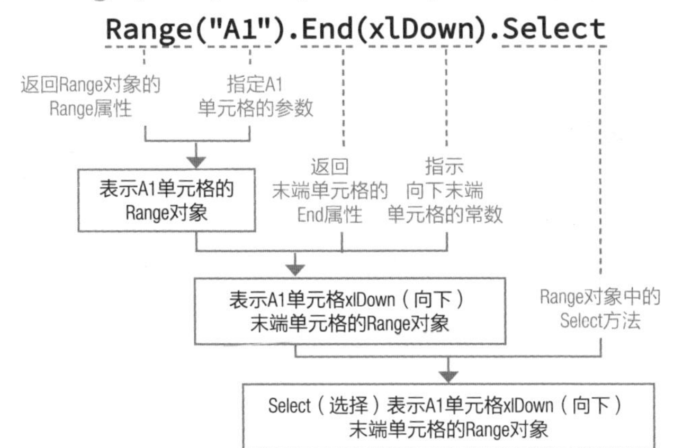

查看“Range("A1"). End(xlDown)”代码并且要知道使用这个代码可以获取A1单元格xlDown(向下)末端单元格的Range对象。

获取末端单元格行号

在不是要选中末端单元格而是要获取末端单元格的行号时，我们将利用60节学习过的Row属性。当A1:A5单元格区域内含有数据时，运行“Range("A1").End(xlDown).Row”代码，即可获取5。如果将此代码指定为For…Next语句的最终值，当数据增加时即便不修改代码，程序也能够自动执行判定合格与否直到最后一个单元格。

▶ 最终值改变后的判定合格与否的宏

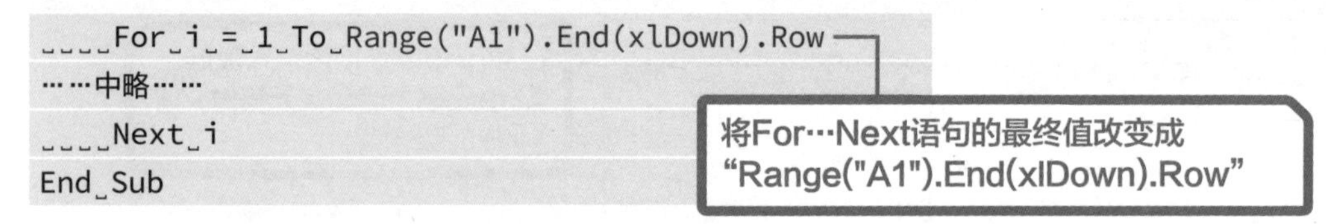

```
    For i = 1 To Range("A1").End(xlDown).Row
……中略……
    Next i
End Sub
```


▶ Range("A1").End(xlDown).Row的含义

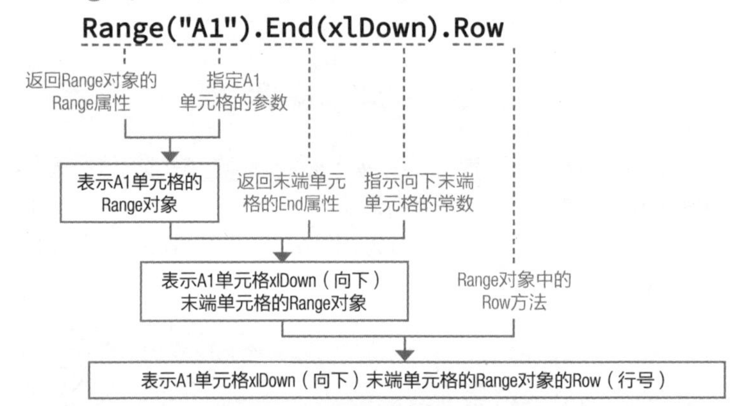

▶ 可以指定Range.End属性的常数

常数	含义	值
xlDown	向下	-4121
xlToLeft	向左	-4159
xlToRight	向右	-4161
xlUp	向上	-4162

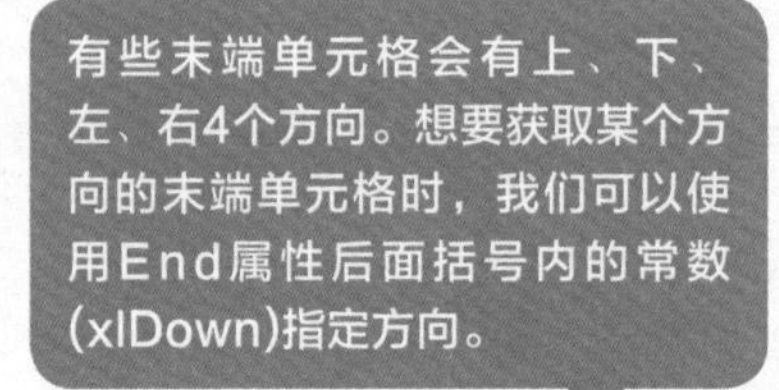

有些末端单元格会有上、下、左、右4个方向。想要获取某个方向的末端单元格时，我们可以使用End属性后面括号内的常数(xlDown)指定方向。

创建并运行获取末端单元格行号的宏

1 创建Sub过程

Chapter10.xlsm
"获取末端单元格行号"Sub过程

创建Chapter10.xlsm工作簿中的"获取末端单元格行号"Sub过程。

```
001 Sub 获取末端单元格的等号()
002     Dim end_row As Long
003 
004     end_row = Range("A1").End(xlDown).Row
005 End Sub
```

创建Sub过程

2 逐语句运行Sub过程

显示本地窗口❶，按F8功能键逐语句运行❷，即可看到"Range("A1").End(xlDown).Row"代码获取的末端单元格行号赋值给变量end_row。

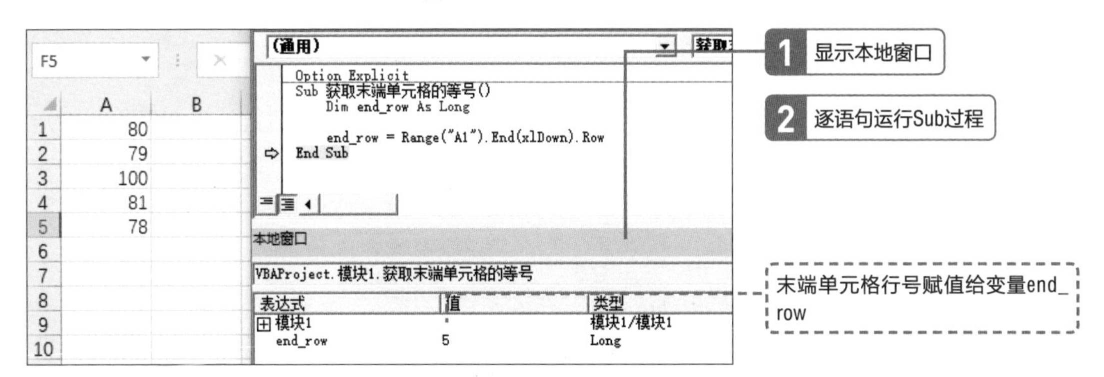

在A6:A7单元格区域内追加数据，接着再次逐语句运行Sub过程，这时，可以看到末端单元格行号7赋值给变量end_row。

◯ 修改判定合格与否的宏并运行

1 修改Sub过程

第10章.xlsm
“判定合格与否”Sub过程

将Chapter10.xlsm“判定合格与否”宏中的For…Next语句修改成表示末端单元格的代码格式，具体如下。

```
001 Sub␣判定合格与否()
002 ␣␣␣␣Dim␣i␣As␣Long
003
004 ␣␣␣␣For␣i␣=␣1␣To␣Range("A1").End(xlDown).Row
005 ␣␣␣␣␣␣␣␣If␣Cells(i,␣"A").Value␣>=␣80␣Then
006 ␣␣␣␣␣␣␣␣␣␣␣␣Cells(i,␣"B").Value␣=␣"合格"
007 ␣␣␣␣␣␣␣␣Else
008 ␣␣␣␣␣␣␣␣␣␣␣␣Cells(i,␣"B").Value␣=␣"不合格"
009 ␣␣␣␣␣␣␣␣End␣If
010 ␣␣␣␣Next␣i
011 End␣Sub
```

将最终值改成“Range("A1").End(xlDown).Row”

2 运行Sub过程

运行Sub过程，确认判定合格与否将一直执行到A列的末端单元格。

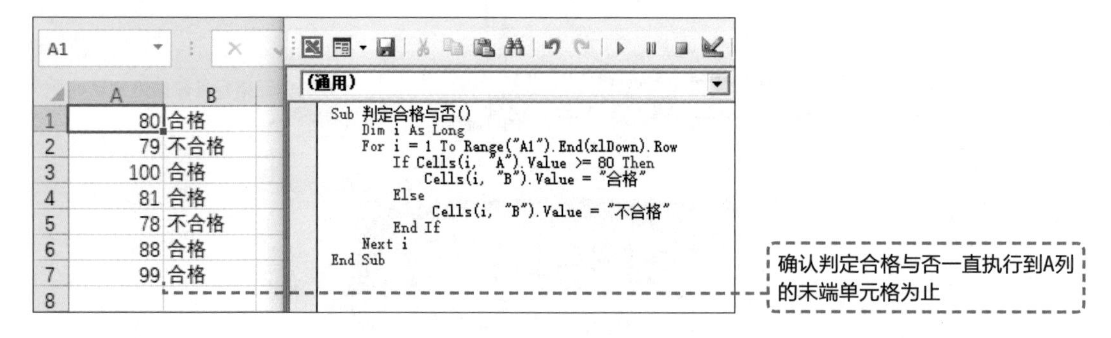

[获取末端单元格2]

65 解决获取末端单元格的代码问题

学习要点

关于前面章节中所学习的用来获取末端单元格的代码“Range("A1").End(xlDown)”，有时候会不能正确地获取到数据区域中表示最后一行数据单元格的Range对象。本节内容中，我们将学习问题的发生原因与解决方法。

存在空单元格导致Range("A1").End(xlDown)无法获取末端单元格

当数据单元格中间含有空单元格时，运行前一节修改后的判定合格与否的宏也只会执行到第5行数据。使用工作表中的快捷键选中A1单元格，然后按Ctrl+↓组合键，也只能选中A5单元格。数据单元格中间含有空单元格时，Range("A1").End(xlDown)代码无法获取表示最后一行数据单元格的Range对象。

▶ 在A1:A5单元格区域和A7单元格内输入数据的工作表

	A	B
1	80	合格
2	79	不合格
3	100	合格
4	81	合格
5	78	不合格
6		
7	99	
8		
9		

```
Sub 判定合格与否()
    Dim i As Long
    For i = 1 To Range("A1").End(xlDown).Row
        If Cells(i, "A").Value >= 80 Then
            Cells(i, "B").Value = "合格"
        Else
            Cells(i, "B").Value = "不合格"
        End If
    Next i
End Sub
```

A6单元格为空白，所以只处理到A5单元格

从最后一行单元格开始向上查找单元格

如下代码使用Range对象中的End属性，即使含有空单元格也可以获取到最后一行数据单元格的行号。重点是要从最后一个单元格开始向上查找末端单元格。第5行“row_cnt=Rows.Count”代码是获取活动工作表内的所有行数❶，赋给变量row_cnt(运用63节中Rows属性获取row_cnt表示整行的Range对象，运用Count属性获取表示行数的Range对象)。第6行“end_row=Cells(row_cnt,"A").End(xlUp).Row)”代码表示从A列最后一个单元格❷开始向上查找末端单元格❸，并将行号❹赋值给变量end_row。由于变量end_row赋值为1048576，所以“Cells(row_cnt,"A")”与“Range("A1048576")”含义相同，都可以用来获取表示A列最后一个单元格的Range对象。从这个Range对象看，“End(xlUP)”是表示向上获取末端单元格的代码，最后运用Row属性、End属性获取单元格行号。

▶ 获取最后一行单元格行号的宏

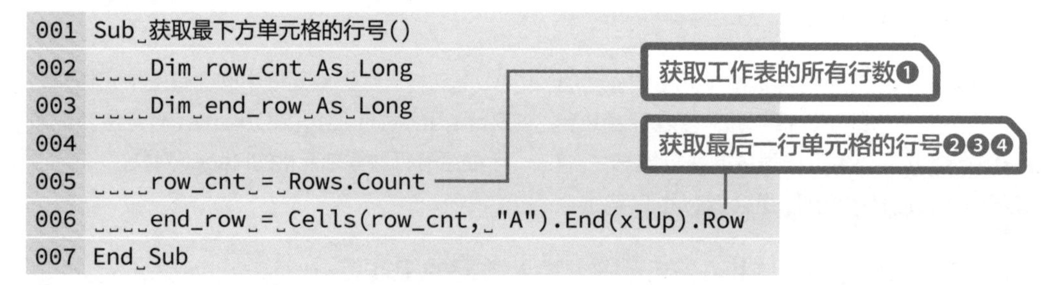

```
001 Sub 获取最下方单元格的行号()
002     Dim row_cnt As Long
003     Dim end_row As Long
004
005     row_cnt = Rows.Count
006     end_row = Cells(row_cnt, "A").End(xlUp).Row
007 End Sub
```


▶ Cells(row_cnt,"A").End(xlUp).Row的操作示意图

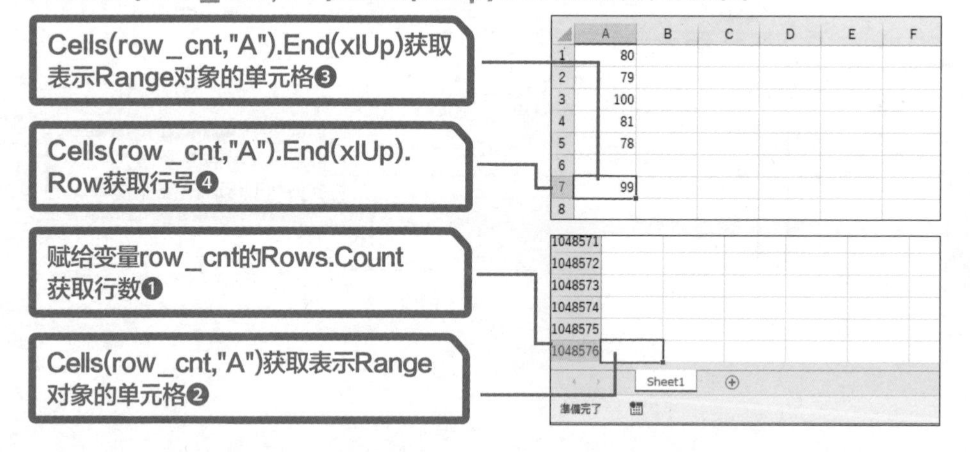

Cells(Rows.Count,"A").End(xlUp).Row的含义

在前一个Sub过程中，为了方便理解含有空单元格时，获取数据区域最后一行数据单元格行号的代码，暂时将Rows.Count值赋给变量。我们也经常会省略这个变量赋值，写成“Cells(Rows.Count,"A").End(xlUp).Row”格式，此代码含义如下。

▶Cells(Rows.Count,"A").End(xlUp).Row的含义

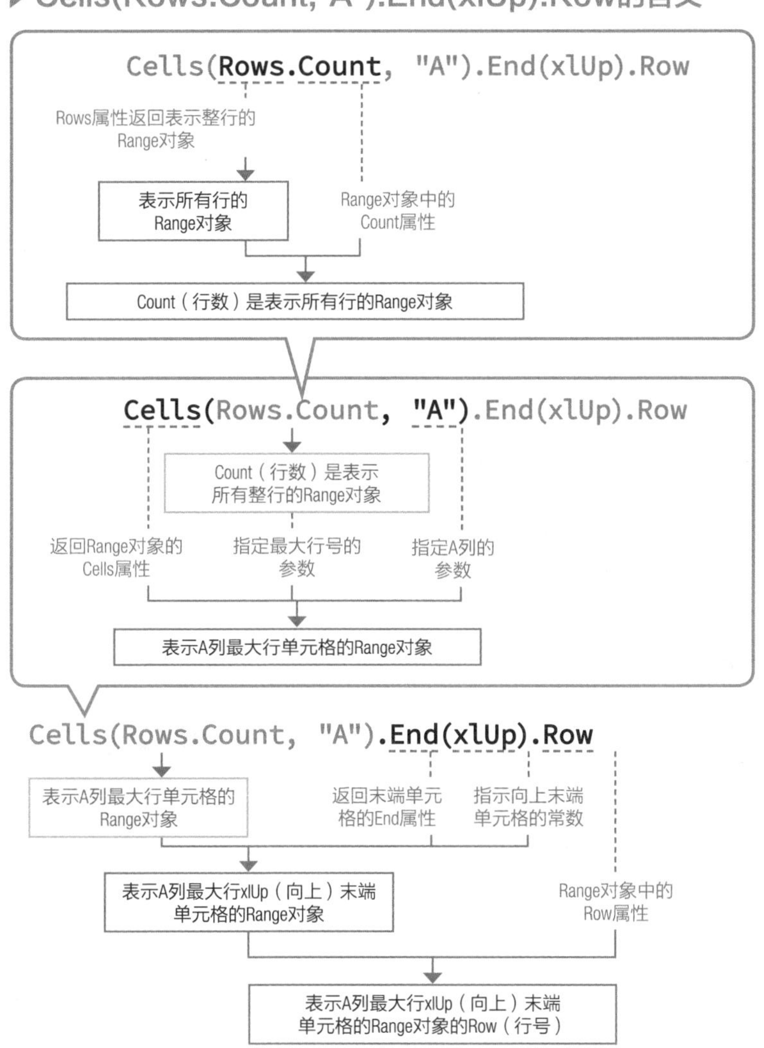

如果不将长代码拆分后再讲解，各位就会很难理解。

理解Cells(Rows.Count,"A").End(xlUp).Row

要想理解Cells(Rows.Count,"A").End(xlUp).Row代码含义，应该需要再花点时间。目前阶段请一边查看本书一边反复手动输入Cells(Rows.Count,"A").End(xlUp).Row代码，不断地熟练操作以及思考代码本身表示的含义。Cells(Rows.Count,"A")是获取表示A列最后一个单元格的Range对象，从A列最后一个单元格按Ctrl+↑组合键，即可获取表示向上查找单元格的Range对象。不断地重复手动输入代码，理解代码含义，努力做到不查看书本也能自行输入代码。

比如，为了能够使用英语交流，我们是一边理解英语含义一边反复练英语读音。学习代码时，我们同样需要这样去做。

要点　获取数据区域最右边的数据单元格列号

使用Range对象中的End属性，可以获取数据区域最右边的数据单元格列号。想要获取连续数据区域最右边的数据单元格列号时，我们需要用到“Range ("A1").End(xlToRight).Column”代码，这个代码与“Range("A1").End(xlDown).Row”代码含义相同。想要获取数据区域最右边单元格列号时，我们需要用到“Cells(1,Columns.Count).End(xlToLeft).Column”代码，这个代码与“Cells(Rows.Count,"A").End(xlDown).Row”代码含义相同。

利用变量获取最后一行单元格行号

1 创建Sub过程

Chapter10.xlsm
“获取最下方单元格的行号”Sub过程

为了确认“Cells(Rows.Count,"A").End(xlDown).Row”代码的含义，我们会创建一个Sub过程，将Rows.Count代码获取的行数1048576赋值给变量。

```
001 Sub 获取最下方单元格的行号()
002     Dim row_cnt As Long
003     Dim end_row As Long
004 
005     row_cnt = Rows.Count
006     end_row = Cells(row_cnt, "A").End(xlUp).Row
007 End Sub
```

创建Sub过程

2 逐语句运行Sub过程

显示本地窗口❶，逐语句运行Sub过程❷，确认1048576赋值给变量row.cnt、最后一行单元格行号赋值给end _ row。

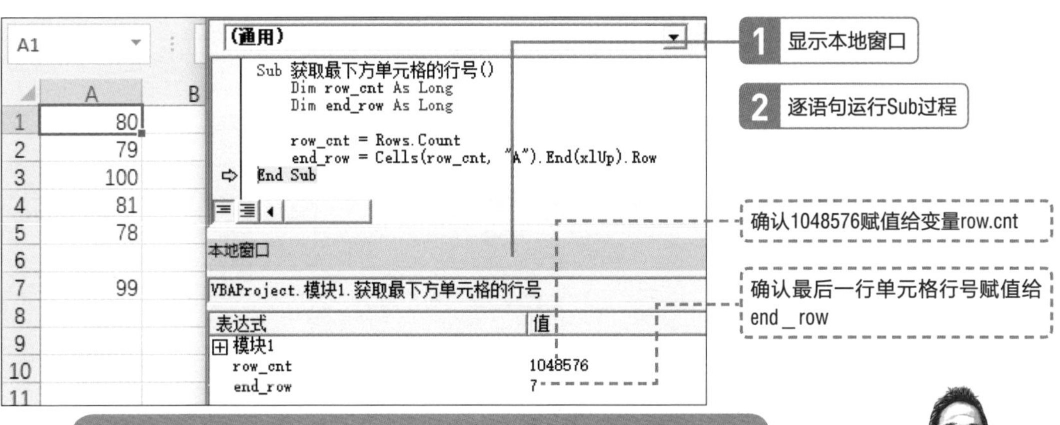

我们首先需要知道的是，使用Rows.Count可以获取到1048576，使用Cells(1048576,"A")可以获取到表示A1048576单元格的Range对象，使用Cells(1048576,"A").End(xlUp)可以获取到表示数据区域最后一行数据单元格的Range对象。

确认不含变量的代码格式

1 创建Sub过程

Chapter10.xlsm
“获取最下方单元格的行号2”Sub过程

先不把Rows.Count获取的行数1048576赋值给变量，而是创建Sub过程确认“Cells(Rows.Count,"A").End(xlUp).Row”代码。

```
001 Sub 获取最下方单元格的行号()
002     Dim end_row As Long
003
004     end_row = Cells(Rows.Count, "A").End(xlUp).Row
005 End Sub
```

创建Sub过程

2 逐语句运行Sub过程

显示本地窗口❶，逐语句运行Sub过程❷，确认最后一行单元格行号赋值给变量end_row。

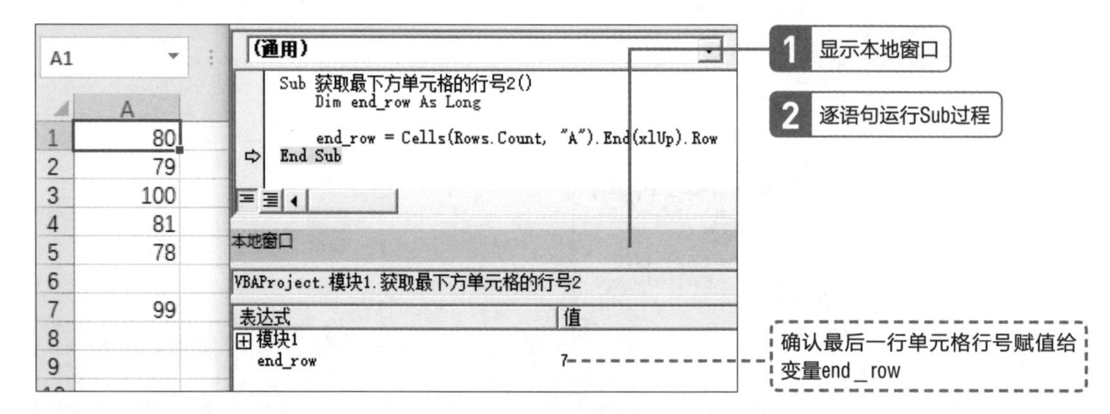

再次修改判定合格与否的宏并运行

1 再次修改判定合格与否的宏

Chapter10.xlsm
“判定合格与否2”Sub过程

确认完“Cells(Rows.Count,"A").End(xlUp).Row”含义之后，再次修改前面判定合格与否的宏For…Next语句。

```
001 Sub 判定合格与否()
002     Dim i As Long
003 
004     For i = 1 To Cells(Rows.Count, "A").End(xlUp).Row
005         If Cells(i, "A").Value >= 80 Then
006             Cells(i, "B").Value = "合格"
007         Else
008             Cells(i, "B").Value = "不合格"
009         End If
010     Next i
011 End Sub
```

将最终值改成“Cells(Rows.Coun,"A").End(xlUp).Row”

2 运行判定合格与否的宏

运行Sub过程，确认判定合格与否执行到数据区域的最后一行。

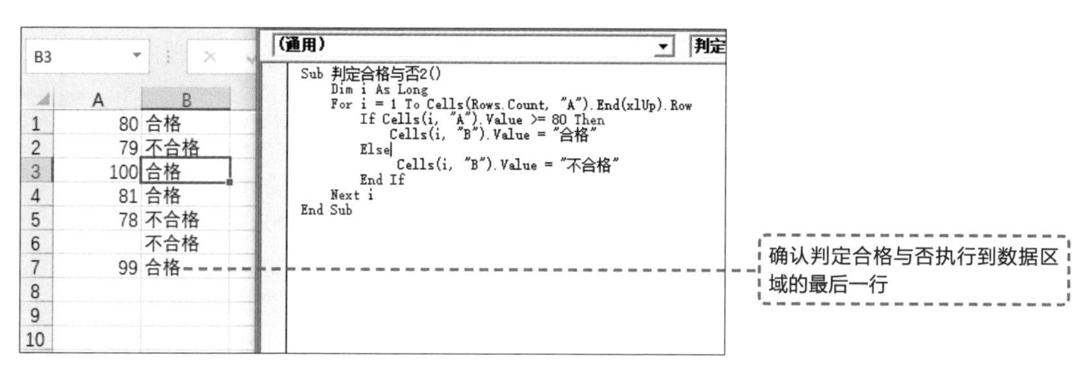

要点 确保空单元格不会被判定为不合格

将For…Next语句最终值改成“Cells(Rows.Count,"A").End(xlUp).Row”，然后运行判定合格与否的宏，空单元格内将会输入“不合格”字符串。为了避免出现这种情况，我们追加For…Next语句当中的条件分支。

```
001 Sub␣判定合格与否2()
002 ␣␣␣␣Dim␣i␣As␣Long
003 
004 ␣␣␣␣For␣i␣=␣1␣To␣Cells(Rows.Count,␣"A").End(xlUp).Row
005 ␣␣␣␣␣␣␣␣If␣Cells(i,␣"A").Value␣=␣""␣Then
006 ␣␣␣␣␣␣␣␣␣␣␣␣Cells(i,␣"B").Value␣=␣"不能判定"
007 ␣␣␣␣␣␣␣␣ElseIf␣Cells(i,␣"A").Value␣>=␣80␣Then
008 ␣␣␣␣␣␣␣␣␣␣␣␣Cells(i,␣"B").Value␣=␣"合格"
009 ␣␣␣␣␣␣␣␣Else
010 ␣␣␣␣␣␣␣␣␣␣␣␣Cells(i,␣"B").Value␣=␣"不合格"
011 ␣␣␣␣␣␣␣␣End␣If
012 ␣␣␣␣Next␣i
013 End Sub
```

追加字符串为空时的条件

要点 Cells、Rows和Columns本身无法指定参数

虽然本章内容中，我们讲解过Cells、Rows、Columns属性的参数，但严格意义上来说，这个说法是错误的。因为从实际意义而言，Cells、Rows、Columns属性无法指定参数。但我们学习了Cells、Rows、Columns属性中指定参数的代码(看起来是这样的)，原因是这是Range对象中指定既定属性参数的状态。因为对于初学者而言，要理解这个可以说是非常困难，严格意义上来说，本书中的讲解是错误的。尽管如此，但对于创建宏，几乎不会造成任何困扰（笔者编写的是严格意义上虽不正确但容易理解的宏代码）。我们建议在能够切实体会到自己充分理解了对象相关语法之后再开始学习Range对象的既定属性。因为Range对象中的既定属性是最难学的对象相关语法内容之一。

第11章

学习Worksheet对象

Excel宏除了可以处理单元格以外，还能处理工作表，本章我们将学习如何运用Excel宏对工作表进行操作。

[Worksheets与ActiveSheet]

66 学习用于获取表示工作表对象的属性

学习要点

想要对工作表进行操作处理时，我们需要用到Worksheets集合对象和Worksheet对象。本章我们将会学习如何获取上述对象的Worksheets和ActiveSheet属性。

Worksheets集合对象与Worksheet对象

我们可以使用Worksheets集合对象操作多个工作表，使用Worksheet对象操作单个工作表。这两个对象名称相似，比较容易弄混，但实际上Worksheets与Worksheet所要处理的对象、各自所配置的属性方法均不相同。

▶ Worksheets集合与Worksheet对象示意图

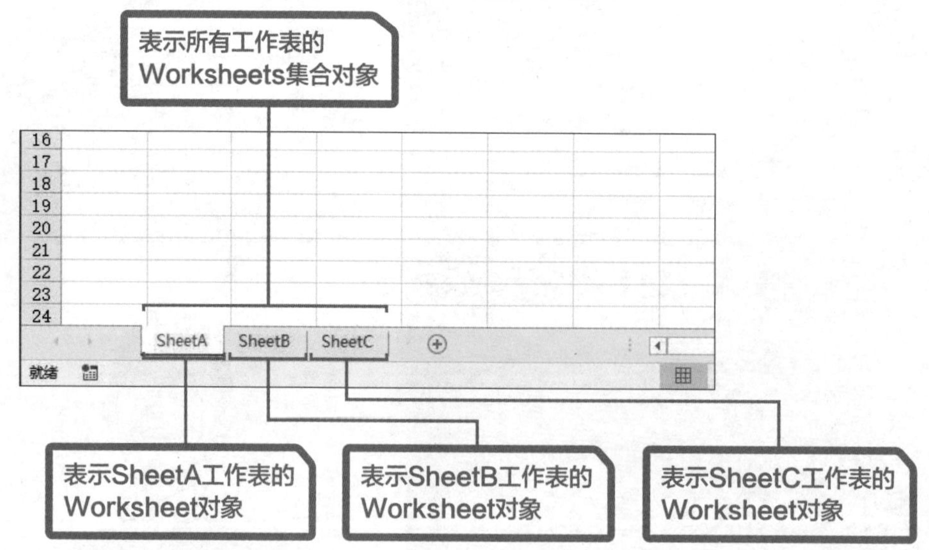

获取Worksheets集合对象

我们可以使用Worksheets属性获取表示所有工作表的Worksheets集合对象。正如53节的“Worksheets.Select”代码运行结果所示，活动工作簿中的所有工作表都被选中了。

▶ Worksheets.Select运行结果

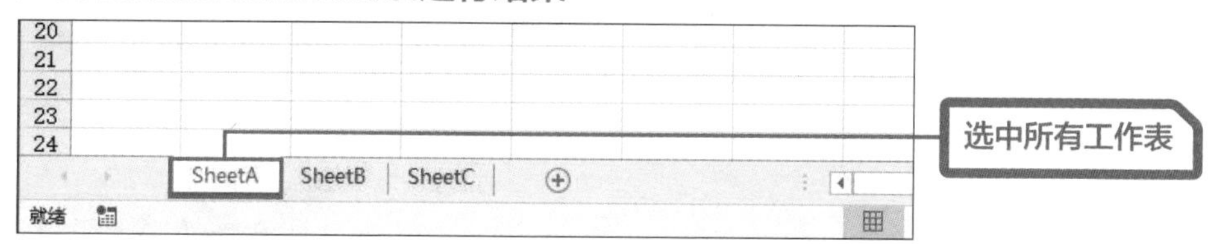

▶ Worksheets.Select的含义

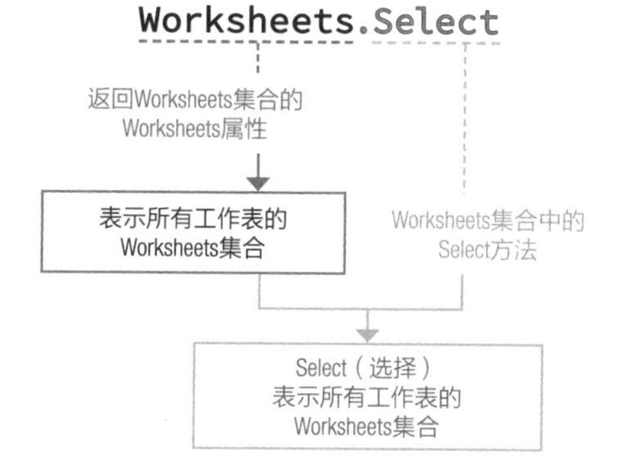

需要注意的是，使用Worksheets属性可以获取表示所有工作表的Worksheets集合对象。

使用工作表名称获取Worksheet对象

使用Worksheets属性也可以获取表示每个工作表的Worksheet对象。将工作表名称指定为Worksheets属性参数，即可使用工作表名称获取Worksheet对象。运行Worksheets("SheetA").Select代码，将选中名称为SheetA的工作表。

▶ Worksheets("SheetA").Select运行结果

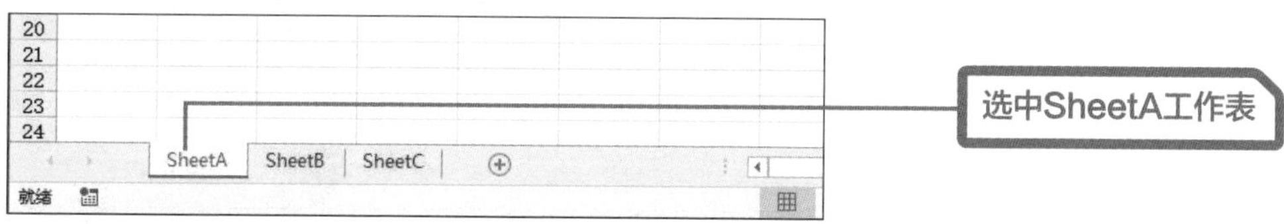

▶ Worksheets("SheetA").Select的含义

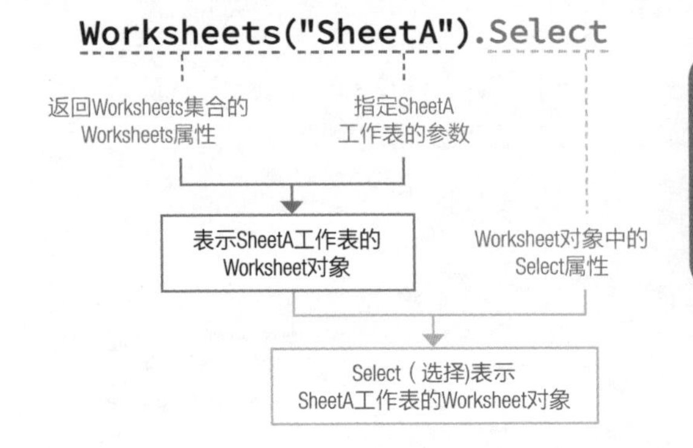

我们需要记住的操作是，先使用Worksheets属性获取表示所有工作表的Worksheets集合对象，然后再从Worksheets集合对象中获取名称为SheetA的Worksheet对象。

使用索引号获取Worksheet对象

我们还可以使用索引号指定Worksheets属性参数（索引号是表示从左边开始的第几个工作表，与工作表名称、插入顺序无关）。运行Worksheets(1).Select代码，将会选中最左边的工作表。使用数字是方便执行工作表循环结构控制操作的写法。

▶ Worksheets(1).Select运行结果

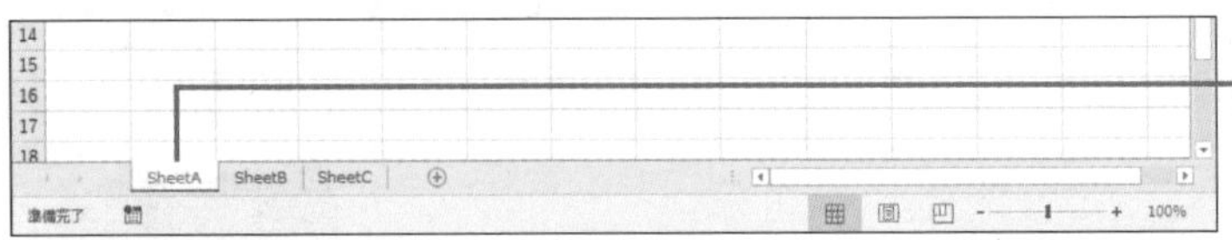

运行时会选中最左边的工作表

▶ Worksheets(1).Select的含义

Worksheets(1).Select

返回Worksheets集合的Worksheets属性

指定第1个工作表的参数

表示第1个工作表的Worksheet对象

Worksheet对象中的Select属性

Select(选择)表示第1个工作表的Worksheet对象

需要注意的是，因为要从多个工作表中获取，所以不是使用“Worksheet("SheetA")”和“Worksheet(1)”，而是使用“Worksheets("SheetA")”和“Worksheets(1)”。

使用ActiveSheet属性获取Worksheet对象

想要使用工作表名称、索引号对活动工作表进行操作处理时，我们将需要用到ActiveSheet属性。运行“MsgBoxActiveSheet.Name”代码，活动工作表名称将会显示在弹出的对话框内。

▶ MsgBoxActiveSheet.Name运行结果

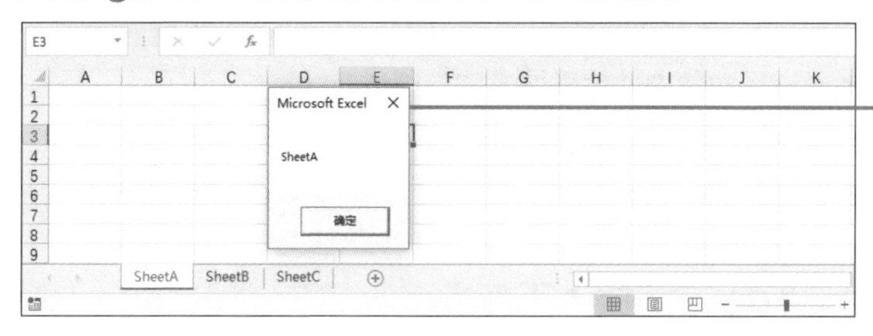

运行时活动工作表名称将显示在弹出的对话框内

▶ ActiveSheet.Name的含义

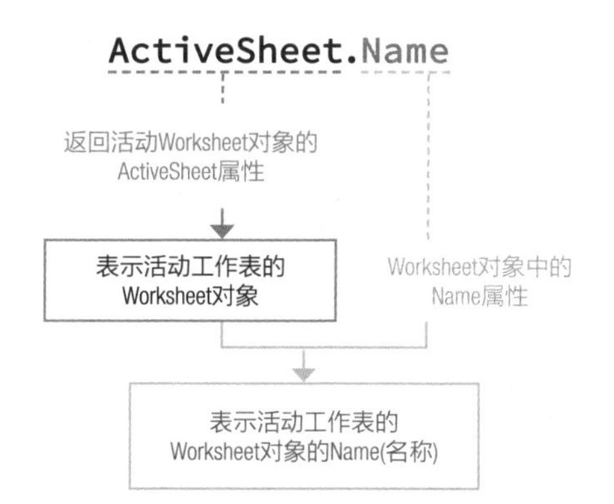

SheetA工作表位于最左边位置且又是活动工作表，这时使用Worksheets("SheetA")或Worksheets(1).ActiveSheet中的任意一种，均可获取表示同一工作表的Worksheet对象。

[Worksheets和Worksheet的方法与属性]

67 学习Worksheets和Worksheet方法与属性

学习要点

前面章节中学习了用来获取表示工作表的对象的属性。在本节内容中，我们将学习进行工作表操作时的Worksheets集合对象与Worksheet进行对象中的代表性方法与属性。

使用Worksheets.Add方法插入工作表

进行插入工作表的操作时，需要用到Worksheets集合对象中的Add方法。运行56节所学习的命名参数代码“Worksheets.Add Before:=Worksheets("SheetA")”，SheetA工作表前面将会插入新工作表，运行“Worksheets.Add After:=Worksheets("SheetA")”代码，SheetA工作表后面将会插入新工作表。

▶ Worksheets.Add Before:=Worksheets("SheetA")运行结果

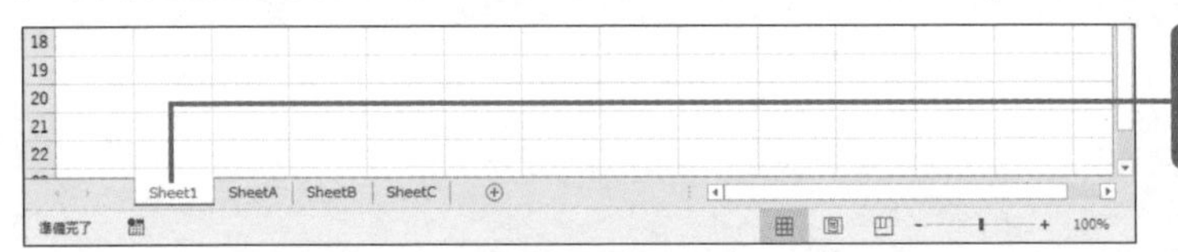

▶ Worksheets.Add After:=Worksheets("SheetA")运行结果

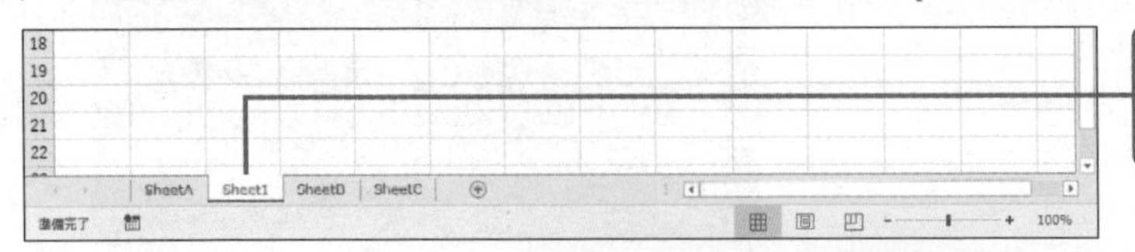

配置Add方法不属于Worksheet对象，而是属于Worksheets集合对象。

▶ Worksheets.Add Before:=Worksheets("SheetA")的含义

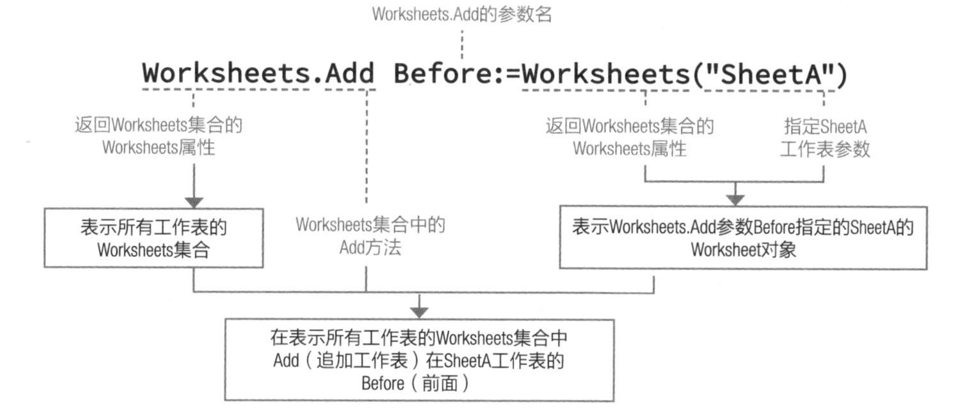

▶ Worksheets.Add After:=Worksheets("SheetA"))的含义

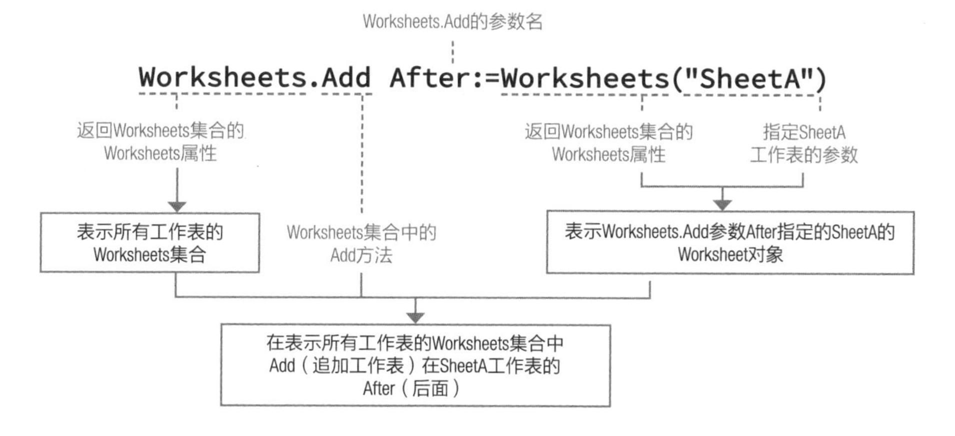

要点 如果Worksheets.Add中不使用命名参数，代码将会难以阅读

在不使用命名参数的情况下，运行“Worksheets.Add Worksheets("SheetA")”代码，SheetA工作表前面将会插入新工作表，运行“Worksheets.Add, Worksheets("SheetA")”代码，SheetA工作表后面将会插入新工作表。这两个代码极其相似，所以很难弄清楚将会在哪个位置插入新工作表。特别是“Worksheets.Add, Worksheets("SheetA")”代码，很多人都不理解这个代码的含义。Worksheets集合对象中的Add方法代码是在使用命名参数后将会变得更容易阅读的一个代表性代码。

使用Worksheet.Copy方法复制工作表

执行复制工作表的操作时，我们需要用到Worksheet对象中的Copy方法。运行"ActiveSheet.CopyBefore:=Worksheets(1)"代码，当前活动工作表会被复制到最右边工作表前面。运行"ActiveSheet.CopyAfter:=Worksheets(1)"代码，当前活动工作表会被复制到最右边工作表后面。这个代码在使用命名参数后会变得更容易阅读。

▶ ActiveSheet.CopyBefore:=Worksheets(1)的含义

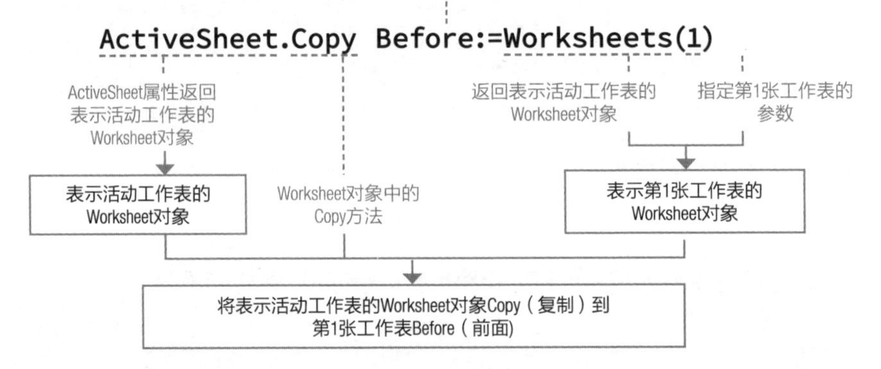

使用Worksheets.Copy方法复制所有工作表

不仅仅Worksheet对象中有配置Copy方法，Worksheets集合对象中也配置了Copy方法。运行Worksheets.Copy方法，可以集中复制所有工作表。运行未指定参数的"Worksheets.Copy"代码，所有工作表将会被复制到新工作簿中。

▶ Worksheets.Copy的含义

```
Worksheets.Copy
```

返回Worksheets集合的Worksheets属性

表示所有工作表的Worksheets集合

Worksheets集合中的Copy方法

将表示所有工作表的Worksheets集合Copy（复制）到新工作簿中

不是复制工作表到新工作簿中，而是复制工作表到指定工作簿中的时候，我们需要对参数进行指定。在76节我们将学习具体代码。

使用Worksheet.Delete方法删除工作表

执行删除工作表操作时，需要用到Worksheet对象中的Delete方法。运行“ActiveSheet.Delete”代码，活动工作表会被删除，运行“Worksheets(1).Delete”代码，第1张工作表会被删除。

▶ ActiveSheet.Delete的含义

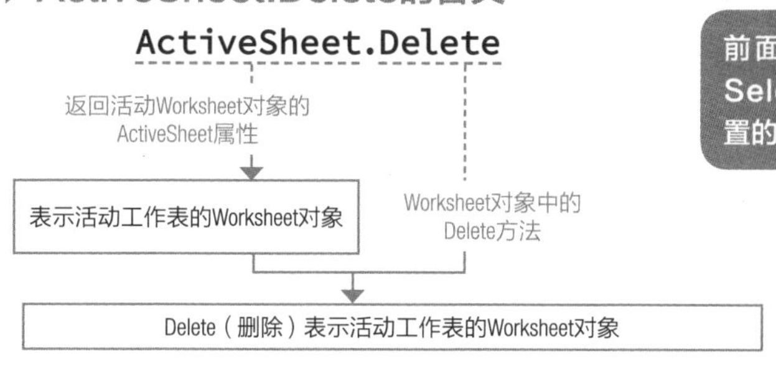

前面章节介绍的Worksheet和Select均是Worksheet对象中配置的方法。

使用Worksheet.Index属性获取工作表索引号

通过使用Worksheet对象中的Index属性，可以获取工作表索引号（表示第几张工作表的数字）。运行“MsgBoxActiveSheet.Index”代码，工作表索引号将会显示在弹出的对话框中。

▶ MsgBoxActiveSheet.Index运行结果

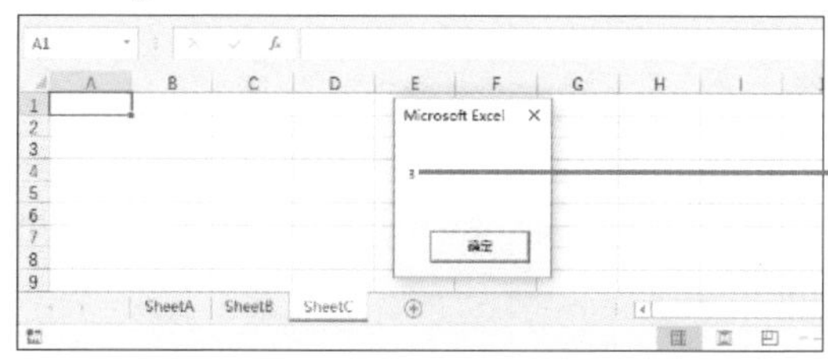

▶ MsgBoxActiveSheet.Index的含义

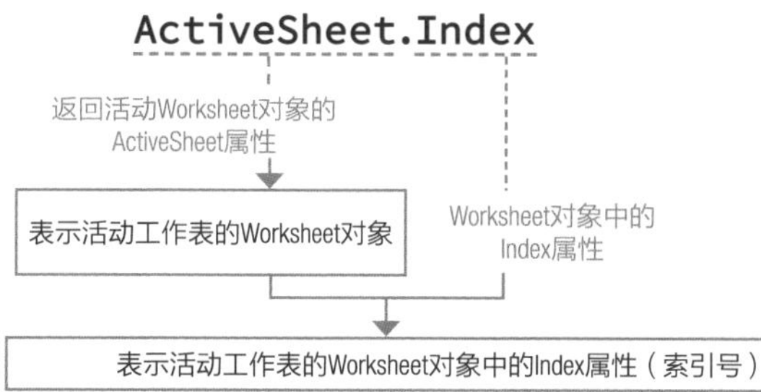

前面章节介绍的Worksheet.Name也是Worksheet对象中配置的属性。此外，53节所学习的Worksheets.Count也是Worksheets集合中配置的属性。

[工作表循环控制]

68 创建工作表循环控制宏

在操作工作表时，我们会有想要通过编辑Excel文件以便于同步操作所有工作表的需求，例如需要将多张工作表汇总成1张工作表的时候，通过使用循环控制语句，工作表可以自动执行该操作。

工作表循环控制

我们将使用简单的宏确认工作表循环控制的操作步骤。运行本节创建的宏，将会依次选择工作表并同步将工作表名显示在弹出的对话框中，重复上述操作，直到处理完所有工作表。如果将For…Next语句最终值设置成Worksheet.Count，那么即使含多张工作表，也只会对工作表张数执行循环控制。

▶ 依次选择工作表并同步显示工作表名的宏操作示意图

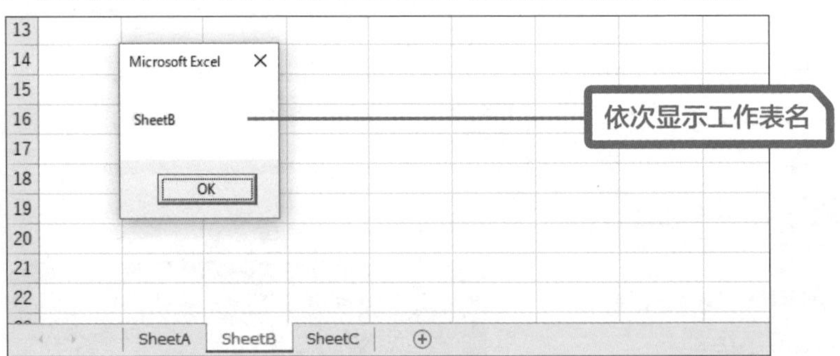

我们将会在72节创建多表汇总宏时执行上述操作。

依次选择工作表并同步显示工作表名的宏创建与宏运行

1 创建Sub过程

Chapter11.xlsm
“依次选择工作表并同步显示工作表名”Sub过程

创建Sub过程，使得所有工作表名将会依次显示在弹出的对话框中。使用For…Next语句反复操作❶❷❸。

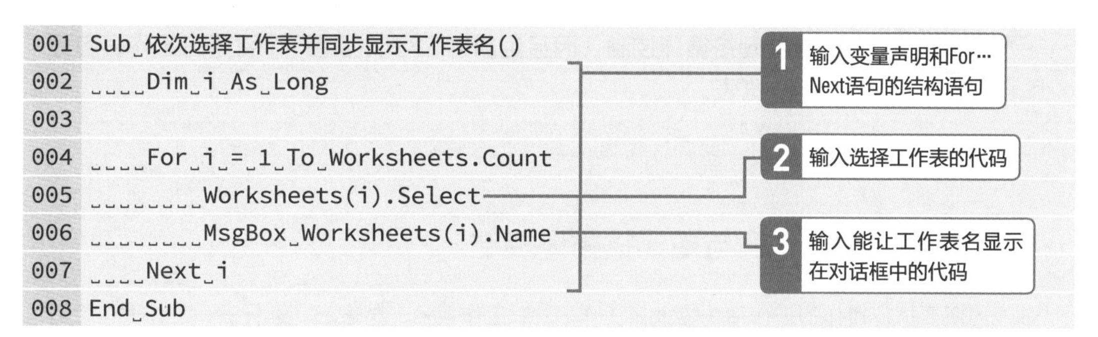

```
001 Sub 依次选择工作表并同步显示工作表名()
002     Dim i As Long
003
004     For i = 1 To Worksheets.Count
005         Worksheets(i).Select
006         MsgBox Worksheets(i).Name
007     Next i
008 End Sub
```

1 输入变量声明和For…Next语句的结构语句
2 输入选择工作表的代码
3 输入能让工作表名显示在对话框中的代码

2 逐语句运行Sub过程

显示本地窗口❶，一边注意变量i值以及选择哪个工作表，一边逐语句运行❷。

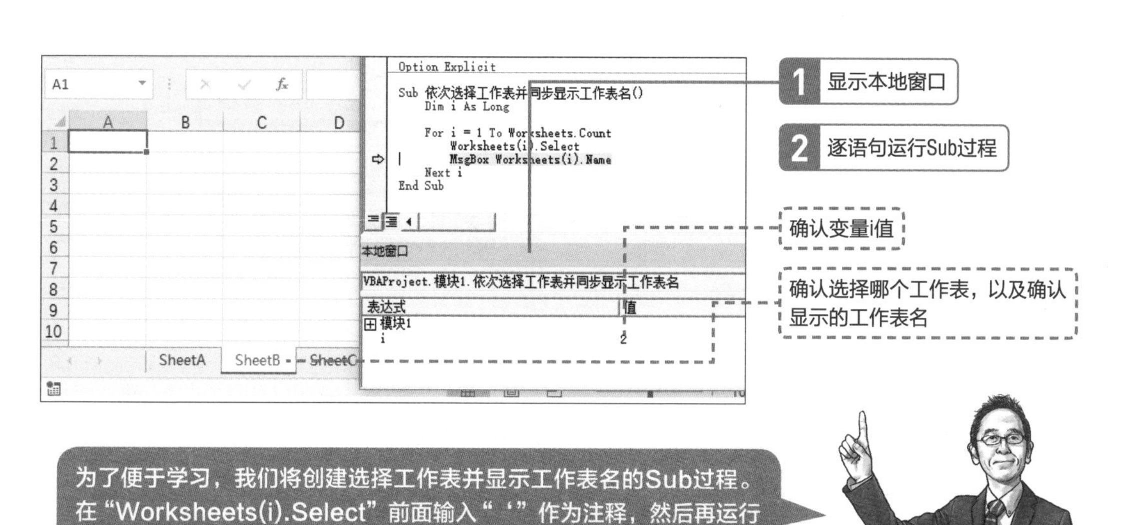

1 显示本地窗口
2 逐语句运行Sub过程
确认变量i值
确认选择哪个工作表，以及确认显示的工作表名
Option Explicit
本地窗口
VBAProject.模块1.依次选择工作表并同步显示工作表名
表达式
值
模块1
SheetA
SheetB
SheetC
为了便于学习，我们将创建选择工作表并显示工作表名的Sub过程。在“Worksheets(i).Select”前面输入“ ‘ ”作为注释，然后再运行代码，从运行结果来看，不会选择工作表，但是会依次显示工作表名。

[工作表和单元格循环控制]

69 试着使用宏创建一个含所有工作表名称的一览表

扫码看视频

学习要点

前面章节中学习过使用简单的宏，对工作表执行循环控制。在本节中我们将试着创建一个实用性的宏，此宏中包含了工作表循环控制与单元格循环控制，而且运用该宏可以创建一个含所有工作表名称的一览表。

合并使用工作表与单元格循环控制

当所要执行操作的工作簿内含大量工作表时，需要创建一个工作表名一览表。合并使用工作表循环控制与单元格循环控制，即可创建工作表名一览表宏。运行宏，工作表将会追加到活动工作簿前面，同时将会从A1单元格开始依次输入工作表名。

▶工作表名一览表宏运行结果

For…Next语句的初始值不一定是1。此外，有人认为工作表循环控制中的计数变量与单元格内表示工作表名的变量都是必要的，其实并不是必要的。

创建并运行工作表名一览表宏

1 创建Sub过程

Chapter11.xlsm
“制作工作表名一览表”Sub过程

创建工作表名一览表Sub过程❶❷❸。

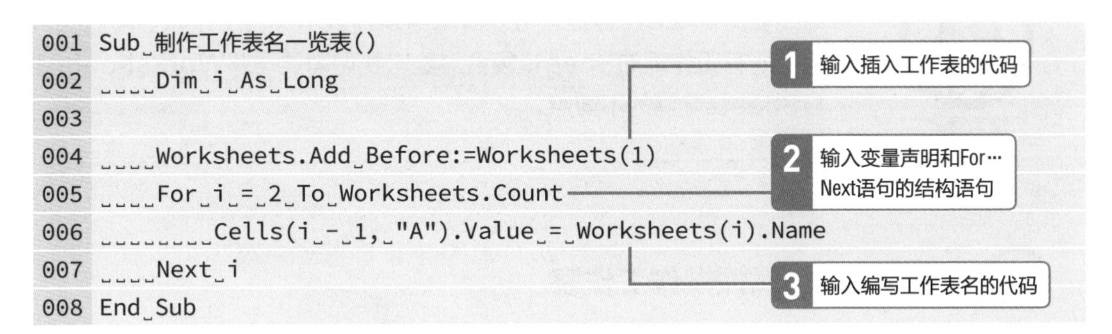

```
001 Sub 制作工作表名一览表()
002     Dim i As Long
003
004     Worksheets.Add Before:=Worksheets(1)
005     For i = 2 To Worksheets.Count
006         Cells(i - 1, "A").Value = Worksheets(i).Name
007     Next i
008 End Sub
```

1 输入插入工作表的代码
2 输入变量声明和For…Next语句的结构语句
3 输入编写工作表名的代码

2 逐语句运行Sub过程

显示本地窗口❶，一边关注变量i值从哪个单元格开始写工作表名，一边逐语句运行❷。

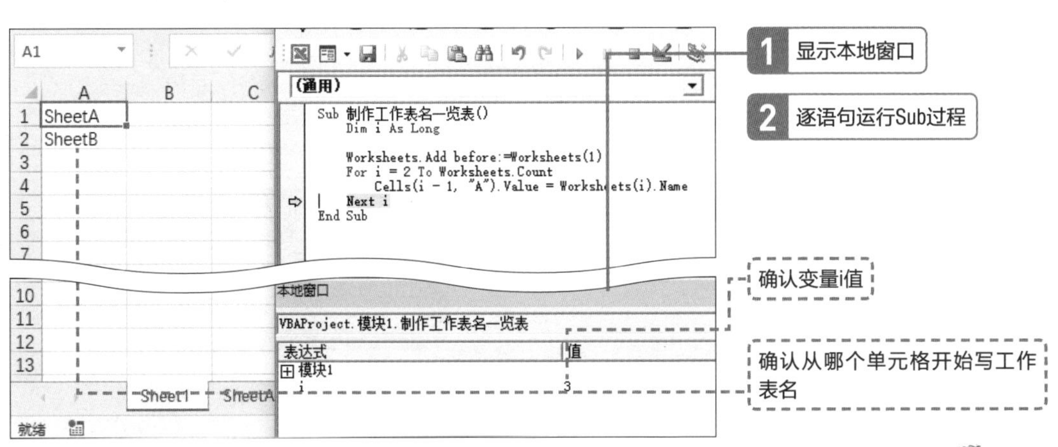

1 显示本地窗口
2 逐语句运行Sub过程
确认变量i值
确认从哪个单元格开始写工作表名
A1
SheetA
SheetB
(通用)
Sub 制作工作表名一览表()
Dim i As Long
Worksheets.Add before:=Worksheets(1)
For i = 2 To Worksheets.Count
Cells(i - 1, "A").Value = Worksheets(i).Name
Next i
End Sub
本地窗口
VBAProject.模块1.制作工作表名一览表
表达式
值
模块1
i
3
Sheet1
SheetA
就绪

变量i值和Cellsworth(i-1,"A")是返回哪个单元格的Range对象。

[Sheet、Worksheets和Charts]

70 使用Sheets属性也能操作工作表

通过使用Sheets属性，可以获取与操作表示包含工作表、图表在内的所有工作表的Sheets集合对象。我们需要理解Worksheets与Sheets之间的不同点。

使用Sheets属性操作工作表

前面章节主要学习了使用Worksheets属性操作工作表。操作工作表的代表性属性还有Sheets属性。Sheets属性不指定参数时，将会返回表示包含图表在内的所有工作表的Sheets集合对象。Worksheets集合对象中仅包含工作表，而Sheets集合对象中包含所有工作表，这是两者之间的不同之处。Sheets属性获取的Sheets集合对象中包含所有工作表，所以自然而然也就可以使用Sheets属性操作工作表。

使用宏录制选择SheetA工作表操作，将生成“Sheets("SheetA").Select”代码。代码当中的Sheet便属于Sheets属性。

使用Charts与Chart操作图表

另外，VBA操作图表时，需要用到Charts集合对象与Chart对象。Charts与Chart两者之间的关系与我们之前学习过的Worksheets与Worksheet之间的关系非常相似。但是，正如图表不同于工作表一样，Chart对象与Worksheet对象两者所配置的属性方法也有着很大的不同。

▶ Sheets、Worksheets以及Charts

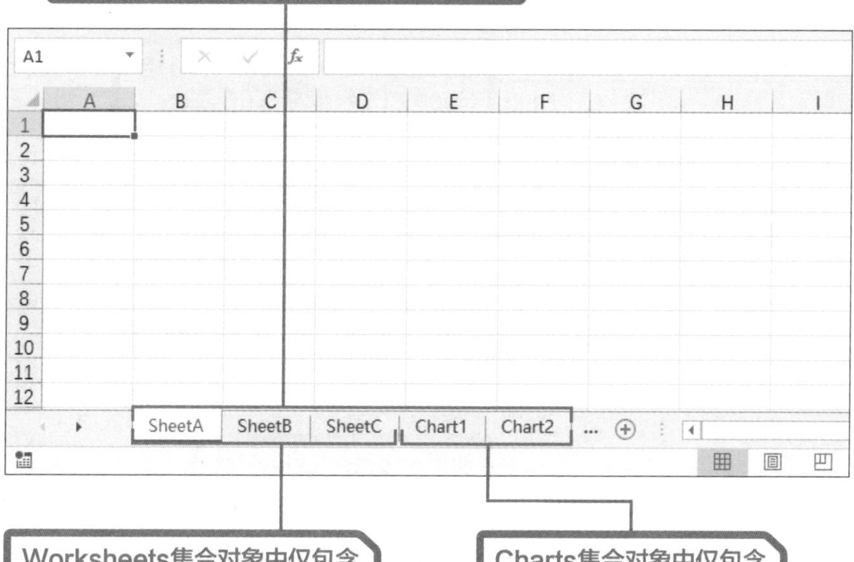

工作表与图表都包含在Sheets集合对象中
A1
SheetA
SheetB
SheetC
Chart1
Chart2
Worksheets集合对象中仅包含工作表（不包含图表）
Charts集合对象中仅包含图表（不包含工作表）

要点 ActiveSheet运行结果将根据活动工作表类型而作出相应改变

66节中介绍过使用ActiveSheet属性可以获取表示活动工作表的Worksheet对象。刚开始我们是为了便于大家理解工作表才这么说的，严格来说，当工作表为活动工作表时，ActiveSheet属性将会获取表示活动图表的Chart对象。ActiveSheet是可以根据工作表类型相应地改变获取对象的属性。

Worksheets与Sheets的区分使用

我们应该如何区分使用Worksheets属性与Sheets属性呢？通常情况下是根据所创建的工作簿作出相应改变。完全不需要创建含有图表的工作簿时，则无须在意Worksheets与Sheets之间的不同点。前面学习的Worksheets属性代码同样适用于Sheets属性。但如果经常需要创建图表和工作表混合的工作簿，则需要我们注意Worksheets与Sheets之间的不同点。例如，当工作簿前面有图表时，Worksheets(1)与Sheets(1)将表示不同的工作表。所以我们需要根据想要执行的操作来考虑应该使用哪一个属性。

▶根据有无图表相应地改变Worksheets(1)与Sheets(1)

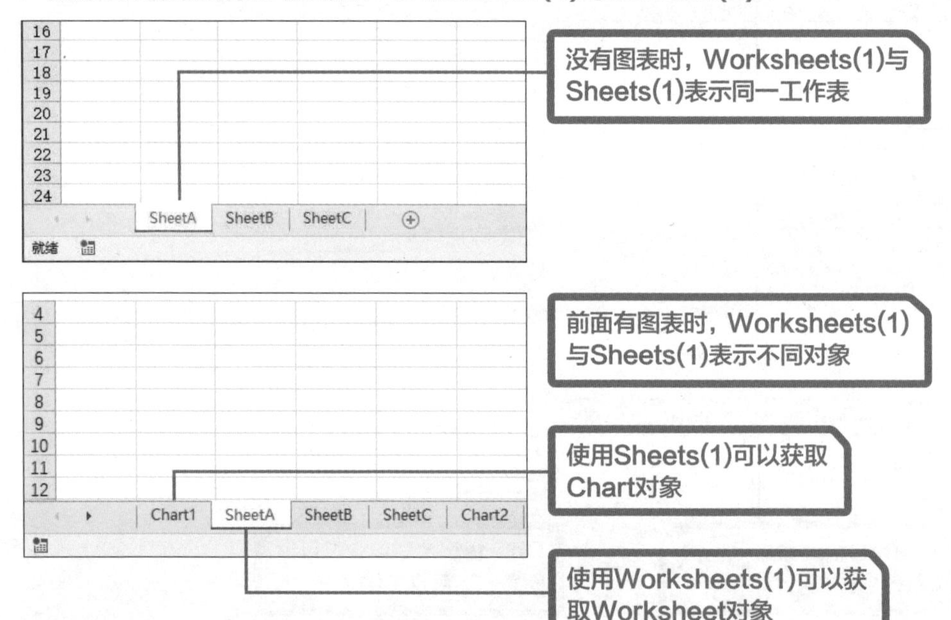
SheetA
SheetB
SheetC
就绪
没有图表时，Worksheets(1)与Sheets(1)表示同一工作表
Chart1
SheetA
SheetB
SheetC
Chart2
前面有图表时，Worksheets(1)与Sheets(1)表示不同对象
使用Sheets(1)可以获取Chart对象
使用Worksheets(1)可以获取Worksheet对象

在本书的后续内容中，将会按照无图表工作簿的情况执行操作，即使用Sheets属性执行代码操作。

第12章

创建多表汇总宏

本章我们将学习如何创建第2章中所提到的多表汇总宏。

[多表汇总指令]

71 确认多表汇总的宏指令

学习要点

在未熟悉编程的阶段，创建宏之前手动确认操作步骤很有必要。在本节我们先进行手动操作，将多张工作表汇总成1张工作表。

确认具体的操作步骤

在开始创建宏之前，要先理解并掌握具体的操作步骤。我们将会反复执行复制与粘贴操作，使多张工作表汇总成1张工作表，具体操作步骤如下。

▶将多张工作表汇总成1张工作表的操作示意图

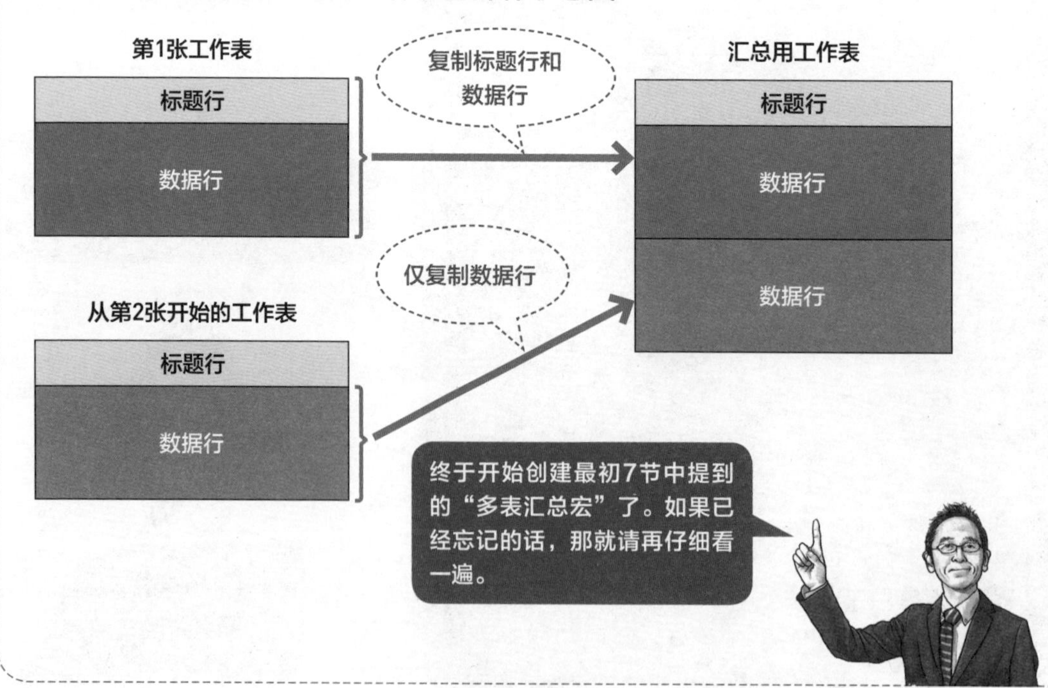

确认多表汇总操作

▶ 插入汇总用工作表

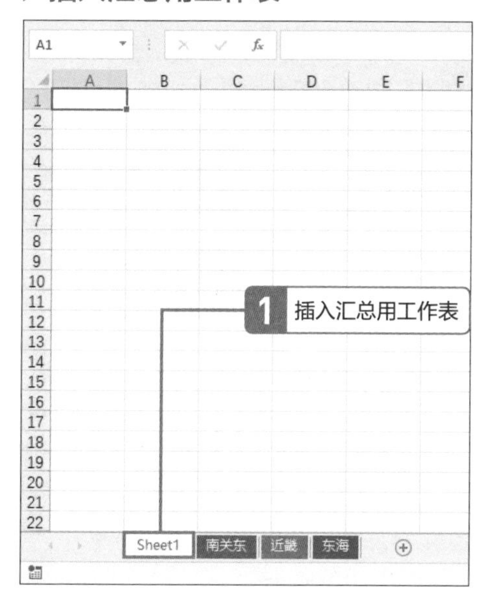

▶ 从第1张工作表开始复制

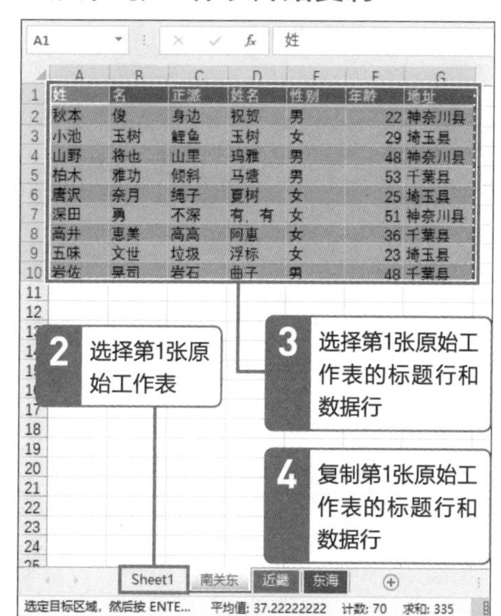

▶ 切换到汇总用工作表

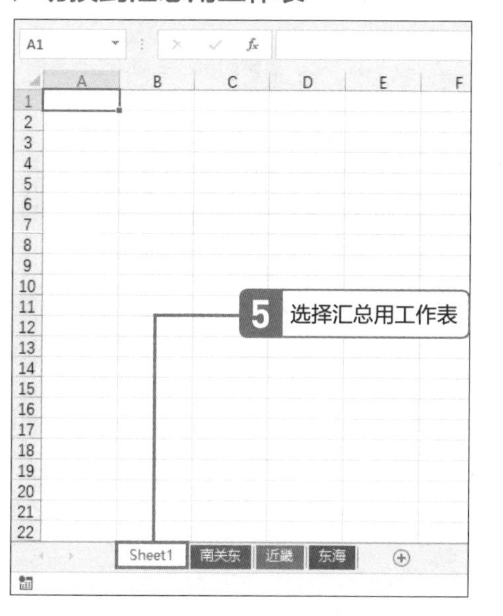

▶ 粘贴到汇总用工作表中

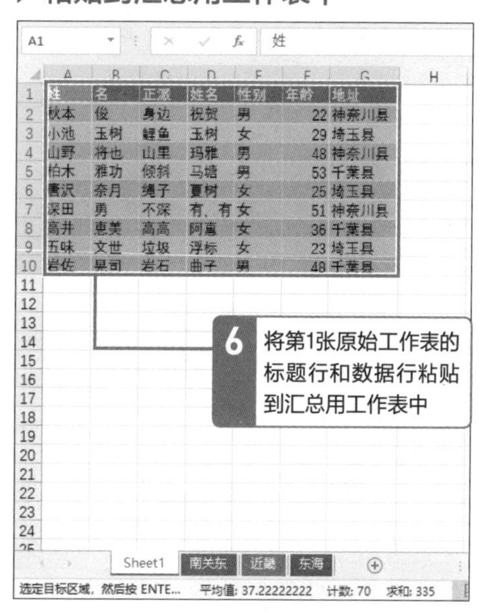

▶切换到第2张工作表

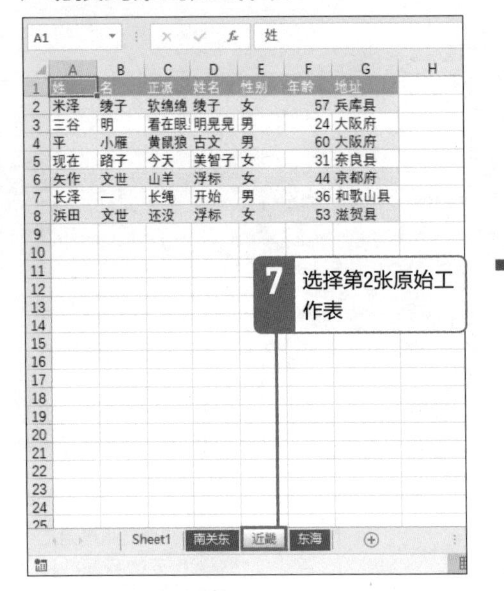

7 选择第2张原始工作表

▶复制第2张原始工作表

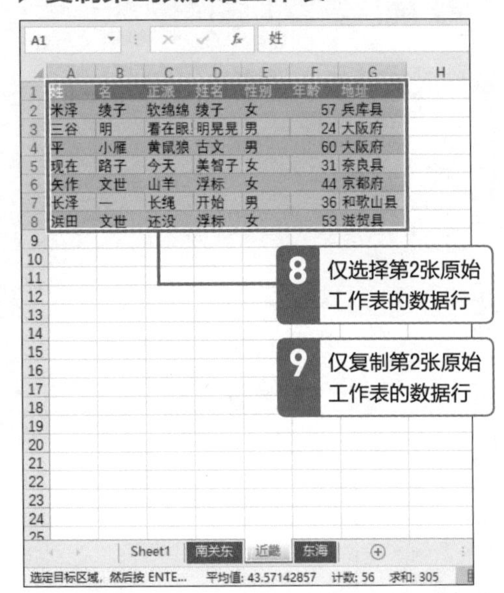

8 仅选择第2张原始工作表的数据行
9 仅复制第2张原始工作表的数据行

▶切换到汇总用工作表

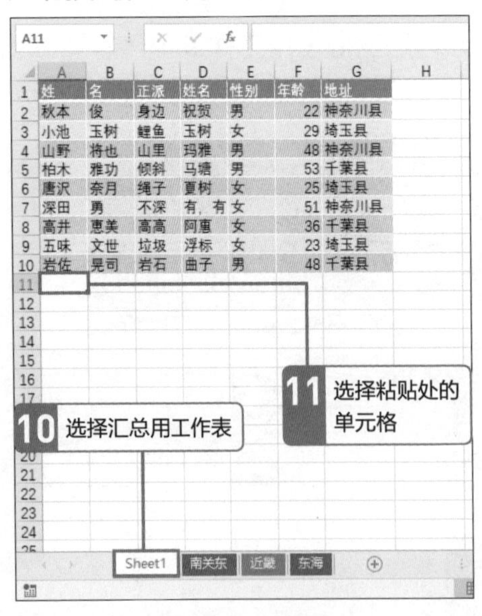

10 选择汇总用工作表
11 选择粘贴处的单元格

▶粘贴到汇总用工作表

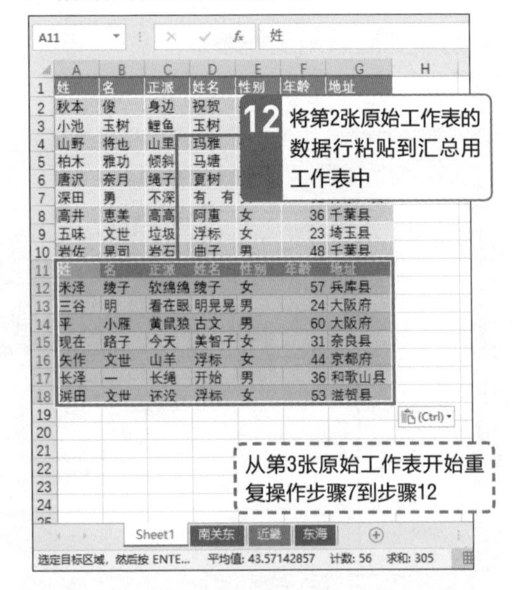

12 将第2张原始工作表的数据行粘贴到汇总用工作表中
从第3张原始工作表开始重复操作步骤7到步骤12

整理操作简化代码

前面几页均是仅复制第1张工作表中的标题行与数据行，从第2张工作表开始复制除标题行以外的数据行。Excel VBA编写此代码时，需要用到If语句。对于一直跟随本书的讲解进行学习的读者来说，上述操作应该都能够理解吧？像第7章创建判定合格与否的宏那样，既有必须要写If语句的时候，也有设法不写If语句的时候。创建本章的“多表汇总”宏时，可以设法不使用条件分支语句。如果第一次仅复制&粘贴标题行，再重复复制&粘贴所有工作表的数据行（除标题行外），则不需要写If语句。按照以上思路，我们整理出了以下操作指导。

▶ 区分标题行和数据行复制操作的示意图

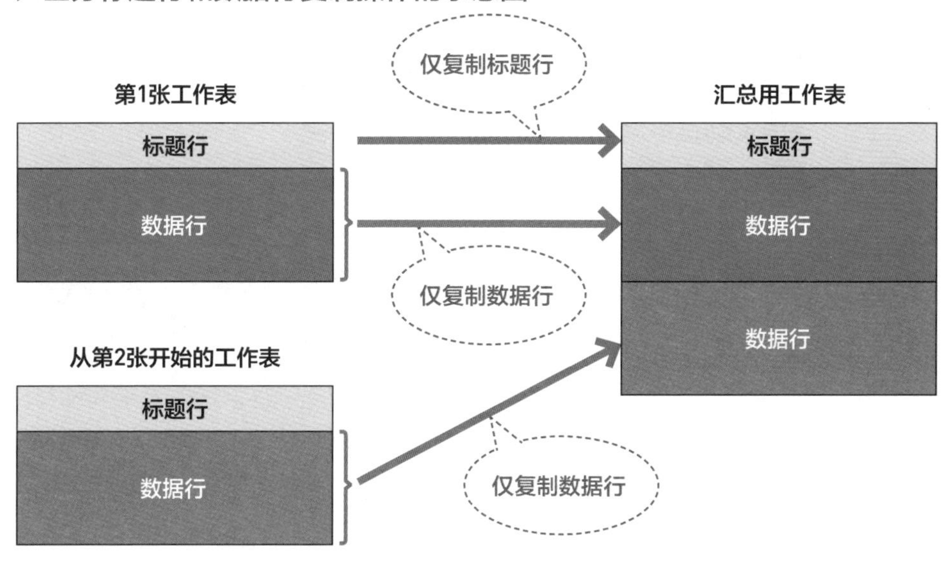

即便此操作不使用计算机也能处理，一旦处理内容会随着条件不同而改变，那么业务的复杂性就将随之激增。通过尽可能减少简化条件分支，可以降低错误的发生率。

确认改良后的多表汇总操作

▶复制标题行

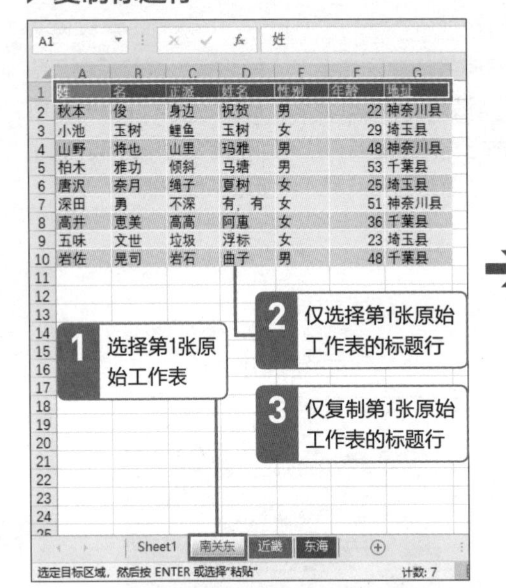

▶将标题行粘贴到汇总用工作表中

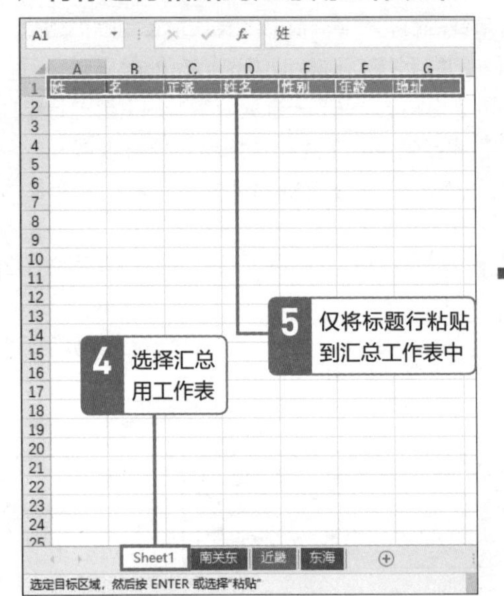

第3节中介绍如果需要反复创建宏或者反复重写，我们最好事先整理好所要执行的操作内容。

▶ 复制数据行

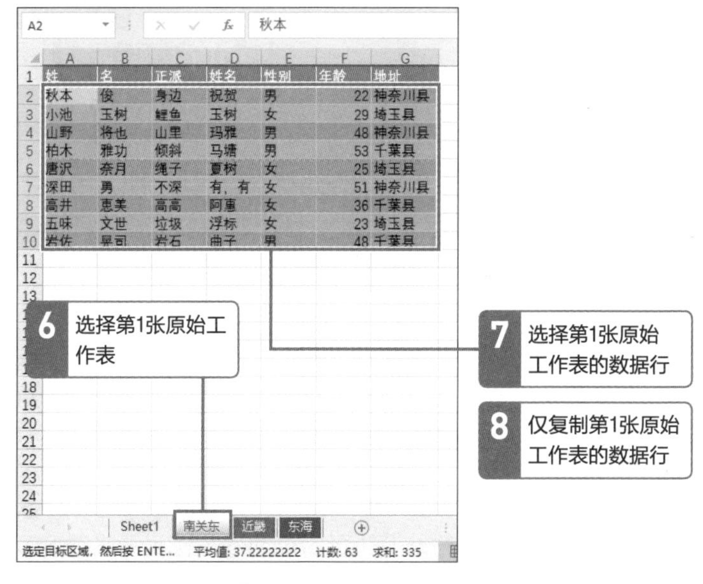

6 选择第1张原始工作表
7 选择第1张原始工作表的数据行
8 仅复制第1张原始工作表的数据行

▶ 切换到汇总用工作表

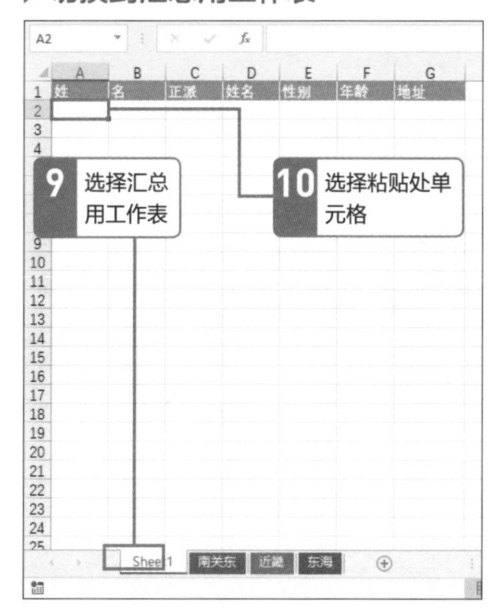

9 选择汇总用工作表
10 选择粘贴处单元格

▶ 将数据行粘贴到汇总用工作表中

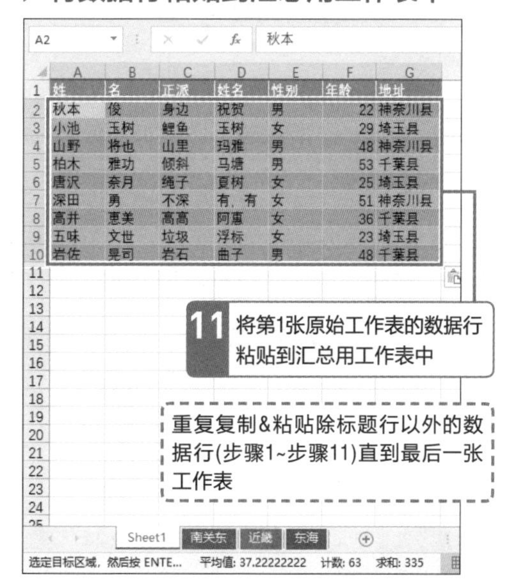

11 将第1张原始工作表的数据行粘贴到汇总用工作表中
重复复制&粘贴除标题行以外的数据行(步骤1~步骤11)直到最后一张工作表

[多表汇总宏]

72 创建多表汇总宏

扫码看视频

学习要点

前面的章节中，我们确认将多张工作表汇总成1张工作表的手动操作步骤。本节我们将一边执行宏录制操作、挪用宏录制中生成的代码，一边从零开始创建多表汇总宏。

执行宏录制操作

首先，我们将试着使用宏录制前面课程中的多表汇总操作。在含有“南关东”“近畿”“东海”这3张工作表的工作簿中，“插入A汇总用工作表→B选择第1张原始工作表→CD复制标题行(1:第1行)→E选择汇总用工作表→F粘贴”执行宏录制后，将会生成以下代码。挪用这个代码，将这个代码转换成通用格式代码。

▶宏录制生成的代码

```
Sub␣samp()
␣␣␣␣Sheets.Add································Ⓐ使用Sheets.Add方法插入工作表
␣␣␣␣Sheets("南关东").Select ·········Ⓑ使用Worksheet.Select方法选择“南关东”工作表
                                          (第1张原始工作表)
␣␣␣␣Rows("1:1").Select·················Ⓒ使用Range.Select方法选择第1行
␣␣␣␣Selection.Copy ·······················Ⓓ使用Range.Copy方法复制第1行
␣␣␣␣Sheets("Sheet1").Select ······Ⓔ使用Worksheet.Select方法选择Sheet1工作表(Ⓐ
                                          插入的汇总用工作表)
␣␣␣␣ActiveSheet.Paste ···················Ⓕ使用Worksheet.Paste方法粘贴
End␣Sub
```

创建多表汇总宏

1 准备创建Sub过程 Chapter12.xlsm

一边挪用宏录制时生成的代码，一边创建多表汇总宏。打开Chapter12.xlsm工作簿，启动VBE，插入标准模块。

2 创建Sub过程

创建“汇总多个工作表”Sub过程（参照15节）。

```
001 Sub␣汇总多个工作表()
002
003 End␣Sub
```


3 插入汇总用工作表

输入代码，在活动工作簿前面插入汇总用工作表（挪用Ⓐ）。

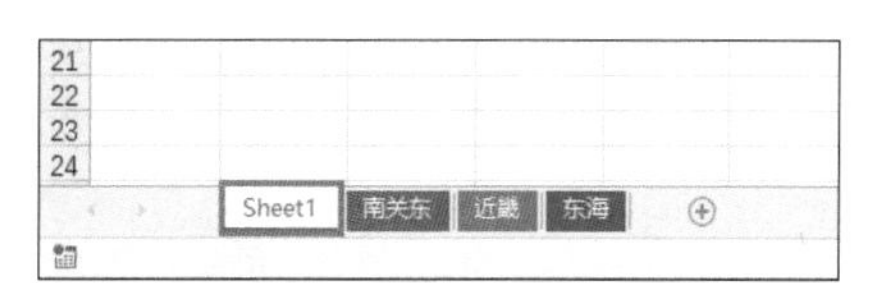


```
001 Sub␣汇总多个工作表()
002 ␣␣␣␣Sheets.Add␣Before:=Sheets(1)
003 End␣Sub
```

输入代码，插入汇总用工作表

重点 使用Sheets.Add参数明确插入位置

虽然宏录制功能仅能生成“Sheets. Add”，但可以通过指定参数明确插入位置(参照67节)。对于仅含工作表的工作簿，“Sheets.Add Before:=Sheets(1)”与“Worksheets.Add Before:=Worksheets(1)”相同，但我们会选择使用字符更短的Sheets属性(参照70节)。

4 选择第1张原始工作表标题行并复制

在复制标题行前，先输入代码，选择第1张原始工作表标题行（挪用Ⓑ）。

```
001 Sub˽汇总多个工作表()
002 ˽˽˽˽Sheets.Add˽Before:=Sheets(1)
003 ˽˽˽˽Sheets(2).Select
004 End˽Sub
```

输入代码，选择第1张原始工作表标题行

重点 参数为2的原因

运行"Sheets.Add Before:=Sheets(1)"之前，使用"Sheets(1)"返回第1张原始工作表，插入汇总工作表之后，汇总用工作表将变成第1张工作表，第1张原始工作表将变成第2张工作表。因此，我们可以在选择第1张原始工作表的代码中，指定Sheets(2).Select中的Sheets属性参数为2。这与69节工作表名一览表宏当中的For…Next循环控制初始值为2是相同的原因。

5 复制标题行

输入代码，复制第1行(参照62节~63节)（挪用ⒸⒹ）。

```
001 Sub˽汇总多个工作表()
002 ˽˽˽˽Sheets.Add˽Before:=Sheets(1)
003 ˽˽˽˽Sheets(2).Select
004 ˽˽˽˽Rows("1:1").Copy
005 End˽Sub
```

输入代码，复制第1行

6 选择汇总用工作表

输入代码，选择汇总用工作表（挪用Ⓔ）。

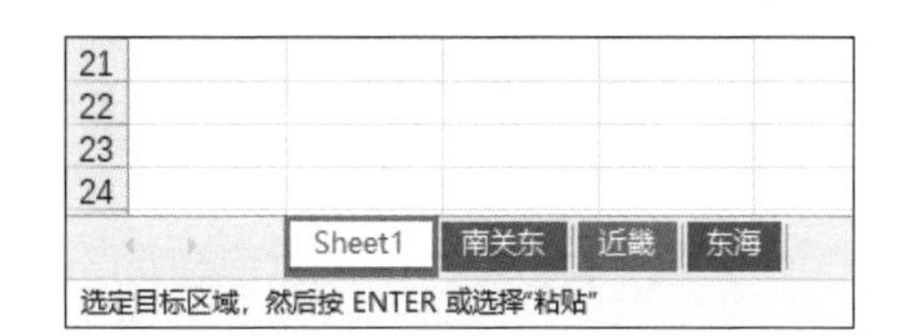


```
001 Sub␣汇总多个工作表()
002 ␣␣␣␣Sheets.Add␣Before:=Sheets(1)
003 ␣␣␣␣Sheets(2).Select
004 ␣␣␣␣Rows("1:1").Copy
005 ␣␣␣␣Sheets(1).Select
006 End␣Sub
```

输入代码，选择汇总用工作表

7 粘贴标题行

输入代码，粘贴标题行（参照62节）。

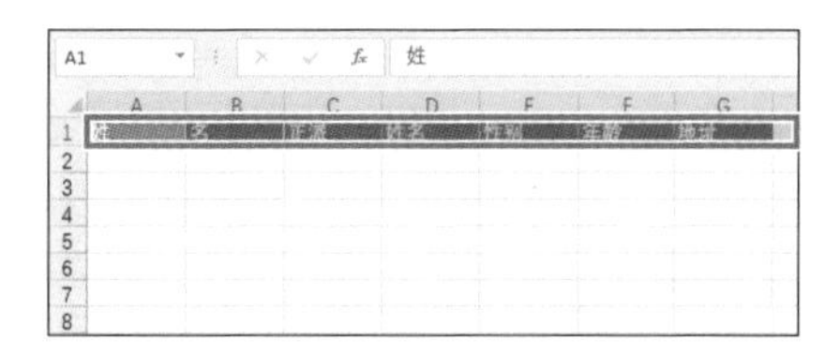

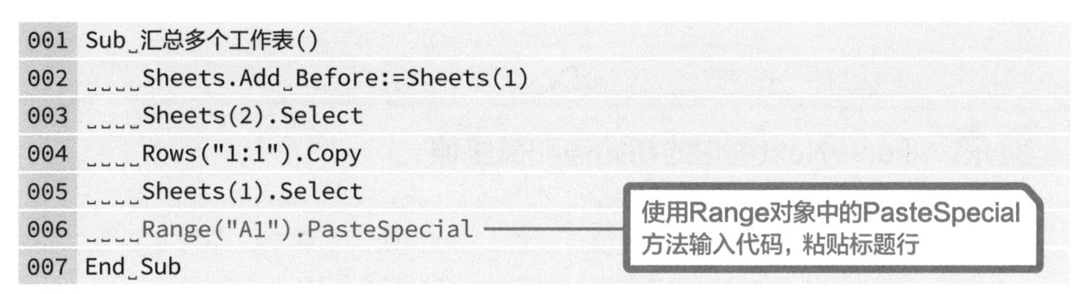

```
001 Sub␣汇总多个工作表()
002 ␣␣␣␣Sheets.Add␣Before:=Sheets(1)
003 ␣␣␣␣Sheets(2).Select
004 ␣␣␣␣Rows("1:1").Copy
005 ␣␣␣␣Sheets(1).Select
006 ␣␣␣␣Range("A1").PasteSpecial
007 End␣Sub
```


重点 使用Range.PasteSpecial方法明确粘贴位置

虽然也可以使用宏录制生成的“ActiveSheet.Paste”代码执行复制操作，但为了更加明确粘贴位置，我们将会使用Range.PasteSpecial方法。

8 输入For…Next语句，复制数据行&粘贴数据行

在For…Next语句Sub过程前面追加计数变量声明❶，输入For…Next语句，复制数据行&粘贴数据行❷。


```
001 Sub 汇总多个工作表()
002     Dim i As Long
003
004     Sheets.Add Before:=Sheets(1)
005     Sheets(2).Select
006     Rows("1:1").Copy
007     Sheets(1).Select
008     Range("A1").PasteSpecial
009
010     For i = 2 To Sheets.Count
011     Next i
012 End Sub
```

1 声明变量i

2 输入For…Next语句的结构语句

重点 For…Next语句的初始值和最终值

第1张是汇总用工作表，为了从第2张到最后一张工作表执行For…Next循环控制，我们将For…Next循环控制语句写成For i=2 To Sheets.Count，即For…Next语句初始值为2、最终值为Sheets.Count(参照3节)。

9 选择原始工作表

在For…Next语句中，创建复制&粘贴原始工作表的数据行（除标题行以外的数据，即从第2行开始）的代码。输入选择原始工作表的代码（挪用Ⓑ）。

```
001 Sub␣汇总多个工作表()
002 ␣␣␣␣Dim␣i␣As␣Long
003
004 ␣␣␣␣Sheets.Add␣Before:=Sheets(1)
005 ␣␣␣␣Sheets(2).Select
006 ␣␣␣␣Rows("1:1").Copy
007 ␣␣␣␣Sheets(1).Select
008 ␣␣␣␣Range("A1").PasteSpecial
009
010 ␣␣␣␣For␣i␣=␣2␣To␣Sheets.Count
011 ␣␣␣␣␣␣␣␣Sheets(i).Select
012 ␣␣␣␣Next␣i
013 End␣Sub
```

输入选择原始工作表的代码

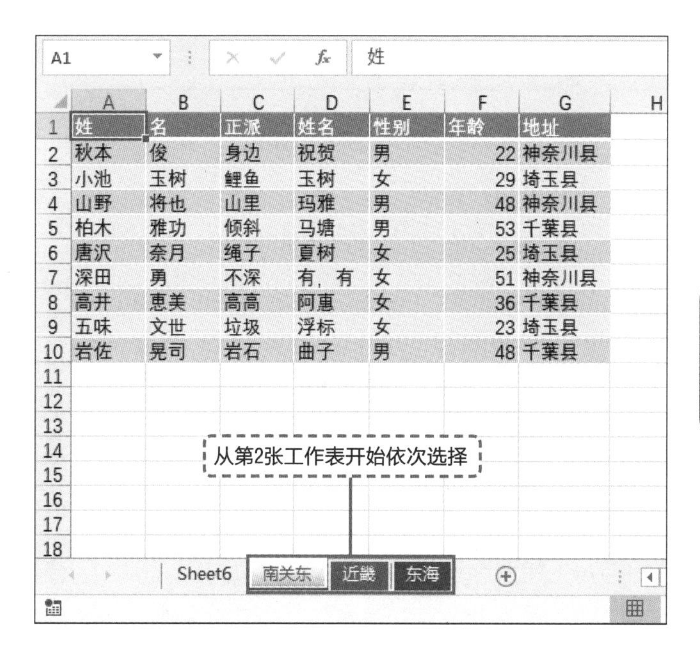

For…Next第1次循环中的计数变量i为2，所以Sheets(i).Select表示Sheets(2).Select，运行此代码将会选择第1张原始工作表。

10 获取最后一行数据行的行号

为了复制数据行，我们需要获取最后一行数据行的行号并输入赋给变量的代码❶❷。

```
001 Sub␣汇总多个工作表()
002 ␣␣␣␣Dim␣end_row␣As␣Long
003 ␣␣␣␣Dim␣i␣As␣Long
004 
005 ␣␣␣␣Sheets.Add␣Before:=Sheets(1)
006 ␣␣␣␣Sheets(2).Select
007 ␣␣␣␣Rows("1:1").Copy
008 ␣␣␣␣Sheets(1).Select
009 ␣␣␣␣Range("A1").PasteSpecial
010 
011 ␣␣␣␣For␣i␣=␣2␣To␣Sheets.Count
012 ␣␣␣␣␣␣␣␣Sheets(i).Select
013 ␣␣␣␣␣␣␣␣end_row␣=␣Cells(Rows.Count,␣"A").End(xlUp).Row
014 ␣␣␣␣Next␣i
015 End␣Sub
```

1 声明变量End_Row

2 输入代码，获取最后一行数据行的行号

重点 使用Range.End属性获取最后一行数据行的行号

代码“end_row=Cells(Rows.Count,"A").End(xlUp).Row”，使用Range对象中的End属性获取A列最后一行数据行的行号，并赋给变量end_row(参照65节)。使用Range.End属性获取的最后一行行号为end_row变量名。

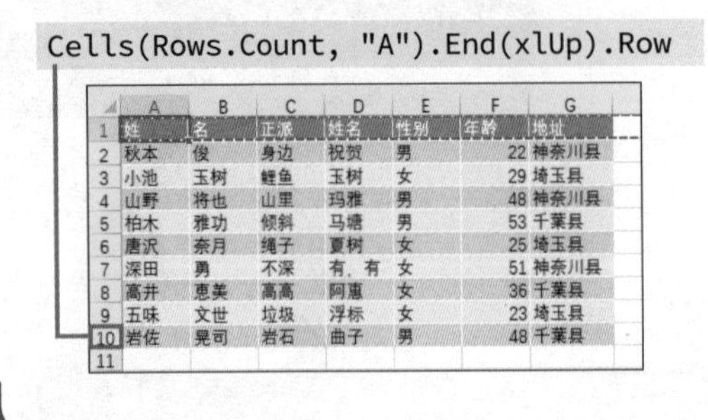

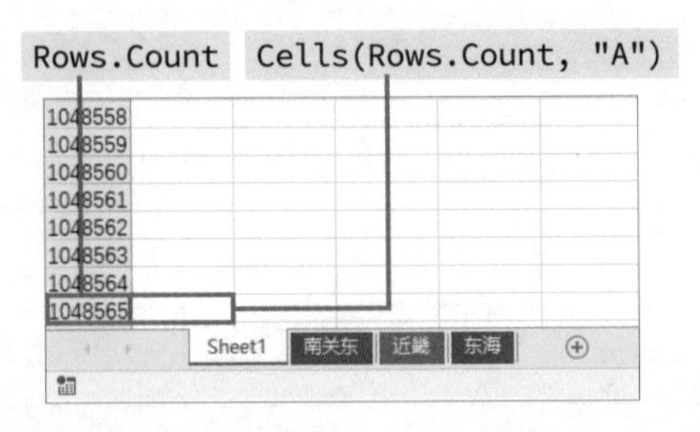

11 复制数据行

使用赋给变量的最后一行的行号，并输入代码，将会一直从第2行复制到最后一行（挪用ⒸⒹ）。

```
001 Sub␣汇总多个工作表()
002 ␣␣␣␣Dim␣end_row␣As␣Long
003 ␣␣␣␣Dim␣i␣As␣Long
004
005 ␣␣␣␣Sheets.Add␣Before:=Sheets(1)
006 ␣␣␣␣Sheets(2).Select
007 ␣␣␣␣Rows("1:1").Copy
008 ␣␣␣␣Sheets(1).Select
009 ␣␣␣␣Range("A1").PasteSpecial
010
011 ␣␣␣␣For␣i␣=␣2␣To␣Sheets.Count
012 ␣␣␣␣␣␣␣␣Sheets(i).Select
013 ␣␣␣␣␣␣␣␣end_row␣=␣Cells(Rows.Count,␣"A").End(xlUp).Row
014 ␣␣␣␣␣␣␣␣Rows("2:"␣&␣end_row).Copy
015 ␣␣␣␣Next␣i
016 End␣Sub
```

输入仅复制数据行的代码

重点 字符串与数值连接后仍然是字符串

返回表示数据行的Range对象“Rows("2":&end_row)”，或许也有人认为需要在“end_row”后面输入“ ""”，其实并不需要，因为字符串2与数值用“&”连接在一起仍然作为字符串使用。

关于复制数据行的代码，虽然也可以不使用变量直接写成1行“Row("2":&Cells(Rows.Count,"A").End(xlUp).Row).Copy”代码，但比较难阅读，所以我们将使用变量并将代码写成2行。

12 选择汇总工作表以及返回粘贴位置的行号

粘贴数据行时，我们需要输入选择汇总工作表的代码❶(挪用Ⓔ)，以及输入返回粘贴位置行号的代码❷❸。

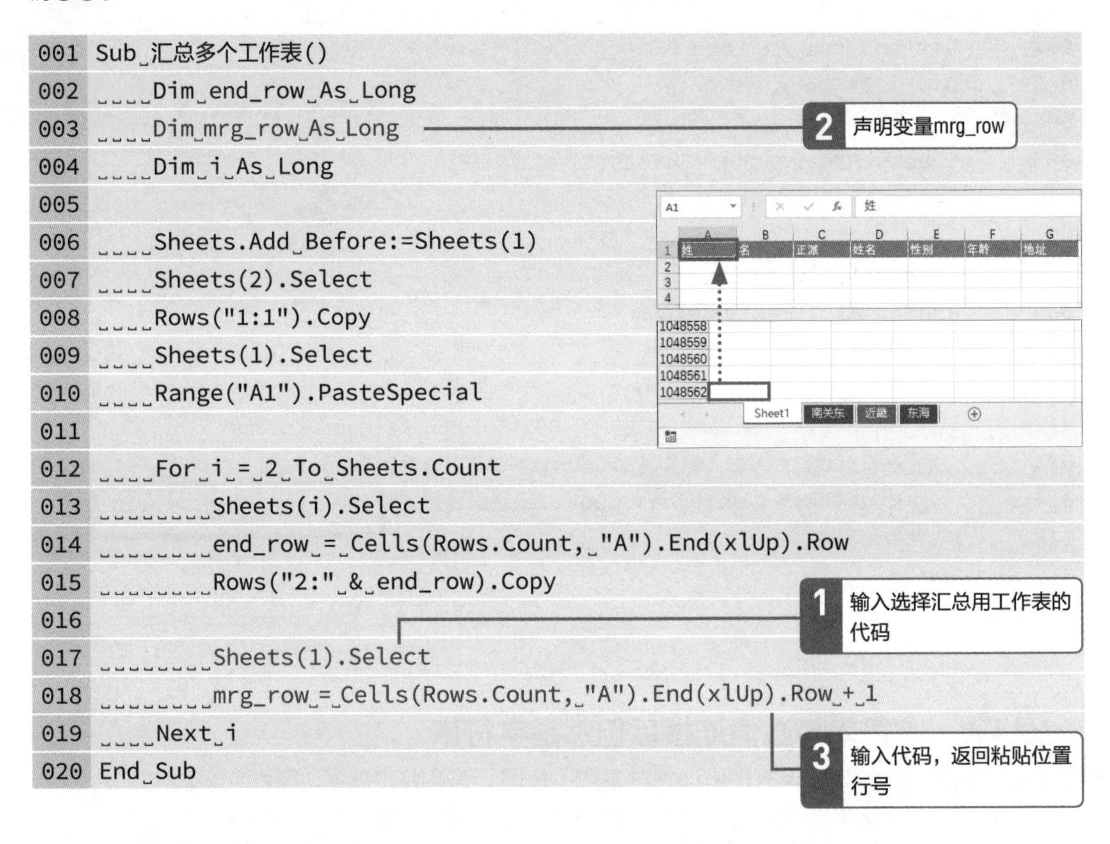

```
001 Sub 汇总多个工作表()
002     Dim end_row As Long
003     Dim mrg_row As Long
004     Dim i As Long
005
006     Sheets.Add Before:=Sheets(1)
007     Sheets(2).Select
008     Rows("1:1").Copy
009     Sheets(1).Select
010     Range("A1").PasteSpecial
011
012     For i = 2 To Sheets.Count
013         Sheets(i).Select
014         end_row = Cells(Rows.Count, "A").End(xlUp).Row
015         Rows("2:" & end_row).Copy
016
017         Sheets(1).Select
018         mrg_row = Cells(Rows.Count, "A").End(xlUp).Row + 1
019     Next i
020 End Sub
```


重点 粘贴位置行号

返回粘贴位置行号的代码“+1”是重点。“Cells(Rows.Count,"A").End(xlUp).Row”可以获取到数据的行号，如果原封不动地获取行号，最后一行将会消失。为了避免出现这个问题，我们将会使用“+1”指定下一行。变量名“mrg_row”用于汇总行号，也就是合并(Merge)行号的意思。

13 粘贴数据行

输入在汇总工作表中粘贴数据行的代码（参照62节）。

```
001 Sub 汇总多个工作表()
002     Dim end_row As Long
003     Dim mrg_row As Long
004     Dim i As Long
005
006     Sheets.Add Before:=Sheets(1)
007     Sheets(2).Select
008     Rows("1:1").Copy
009     Sheets(1).Select
010     Range("A1").PasteSpecial
011
012     For i = 2 To Sheets.Count
013         Sheets(i).Select
014         end_row = Cells(Rows.Count, "A").End(xlUp).Row
015         Rows("2:" & end_row).Copy
016
017         Sheets(1).Select
018         mrg_row = Cells(Rows.Count, "A").End(xlUp).Row + 1
019         Cells(mrg_row, "A").PasteSpecial
020     Next i
021 End Sub
```

输入粘贴用代码

输入完代码后，再整体阅读一遍，确保没有遗留问题。

逐语句运行多表汇总宏

逐语句运行Sub过程

将Excel和VBE并列排布，保证两者同时可见❶，然后显示本地窗口❷，逐语句运行多表汇总宏❸。一边通过本地窗口确认变量end_row、mrg_row和i的赋值是什么样的，思考各个数值分别表示什么含义，一边逐语句运行。这样做，可以更深入地理解代码的含义。

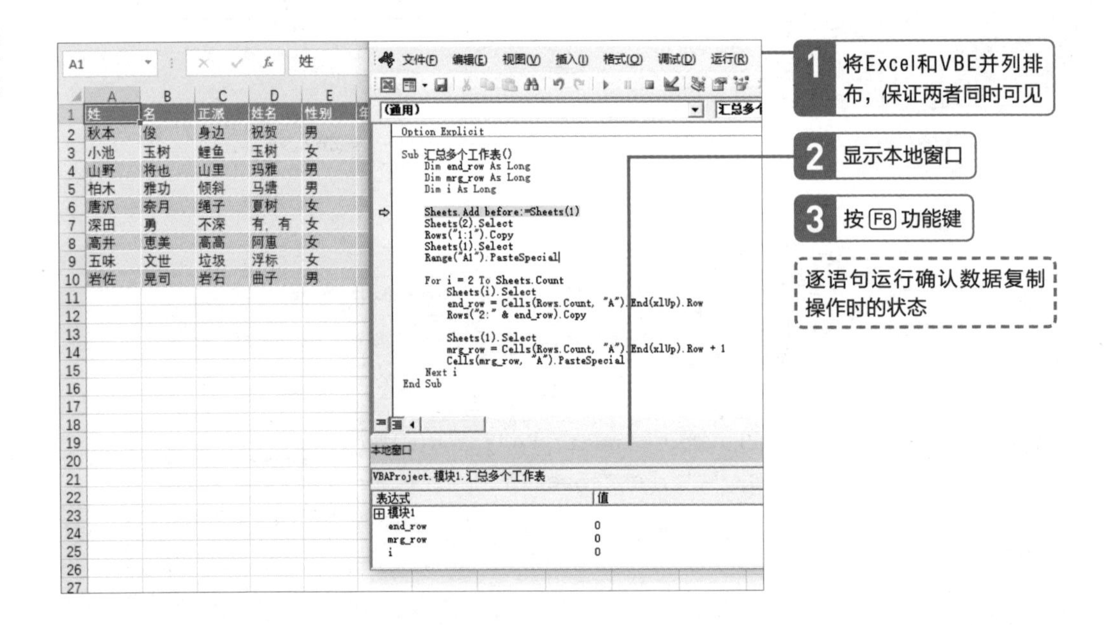

07节示例最后追加几个操作，即选择A1单元格操作，解除Excel复制模式操作以及显示信息操作。理解了多表汇总宏操作后，我们再试着追加这些操作。虽然本书中不涉及解除Excel复制模式操作，但对于学习到现在的各位来说，可以通过阅读“帮助”功能来进行理解。

要点　体会宏运行时的喜悦

即使不添加工作表选择操作，Sub过程的运行结果依旧相同。本节中，为了方便确认Sub过程的操作内容和步骤，我们将边查看运行画面边特意运行含工作表选择操作的Sub过程。在工作表中复制所需的单元格区域，然后粘贴到汇总用工作表中，这与手动汇总多张工作表操作相同，所以逐语句运行，应该很容易理解操作内容。与此同时，看到Excel按照自己编写的代码指示运行，应该会情不自禁地涌现出一点点喜悦、感动和成就感吧。正是因为这份喜悦感才让我们有继续学习编程的动力，要珍惜这份喜悦感。现在是边查看本书边输入代码，当我们能够自行思考并创建宏时，这份喜悦感将更强烈。因此，比起一上来就着手创建复杂的宏，创建简单易懂容易阅读并能够应用到日常烦琐业务中的小宏反而更值得学习。这样，我们可以边体验宏运行时的喜悦，边继续学习。

要点　Worksheets属性返回Sheets集合

第11章中介绍过返回Worksheets集合对象的Worksheets属性。严格意义上来说，这个说法并不准确。Worksheets属性不是返回Worksheets集合对象的属性，而是仅将Worksheet对象作为单独对象返回Sheets集合对象的属性。53节中介绍很多集合对象名称与返回集合对象的属性名称是相同的，也有很多集合对象名称是用其单独对象名称的复数形式表示的。除此之外，还有很多集合对象必须按照不同格式理解Worksheets属性。入门者刚开始就按照正确格式理解，将非常困难，后面的宏学习速度也将落下来。虽然严格意义上来说本书的理解并不正确，但完全不会对宏创建造成困扰。将不指定参数的Worksheets属性返回的集合对象赋值给对象变量时，虽然也会感到不知所措，但只要我们反复正确地学习就能够充分理解。

[改善多表汇总宏]

73 学习提高多表汇总宏的代码写法

学习要点

72节所创建的宏，随着操作的数据量和工作表张数的增加，操作速度将会变慢。我们需要先了解提高多表汇总宏操作速度的代码写法。重点是使用Range对象中的Copy方法指定参数。

含有选择操作的代码含义虽然更容易理解但操作速度会变慢

为了方便确认前面章节中的宏运行内容，我们将会反复执行“选择工作表→复制单元格区域→选择汇总用工作表→粘贴”操作。除此以外，含有选择操作的Excel宏运行速度也会变慢。写成以下不含选择操作的Sub过程，可提高运行速度。

▶不含选择操作的多表汇总宏

```
Sub 汇总多个工作表而不选择()
    Dim end_row As Long
    Dim mrg_row As Long
    Dim i As Long

    Sheets.Add Before:=Sheets(1)
    Sheets(2).Rows("1:1").Copy _
              Destination:=Sheets(1).Range("A1")

    For i = 2 To Sheets.Count
        end_row = Sheets(i).Cells(Rows.Count, "A").End(xlUp).Row
        mrg_row = Sheets(1).Cells(Rows.Count, "A").End(xlUp).Row + 1
        Sheets(i).Rows("2:" & end_row).Copy _
                  Destination:=Sheets(1).Cells(mrg_row, "A")
    Next i
End Sub
```

复制标题行

复制数据行

与不含选择操作的宏之间的不同点

不同点是，只需指定62节所学习的Range对象中的Copy方法参数Destination，1行代码就可以完成“选择工作表→复制单元格区域→选择汇总用工作表→粘贴”操作。接下来，我们将对代码进行实际确认。前面章节中是将标题行赋值&粘贴操作按照以下所示写成4行宏代码。这个操作也可以写成1行(使用“ _”换行后，实际上就是57节所学习的1行代码)。同样地，For…Next语句中反复操作的数据行复制操作也将变成以下第3部分。

▶以宏录制为基础的复制&粘贴代码

```
    Sheets(2).Select
    Rows("1:1").Copy
    Sheets(1).Select
    Range("A1").PasteSpecial
```

逐一选择需要复制粘贴的工作表

▶复制标题行的操作

```
    Sheets(2).Rows("1:1").Copy _
              Destination:=Sheets(1).Range("A1")
```

使用Destination参数指定复制对象

▶复制数据行的操作

```
        Sheets(i).Rows("2:" & end_row).Copy _
                  Destination:=Sheets(1).Cells(mrg_row, "A")
```

使用Destination参数指定复制对象

当能够充分理解前面章节中的宏含义并想要提高操作速度时，请试着挑战创建不含此选择操作的宏。

复制标题行操作的代码

执行复制标题行操作的代码含义如下。要是能理解标题行代码的含义，也就能理解复制数据行的代码含义。

▶ Destination:=Sheets(1).Range("A1")的含义

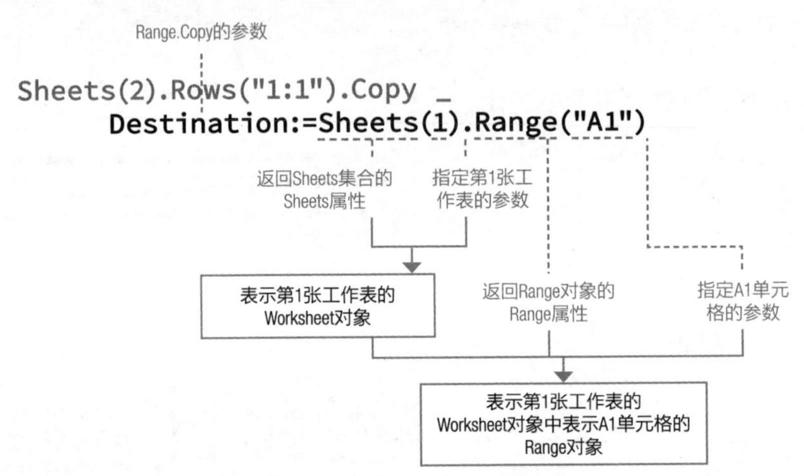

▶ Sheets(2).Rows("1:1").Copy Destination:=Sheets(1).ange("A1")的含义

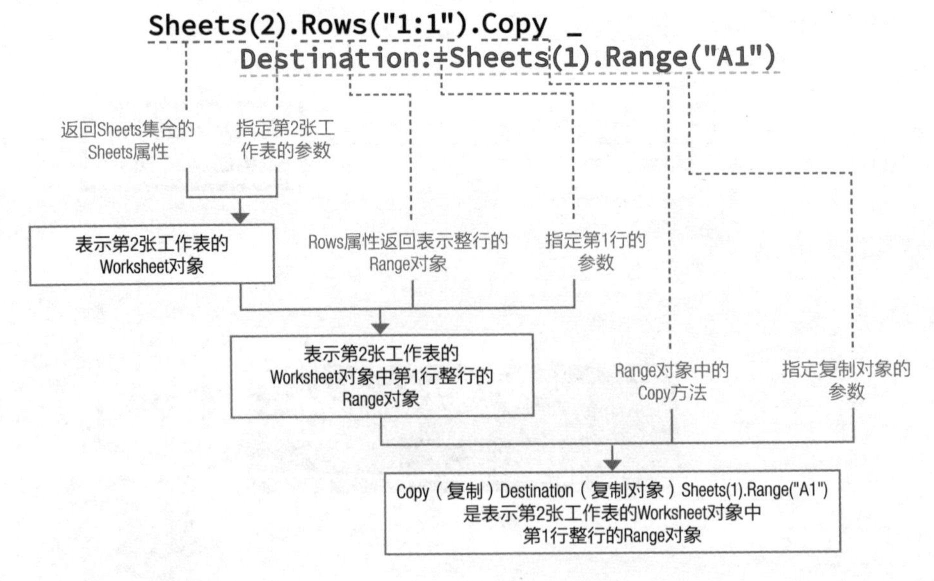

第13章 学习Workbook对象

实际业务中，除了汇总1个工作簿中的工作表，还经常需要汇总多张工作簿中的多张工作表。因此，本章我们将学习必要的工作簿操作。

[Workbooks、ActiveWorkbook和ThisWorkbook]

74 学习用于获取工作簿对象的属性

学习要点

在操作工作簿时，我们需要用到Workbooks集合对象与Workbook对象。本节将学习用于获取上述对象的Workbooks、ActiveWorkbook和ThisWorkbook属性。

使用Workbooks与Workbook操作工作簿

Workbooks集合对象用于操作所有工作簿，Workbook用于操作单个工作簿。Workbooks与Workbook之间的关系类似于66节中的Worksheets与Worksheet之间的关系。

▶ Workbooks集合与Workbook对象示意图

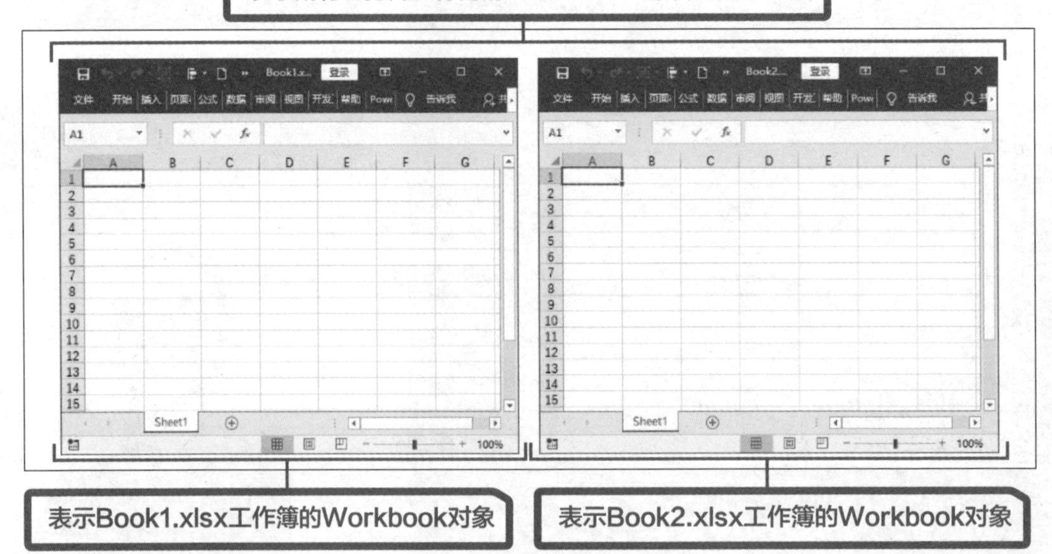

获取表示所有工作簿的Workbooks集合

Workbooks属性用于获取所有已打开工作簿的Workbooks集合对象。运行“MsgBoxWorkbooks.Count”代码，所有已打开工作簿的数量将显示在弹出的对话框中。

▶ Workbooks.Count的含义

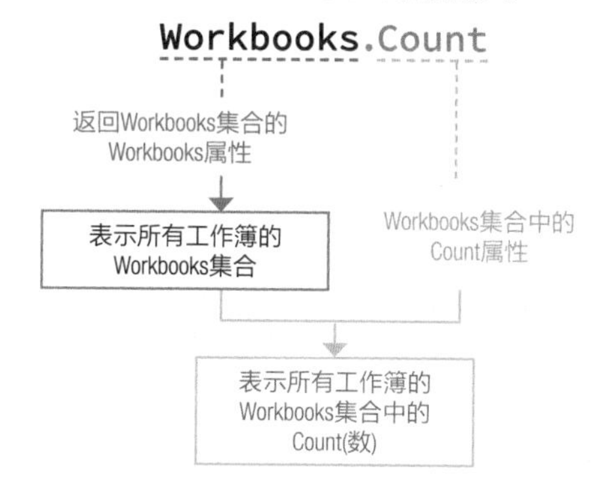

使用工作簿获取Workbook对象

将工作簿名称指定给Workbooks属性参数，即可使用工作簿名称获取Workbook对象。运行“Workbooks("DATA.xlsx").Activate”代码，名称为“DATA.xlsx”的工作簿将被激活。

▶ Workbooks("DATA.XLSX").Activate的含义

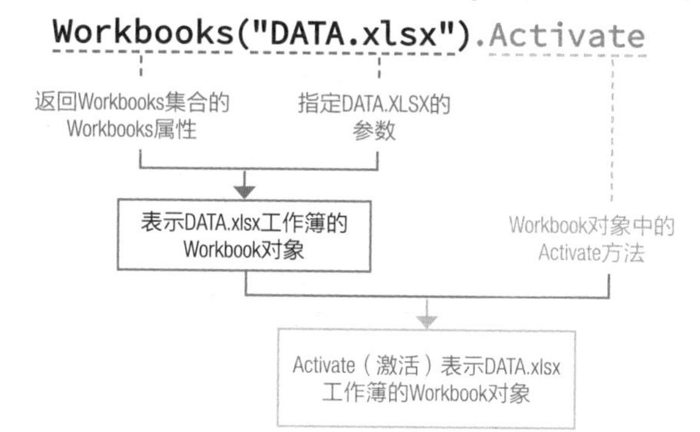

利用Workbooks属性获取表示所有工作簿的Workbooks集合对象，并且从这个集合对象中获取名称为“DATA.xlsx”的Workbook对象。

使用索引号获取Workbook对象

Workbooks属性的参数也可以被指定为索引号(数值)(索引号是按照打开顺序自动分配的数值)。运行“Workbook(1).Activate”代码，已打开工作簿中的第1个工作簿将被激活。将参数指定为数值，是方便循环控制工作簿的写法。

▶ Workbook(1).Activate的含义

请注意“Workbooks("DATA.xlsx")”是“Workbooks(1)”，“Workbooks("DATA.xlsx")”不是“Workbooks(1)”。

使用ActiveWorkbook获取活动Workbook

当使用工作簿名与索引号不指定工作簿，而是操作工作簿时，我们需要用到ActiveWorkbook属性。运行“MsgBox.ActiveWorkbook.Name”代码，活动工作簿名称将显示在弹出的对话框中。

▶ ActiveWorkbook.Name的含义

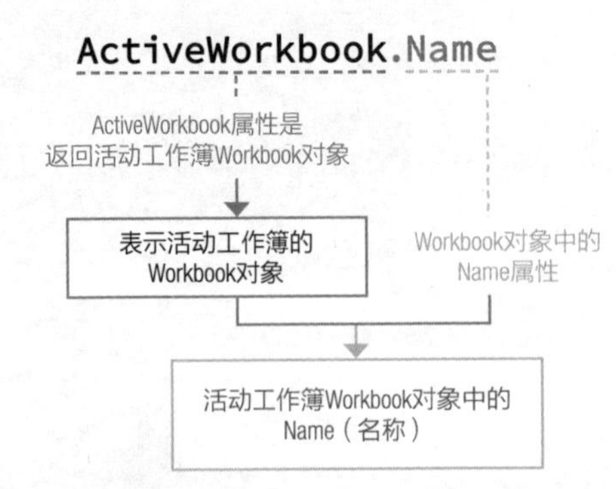

使用ThisWorkbook获取当前运行中的Workbook对象

要获取表示当前运行代码所在工作簿的Workbook对象时，需要用到ThisWorkbook属性。运行“MsgBox.ThisWorkbook.Name”代码，运行中的工作簿名称将显示在弹出的对话框中。

▶ ThisWorkbook.Name的含义

ActiveWorkbook属性是获取表示活动工作簿的Workbook对象，而ThisWorkbook属性是获取表示当前运行代码所在工作簿的Workbook对象，这是两者之间的不同点。

区分使用ActiveWorkbook与ThisWorkbook

仅打开一个工作簿时，ActiveWorkbook属性与ThisWorkbook属性返回的Workbook对象相同。打开两个以上工作簿时，ActiveWorkbook属性与ThisWorkbook属性返回的Workbook对象不相同。ActiveWorkbook属性是返回表示活动工作簿的Workbook对象，即使是活动工作簿，ThisWorkbook属性仍然返回表示当前运行代码所在工作簿的Workbook对象。要想操作活动工作簿，需要使用ActiveWorkbook属性；要想操作当前运行代码所在工作簿，则需要使用ThisWorkbook属性。

在接下来的76节~77节中，我们将会使用ThisWorkbook属性，把其他工作簿中的工作表复制到当前运行代码所在工作簿中。

[Workbooks和Workbook的属性与方法]

75 学习Workbooks和Workbook的属性方法

学习要点

前面章节中，我们已经学习了获取表示工作簿的属性。本节中将学习Workbooks集合和Workbook对象中配置的代表属性方法。

Workbook.Path属性是用于获取工作簿路径的属性

获取工作簿的保存路径(文件的保存位置)时，我们需要用到Workbook对象中的Path属性。运行“MsgBoxActiveWorkbook.Path”，活动工作簿路径将显示在弹出的对话框中。运行“MsgBox Workbooks("SMAP.xlsx").Path”，SMAP.xlsx工作簿路径将显示在弹出的对话框中。

▶ ActiveWorkbook.Path的含义

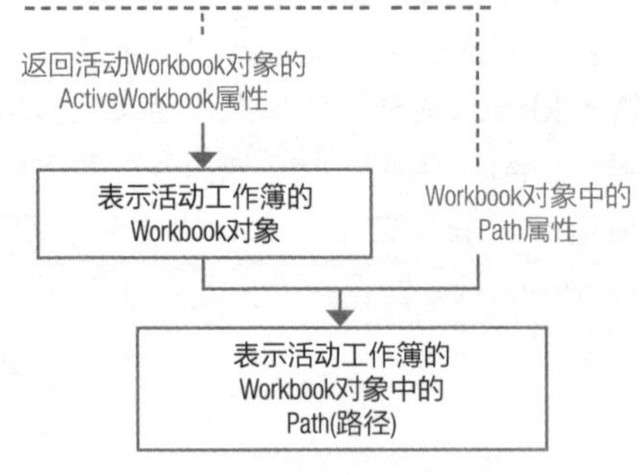

正如29节所述，编程初学者很容易搞混大小写字母穿插使用的字符串。因此，一般情况下，Windows中使用大写字母C表示驱动器，当本书参数包含驱动器字符串时，我们将特意使用小写字母c来表示，只有最需要特别注意的文件名才使用大写字母。

使用Workbooks.Open方法打开工作簿

我们利用Workbooks集合对象中的Open方法打开已经保存的工作簿。通过参数指定想要打开的工作簿，并运行“Workbooks.Open"c:¥tmp¥SMAP.xlsx"”代码将打开“c:¥tmp”文件夹中的“SMAP.xlsx”。

▶ Workbooks.Open"c:¥tmp¥SMAP.xlsx"的含义

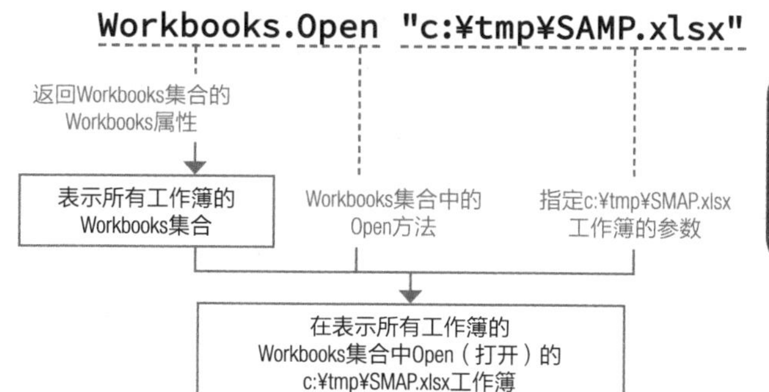

这个代码还可以写成“Workbooks.OpenFilename"C:¥tmp¥SMAP.xlsx"”，即便不使用命名参数，也能明白代码的含义。

使用Workbooks.Add方法新建工作簿

创建新工作簿时，我们需要用到Workbooks集合对象中的Add方法。运行“Workbooks.Add”代码，即可创建新工作簿。

▶ Workbooks.Add的含义

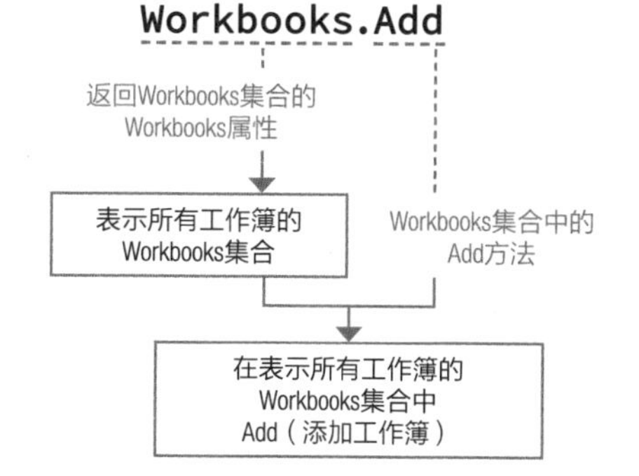

请注意，配置了Open方法和Add方法不是Workbook对象，而是Workbooks集合对象。

使用Workbook.Save方法保存工作簿

我们可以使用Workbook对象中的Save方法保存工作簿。运行“ActiveWorkbook.Save”代码保存工作簿。运行“Workbook("SMAP.xlsx").Save”代码，SMAP.xlsx将被保存。

▶ActiveWorkbook.Save的含义

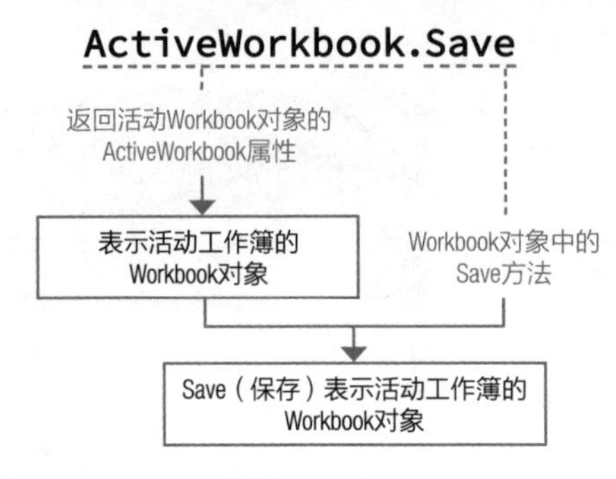

前面章节中出现过的
Workbook.Activate
也是Workbook对象
中配置的方法。

使用Workbook.SaveAs方法另存工作簿

想要将工作簿保存到指定的文件夹中，我们将使用Workbook对象中的SaveAs方法。运行“ActiveWorkbook.SaveAs"c:¥tmp¥SMAP.xlsx"”代码，将活动工作簿另存为“c:¥tmp¥SMAP.xlsx”。此外，运行“ActiveWorkbook.SaveAs"c:¥tmp¥SMAP.xlsx"”代码后，当前打开的工作簿中第1个打开的工作簿将另存为“c:¥tmp¥SMAP.xlsx”。

▶ActiveWorkbook.SaveAs"C:¥tmp¥SMAP.xlsx"的含义

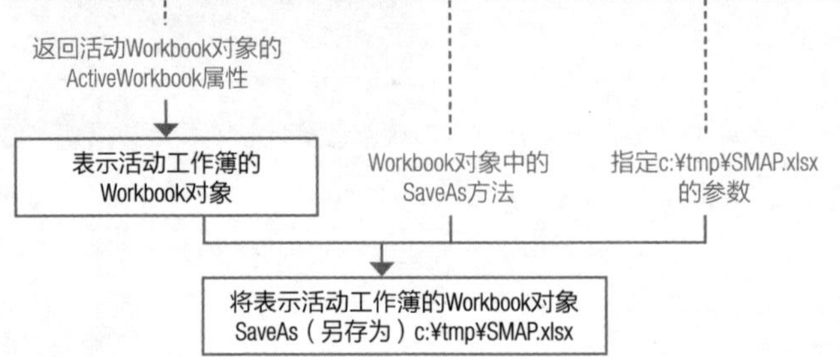

[复制一个工作簿中的工作表]

76 复制另外一个工作簿中工作表的宏

扫码看视频

学习要点

接下来的章节中，将学习从所有打开的工作簿中复制所有工作表的宏。为了理解这个宏指令，我们将学习从另外一个工作簿中复制所有工作表的宏代码。

复制另外一个工作簿中的所有工作表

运行以下宏，DATA.xlsx工作簿中的所有工作表即被复制到当前代码运行的工作簿前面。这个就是我们在67节中指定Worksheet.Copy方法参数的代码写法。

▶ DATA工作簿中的所有工作表会被复制到当前代码运行工作簿的宏

```
Sub␣DATA工作簿中所有工作表复制到当前代码运行工作簿()
␣␣␣␣Workbooks("DATA.xlsx").Sheets.Copy␣_
␣␣␣␣␣␣␣␣␣␣␣␣␣Before:=ThisWorkbook.Sheets(1)
End␣Sub
```

▶ 将DATA工作簿中的所有工作表复制到当前代码运行工作簿的宏示意图

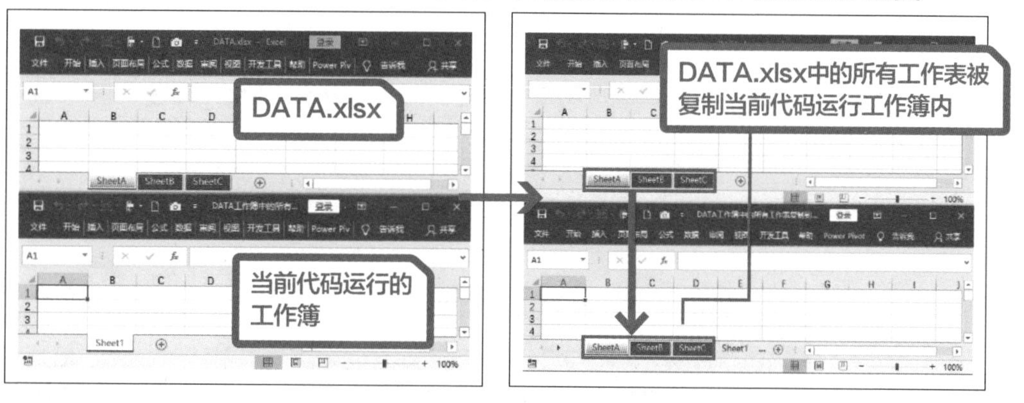

▶ Before:=ThisWorkbook.Sheet(1)的含义

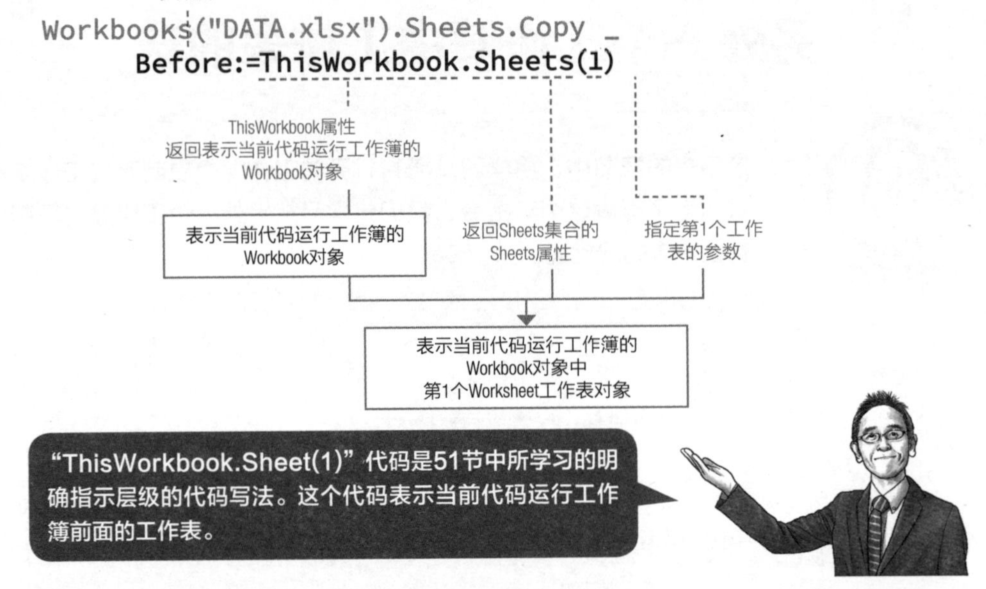

"ThisWorkbook.Sheet(1)"代码是51节中所学习的明确指示层级的代码写法。这个代码表示当前代码运行工作簿前面的工作表。

▶ Workbooks("DATA.xlsx").Sheets.Copy Before:=ThisWorkbook.Sheet(1)的含义

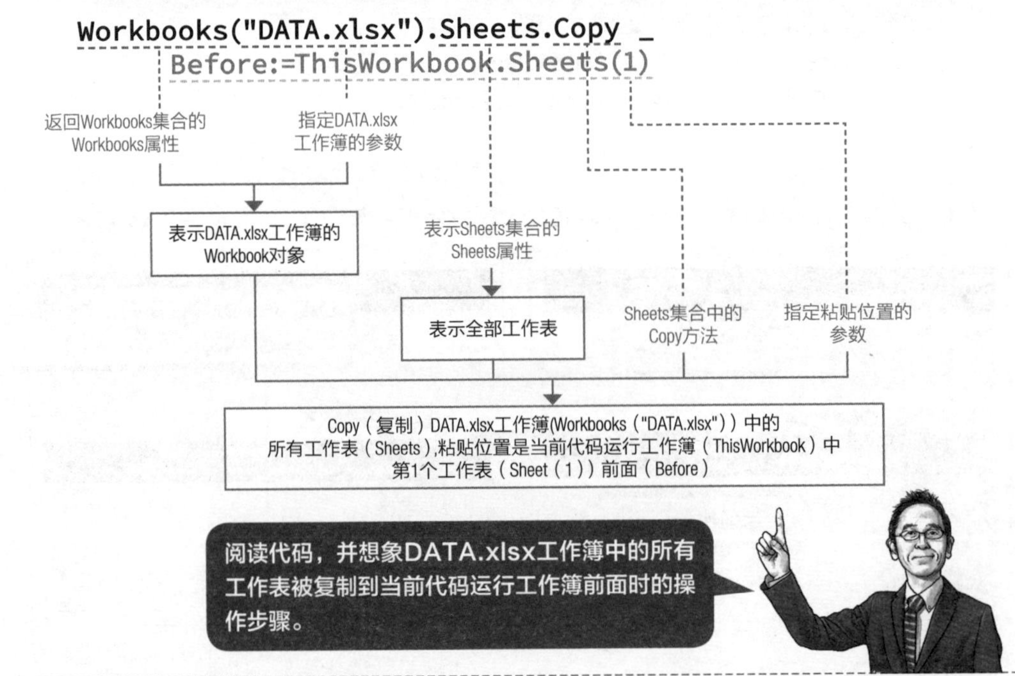

阅读代码，并想象DATA.xlsx工作簿中的所有工作表被复制到当前代码运行工作簿前面时的操作步骤。

[复制所有工作簿中的工作表]

77 复制所有工作簿中工作表的宏

扫码看视频

学习要点

使用For…Next语句重复执行前面章节中的从另外一个工作簿中复制工作表的操作时，我们可以创建一个宏，通过运用宏可以从所有打开的工作簿中复制所有工作表。

循环控制工作簿

我们将通过简单的宏代码理解工作簿的循环控制。运行以下宏，打开的工作簿会依次被激活，且工作簿名称显示在弹出的对话框中。

▶ 依次激活工作簿并显示工作簿名的宏

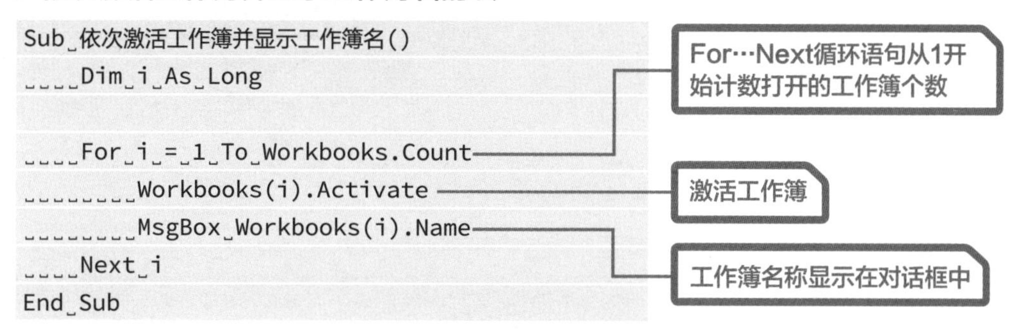

```
Sub 依次激活工作簿并显示工作簿名()
    Dim i As Long

    For i = 1 To Workbooks.Count
        Workbooks(i).Activate
        MsgBox Workbooks(i).Name
    Next i
End Sub
```

For…Next循环语句从1开始计数打开的工作簿个数
激活工作簿
工作簿名称显示在对话框中

68节中的循环控制所有工作表的宏与上述操作非常相似。

复制所有工作簿中的工作表

循环控制所有打开的工作簿时，将前面章节中所学习的复制另外一个工作簿中所有工作表的操作添加进去，即可复制所有打开的工作簿中所有工作表。运行以下宏，打开的工作簿中的所有工作表将被复制到当前代码运行工作簿中。运行这个宏之后，再运行第12章的宏，可以将多张工作表汇总成1张工作表。

▶将所有打开着的工作簿中的所有工作表复制到当前代码运行工作簿的宏

```
Sub˽将所有打工作簿中的工作表复制到当前代码运行工作簿()
˽˽˽˽Dim˽i˽As˽Long

˽˽˽˽For˽i˽=˽1˽To˽Workbooks.Count
˽˽˽˽˽˽˽˽If˽Workbooks(i).Name˽<>˽ThisWorkbook.Name˽Then
˽˽˽˽˽˽˽˽˽˽˽˽Workbooks(i).Sheets.Copy˽_
˽˽˽˽˽˽˽˽˽˽˽˽˽˽˽˽˽˽˽˽Before:=˽ThisWorkbook.Sheets(1)
˽˽˽˽˽˽˽˽End˽If
˽˽˽˽Next˽i
End˽Sub
```

For…Next循环语句从1开始计数打开的工作簿个数

工作簿名不同于当前代码运行工作簿名的情况下

将工作簿中的所有工作表复制到当前代码运行工作簿中的第1张工作表前面

自己创建宏时，经常会不知道从何处着手比较好。这时，我们可以在最后的时候，将宏做些必要的分解操作，先创建一部分代码看看，这样理解代码会更容易。

第14章

面向今后的学习

本节我们将向读者说明本书中有些学习项目未涉及的原因等，并推荐一些对于今后学习有借鉴意义的参考书。

[本书未涉及的学习项目]

78 本书部分项目未涉及的理由和学习时机

学习要点

没有编程经验的人的目标是想要运用更少的知识实现Excel宏的创建，所以本书对讲解内容做了限制。本节将向大家说明编程通用指令中省略的项目往后推的原因以及最佳的宏学习时机。

编程通用指令中剩余内容的学习顺序

本书将Excel VBA必学项目分成了3大类，我们只讲解了编程通用指令中通用性比较高的基础指令。本书中未涉及的编程通用指令项目的学习顺序将会随着创建的宏而改变。但是，如果从容易理解的程度以及活用范围的广泛度来考虑的话，建议的学习顺序如下图所示。

▶ 编程通用指令中剩余内容今后的学习顺序

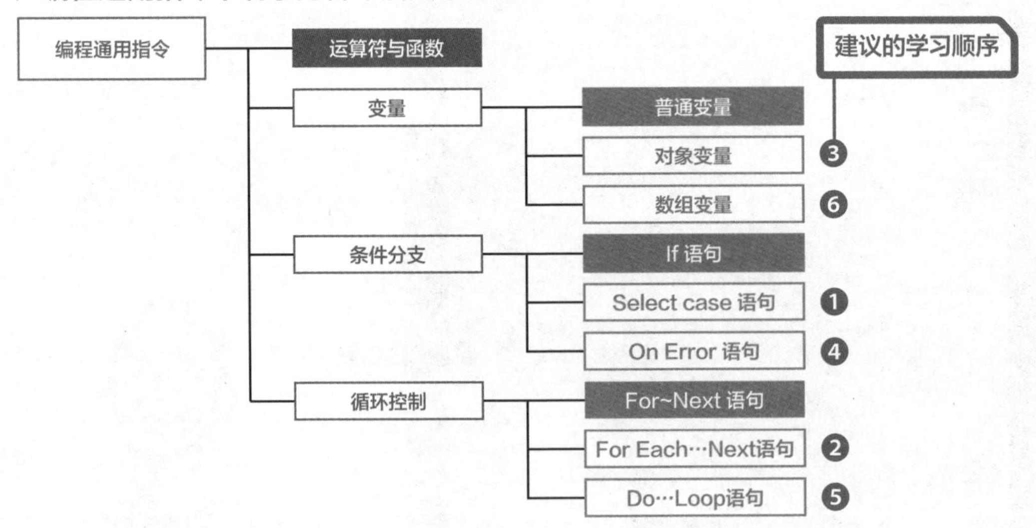

对象变量和其他项目

关于“变量”，本书仅学习了“普通变量”，此外，还有“对象变量”和“数组变量”。对象变量指的是对对象本身的引用，对象变量是比本书中所学习的仅赋值数据的普通变量性能更高的变量。实际就是赋值给对象存储器。一旦能够运用对象变量，编码自由也将随之提高。但是，对象变量与第8章中所学习的对象关系密切，如果不能理解对象相关语法，就无法运用对象变量，因此，本书作为入门书，并未涉及这项内容。正如本书所强调的那样，我们建议在反复操作对象的过程中，在逐渐能理解对象之后再学习对象变量。今后，当各位能够阅读书本中编写的Excel VBA代码时，会遇到本书中未出现的Set关键字。Set后面的变量就是对象变量。另外，循环控制中的For Each…Next语句也会使用对象变量。如果先学习For Each…Next语句中的对象变量，很多人的状态应该会是“虽然完全不明白含义，但不由地就能够运用了”。另一个方面，要是能够运用对象变量，对对象的理解也会更深入一些。

▶ 其他项目的介绍

数组变量	数组变量(简称为“数组”)是能够汇总处理同类型数据的变量。它是其他编程语言中必需的基本语法，但Excel VBA不使用数组也能执行很多操作。遇到大量应用同类型变量的操作时，通过数组，只要简单的代码就可以完成操作。另外，数组对于提高处理速度也很有效果
Select Case语句	判定条件简单且有多个分支时，Select Case语句比If语句容易阅读。对于一直在学习的各位来说，Select Case语句并不难，如果可以自己试着反复写代码并反复检查应该就能理解吧
On Error语句	On Error语句是指启动一个错误处理程序的语句，是稍微有点特殊的条件分支。因为是错误程序有关系的条件分支，所以，我们最好在多次体验什么时候发生什么错误提示之后再学习这个语句
For Each…Next语句	For Each…Next语句是在对集合对象进行循环控制时，特别方便的循环控制语句。有时候对集合对象中包含的所有对象执行相同操作时，For Each…Next语句将比For…Next语句容易写
Do…Loop语句	Do…Loop语句是无法在循环控制开始前指定循环次数的循环控制语句，可以指定循环控制终止条件和继续传递循环控制条件。作为Excel VBA中所使用的容易写的语句，该语句还可以打开指定文件夹中包含的所有Excel文件以及定位单元格

[参考书籍]

79 推荐的参考书

学习要点

终于到最后一节了。无论是什么样的学习，都不可能只靠一本书就能完全掌握。在本书的最后，向大家推荐一些学习Excel VBA比较好的学习书籍。

推荐的参考书

▶《入门！Excel VBA快速参考》

工藤西美枝著，东洋馆出版，2012年

非常质朴的基础书籍，但Excel VBA的基础知识汇总得精致小巧。如果想达到可以自行输入代码的水平，依靠这本书中的简单解说就足够了。在切实感受到自己能够理解本书中65%以上的内容，就可以着手阅读其他较厚的书籍。

▶《Excel VBA数据管理从入门到精通》

古川顺平著，SBcreative出版，2014年

该书列举了各种对象示例，我们认为对于需要参考书的人来说，此书值得推荐。

▶《编写可读代码的艺术The Art of Readable Cade》

Dustin Boswell，Trevor Foucher著，角征典译，O’REILY Japan，2012年

要想做到能够自己思考并编写程序，必然会因为不知道如何命名变量以及如何编写注释而一头雾水。虽然本书中并没有出现VBA代码，但对于如何命名变量、如何编写注释还是极具参考价值的。

参考文献

我们在编写本书的过程中，参考了以下文献资料。

VBA

1 Microsoft corporation. Microsoft Excel/Visual Basic Programmer's Guide for Windows95. ASCII 1996
2 Microsoft corporation. Automation Programmer's Reference. ASCII 1996
3 井川春树. 掌握Excel VBA 专业技能. Natsume 2003年
4 稻垣步美、大井先生. 3个小时工作只需3秒的Excel 宏技能. 学研初版. 2015年
5 奥古隆一. 提升事务性工作3倍效率的技能. 同文关出版. 2010年
6 门胁香奈子. 简单速成的mini Excel 宏&VBA基础技巧. 技术评论社. 2011年
7 国本温子. 绿川吉行. 杰出作品系列编辑部. Excel VBA逆向引用必胜技巧700. Impress. 2016年
8 小馆由典. 杰出作品系列编辑部 Pocket Excel 宏& VBA基础master book. Impress. 2016年
9 七條达弘. 渡边健. 简单易懂的Excel VBA 编程修订版. softbankcreative. 2004年
10 田中亨. Excel VBA逆向引用辞典. 翔咏社. 2013年
11 土屋和人. 一行代码活用EXCEL VBA辞典. 技术评论社. 2006年
12 萍崎诚司. Excel VBA超入门教室. 技术评论社. 2012年
13 道用大介. 世界上最简单的Excel VBA e本 第2版. 秀和system. 2011年
14 西上原裕明. Word 宏实践范例集. 技术评论社. 2010年
15 古川顺平. 简单但需要充分扎实掌握的Excel宏・VBA入门. SB creative. 2010年
16 武藤玄. 通过故事形式学习Excel VBA&理解业务改善要点的书. 奥德赛commucations. 2013年
17 结城圭介. Excel VBA最速攻略范例大全集. 技术评论社. 2006年
18 Office TANAKA. http://officetanaka.net/
19 t-hom's diary. http://thom.hateblo.jp/
20 初学者备忘录. http://www.ka-net.org/blog/

编程

1 岩田宇史. 最简单的JavaScript 教科书. Impress. 2017年
2 中山清乔. 国本大悟. 清楚明白的Java入门第2版. Impress. 2014年
3 羽山博. 无法编程的原因. OHM社. 2006年
4 失泽久雄. if与else思考技巧. softbankcreative. 2009年
5 山田祥宽. JavaScript正式入门新版. 技术评论社. 2016年
6 汤本坚隆. 自学Python 入门. 技术评论社. 2016年

英语学习

1 浅羽克彦. 东大生编写的所有英语语法. discovery・twenty one技术评论社. 2008年
2 远藤雅义. 英语交流图像链接学习法. 英语交流Express出版. 2013年
3 安河内哲也. 大学入学考试长文训练水平 1 超基础篇 新装版. 桐原书店. 2008年
4 山田畅彦. 英语口语能力提升惊人NOBU式训练. IBC出版. 2016年

教育・学习

1 開米瑞浩. 聪明的"教学方法"超级诀窍. 青春出版社. 2009年
2 佐伯胖. "理解法"的探究. 小学馆. 2004年
3 千叶雅也. 学习的哲学. 文艺春秋. 2017年
4 山鸟重. 何为"理解". 筑摩书店. 2002年

教材编写

1 石墨由纪. Document Hacks. 每日commucations. 2007年
2 铃木克明. "教材设计Manual"的Test. 北大路书店. 2002年
3 结城浩. 数学文章作法 基础篇. 筑摩书店. 2013年